"双高建设"新型一体化教材

轧钢机械设备

Steel Rolling Machinery and Equipment

主　编　蔡川雄　李永佳
副主编　王晓东　孙　应

北　京
冶　金　工　业　出　版　社
2024

内 容 提 要

本书内容包括概述、轧机的组成、辅助设备、中厚板生产设备、板带材生产设备、线材生产设备、型材生产设备、管材生产设备等，每个项目中附有习题。本书力求轧钢机械设备知识的系统性、知识性和逻辑性，同时体现明晰、实用的特色，强调基本原理和基本实践技能。

本书可作为高职高专院校金属智能加工技术专业教学用书和轧钢企业职工培训用书，也可供相关专业师生及科技人员阅读和参考。

图书在版编目(CIP)数据

轧钢机械设备/蔡川雄，李永佳主编.—北京：冶金工业出版社，2024.5

“双高建设”新型一体化教材

ISBN 978-7-5024-9851-1

Ⅰ.①轧… Ⅱ.①蔡… ②李… Ⅲ.①轧制设备—高等职业教育—教材 Ⅳ.①TG333

中国国家版本馆 CIP 数据核字(2024)第 086138 号

轧钢机械设备

出版发行 冶金工业出版社　**电　话** (010)64027926
地　址 北京市东城区嵩祝院北巷 39 号　**邮　编** 100009
网　址 www.mip1953.com　**电子信箱** service@mip1953.com

责任编辑 杨盈园　美术编辑 彭子赫　版式设计 郑小利
责任校对 范天娇　责任印制 禹　蕊
三河市双峰印刷装订有限公司印刷
2024 年 5 月第 1 版，2024 年 5 月第 1 次印刷
787mm×1092mm 1/16；13.25 印张；321 千字；204 页
定价 46.00 元

投稿电话 (010)64027932 投稿信箱 tougao@cnmip.com.cn
营销中心电话 (010)64044283
冶金工业出版社天猫旗舰店 yjgycbs.tmall.com
(本书如有印装质量问题，本社营销中心负责退换)

前　言

为提高金属智能加工技术专业（轧钢）学生理论水平及操作技能水平，依据高职高专学生学习情况和《中华人民共和国职业技能鉴定标准——轧钢卷》对轧钢生产现场情况和轧钢各岗位群技能的要求，确定本书编写内容。全书包括轧钢主要设备和辅助设备、型线材生产工艺及设备、板带材生产工艺及设备、管材生产工艺及设备等部分。本书可作为高职高专院校金属智能加工技术专业教学用书和轧钢企业职工培训用书，内容力求通俗易懂，理论计算尽量够用，重点突出工艺过程及控制。

本书由昆明冶金高等专科学校蔡川雄（项目1~项目4）、李永佳（项目5、项目6）、王晓东（项目7）、孙应（项目8）编写，赵继雄参与编写了项目8，蔡川雄、李永佳担任主编。本书在编写过程中主要参考了王廷溥主编的《金属塑性加工学——轧制理论与工艺（第3版）》、王廷溥主编的《轧钢工艺学》和潘慧勤主编的《轧钢车间机械设备》等书，并参阅了其他有关资料，在此向这些图书和资料的作者表示衷心感谢。

由于作者水平有限，书中不妥之处在所难免，恳请读者批评指正。

作　者

2023年8月

目　录

项目1 概　　述

钢铁工业是实现国家工业化的基础性产业。作为全球最大的钢铁生产国和消费国，我国钢铁市场供应充足。根据国家统计局发布的相关数据显示，近5年来我国钢材年产量达到了10亿吨，比2018年增长了9.8%。除小部分高精尖的品种需要依赖进口外，国内绝大部分钢材品种已经完全能满足自身需求并实现出口。近几年，随着我国钢铁产业调整升级步伐的逐渐加快，以及节能减排呼声的日益高涨，国内轧钢专用设备生产和制造技术随之提升，整个行业日益趋向高端化、智能化和节能环保。

从市场格局来看，由于轧钢专用设备行业的进入门槛相对较高，国内的市场资源主要集中在少数具有强大研发、设计及核心制造能力的大型企业集团，包括中国第一重型机械股份公司、国机重装集团下属企业二重集团（德阳）重型装备股份有限公司以及太原重工股份有限公司等，市场集中度相对较高。除此之外，一部分国外知名企业，例如西马克集团（德国）、西门子奥钢联（德国）以及达涅利集团（意大利）等，凭借其先进的技术及优质的产品，仍占据着我国高端轧钢专用设备制造市场的主要地位。为了进一步提升市场竞争力，未来我国本土企业还需要不断加大对高端轧钢专用设备制造行业的投资力度。轧钢专用设备行业正在向高效率、高品质、高精度、高质量、连续化、智能化和节能环保的方向发展。未来钢铁行业将重点围绕流程型智能制造、大规模个性化定制，推动传统钢铁生产模式的转型，实现生产的智能化、精益化和柔性化。

在国内钢铁工业淘汰落后产能、实现产业结构调整和转型升级的背景下，针对国内轧钢生产线的技术升级和更新换代需求，轧钢专用设备制造企业需要大力发展科技创新，实现智能化应用和新材料等创新技术与轧钢专用设备的融合，提供与轧钢先进生产工艺和智能制造水平相适应的产品。轧钢专用设备的发展创新对于推动国内钢铁工业信息技术与制造技术的融合发展，实现生产过程中的智能制造和绿色制造具有重要意义。

轧钢机械从总体上可划分为主要设备和辅助设备两大部分。

使金属在旋转的轧辊之间产生塑性变形的机械设备称主要设备，简称轧钢机。它包括主电动机、主传动装置（减速机、齿轮机座、联轴节和连接轴等）和工作机座三大部分。

在轧制过程中，除主要设备外，所有用以完成辅助工序生产任务的机械设备均为辅助设备。它包括：运输设备，如纵向运输轧材的辊道，垂直方向运输轧件的升降台，横向运输轧件的拉钢机和移钢机；加工设备，如切断轧件的剪切机和锯机，矫直轧件的矫直机，卷取轧件的卷取机；其他精整设备，如翻转轧件用的翻钢机，回转轧件用的回转台，冷却轧件用的冷床；以及收集、酸洗、打印、包装等工序所用的各种机械设备。一般来说，机械化程度越高的轧钢车间，其辅助设备质量占车间机械设备总质量的比例越大。因此，辅助设备的应用程度，也是轧制过程机械化程度高低的重要标志之一。

模块1.1 轧钢机的分类及标称

轧钢机通常按用途、构造和工作机座的布置形式3种方法分类。

1.1.1 轧钢机的分类

1.1.1.1 轧钢机按用途分类

此分类方法是按轧钢机所轧产品的断面形状分类的。因此，轧钢机的尺寸决定了它所轧产品的断面尺寸。这样分类可以反映轧机的主要性能参数及其轧制的产品规格，见表1-1。

表1-1 轧钢机类型及主要技术特性

轧机类型		轧辊尺寸/mm		最大轧制速度/m·s^{-1}	用途
		直径	辊身长度		
热轧板带轧机	厚板轧机		2000~5600	2~4	(4~50)mm×(500~5300)mm厚钢板，最大厚度可达300~400 mm
	宽带钢轧机	—	700~2500	8~30	(1.2~16)mm×(600~2300)mm带钢
	叠轧薄板轧机	—	700~1200	1~2	(0.3~4)mm×(600~1000)mm薄板
冷轧板带轧机	单张生产的钢板冷轧机	—	700~2800	0.3~0.5	—
	成卷生产宽带钢冷轧机	—	700~2500	6~40	(1.0~5)mm×(600~2300)mm带钢及钢板
	成卷生产窄带钢冷轧机	—	150~700	2~10	(0.02~4)mm×(20~600)mm带钢
	箔带轧机	—	200~700	—	0.0015~0.012 mm箔带
热轧无缝钢管轧机	400自动轧管机	96~1100	1550	3.6~5.3	ϕ127~ϕ400 mm钢管,扩孔后钢管最大直径达ϕ650 mm或更大的无缝钢管
	140自动轧管机	650~750	1680	2.8~5.2	ϕ70~ϕ140 mm无缝钢管
	168连续轧管机	520~620	300	5	ϕ80~ϕ165 mm无缝钢管
冷轧钢管轧机		—	—	—	主要轧制ϕ15~ϕ150 mm薄壁管,个别情况下也轧制ϕ400~ϕ500 mm的大直径钢管
特殊用途	车轮轧机	—	—	—	轧制铁路用车轮
	圆环-轮箍轧机	—	—	—	轧制轴承环及车轮轮箍
	钢球轧机	—	—	—	轧制各种用途的钢球
	周期断面轧机	—	—	—	轧制变断面轧件
	齿轮轧机	—	—	—	滚压齿轮
	丝杠轧机	—	—	—	滚压丝杠

轧钢机按其所轧产品的断面形状分类如下：

(1) 开坯机以钢锭为原料，为成品轧机提供原料的轧钢机，包括方坯初轧机、方坯、板坯初轧机等。

（2）钢坯轧机是为成品轧机提供原料的轧机，但原料不是钢锭；一般分为连续式及横列式两种形式，连续式又常分为一组连轧机组及二组连轧机组。

（3）型钢轧机包括轨梁轧机，大型、中型、小型轧机及线材轧机等。

（4）热轧板带轧机包括厚板轧机、宽带钢轧机和叠轧薄板轧机等。

（5）冷轧板带轧机包括单张生产的钢板冷轧机、成卷生产的宽带钢冷轧机、成卷生产的窄带钢冷轧机等。

（6）钢管轧机包括热轧无缝钢管轧机、冷轧钢管轧机和焊管轧机等。

（7）特殊用途轧钢机包括车轮轧机、圆环-轮箍轧机、钢球轧机、周期断面轧机、齿轮轧机和丝杠轧机等。

1.1.1.2　轧钢机按构造分类

通常轧制同一种用途的产品轧钢机，它们在构造上很可能不同。因此，根据轧钢机的生产要求，按轧辊的数目及在工作机座中不同的布置方式，轧钢机可分为以下 5 种主要类型。

（1）具有水平轧辊的轧钢机，其应用最广泛，可分为以下几种型式。

1）无辊轧机（图 1-1）和单辊轧机（图 1-2）。

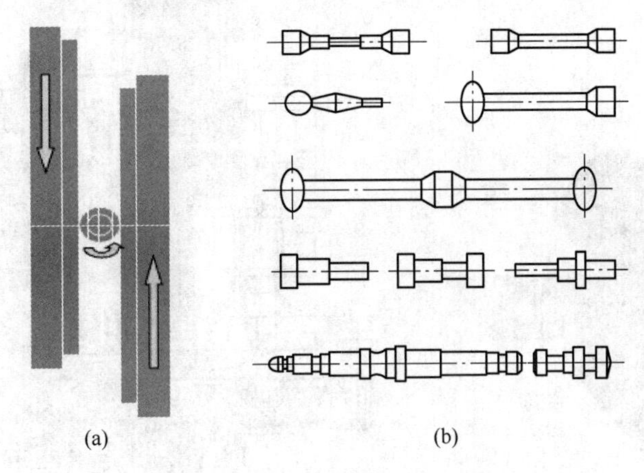

图 1-1　无辊轧机及其生产制品

（a）无辊轧机；（b）无辊轧机生产制品

2）二辊轧机。其工作机座由两个布置在同一垂直面内的水平辊所组成，如图 1-3 所示。这种轧钢机的应用最广泛，主要应用于以下几种情况：

二辊可逆式轧钢机。该机工作中轧件每通过轧辊一道以后，便改变轧辊的转动方向一次，使轧件进行往返轧制。它主要用于轧制大钢坯，如初轧钢坯、板坯、轨梁、异型坯和厚板等。

二辊不可逆式轧钢机主要用于现代化、高生产率的型钢和钢坯轧机，由数个依次顺列布置的工作机座所组成。轧件在每个机座上仅进行一道轧制。

薄板轧机，一般是指单片生产的热轧厚度为 0.2~4 mm 的钢板轧机。

另外还有冷轧钢板及带钢轧机，高生产率生产钢坯和线材的连续式轧机，以及布棋式型钢轧机和越野式型钢轧机。

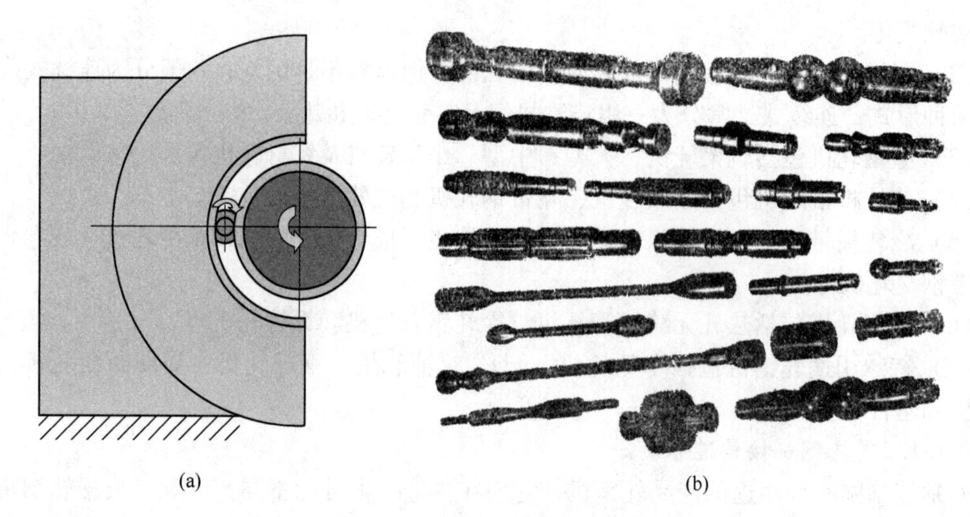

图1-2 单辊轧机及其生产制品
（a）单辊轧机；（b）单辊轧机生产制品

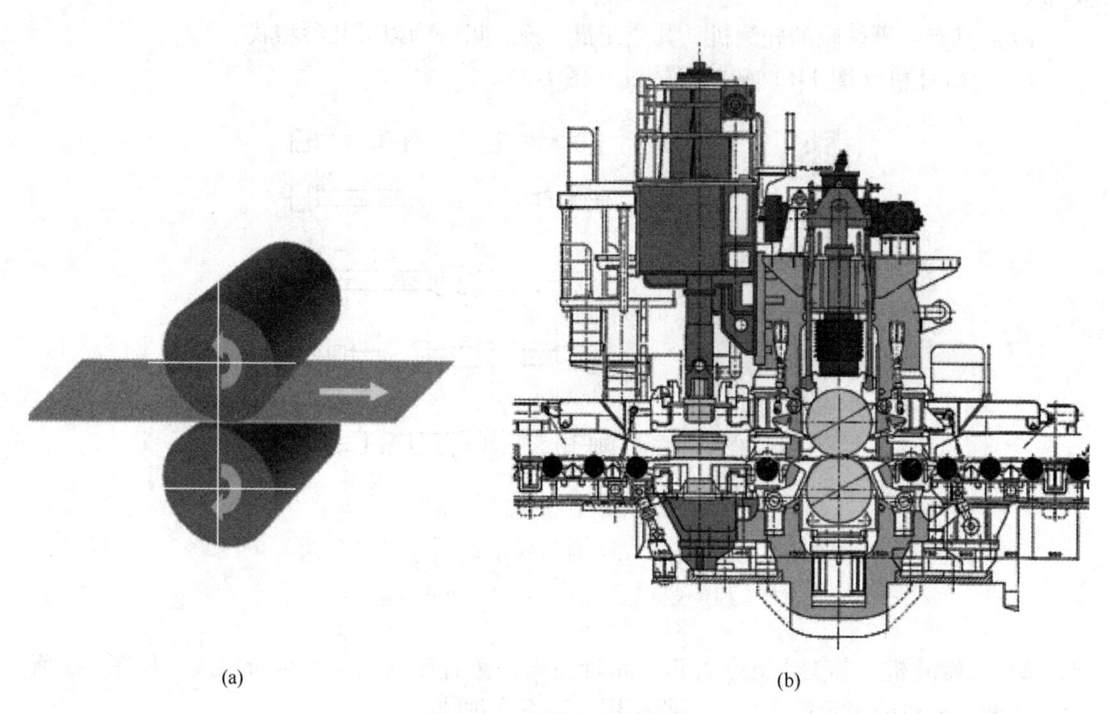

图1-3 二辊轧机及其装配
（a）二辊轧机辊系；（b）二辊轧机装配图

3）三辊（劳特式）轧机。其工作机座由3个布置在同一垂直平面内的水平辊所组成。在轧制过程中，轧辊不反转，而轧件可以通过上、下轧制线进行往返轧制。这种轧钢机已有被高生产率的二、四辊不可逆式轧钢机取代的趋势。因为在二辊不可逆式轧钢机上，轧件在每架轧机上只通过一次，不必进行往返运动，从而大大提高了生产率。目前这种三辊式轧机在我国还广为应用，主要有以下几种类型：一是轧制中厚板的三辊（劳特式）轧机。这种轧机中辊不传动，而且直径比上、下辊小，如图1-4所示。每轧制一道后，中辊均要上升或下降一次。这种轧机目前已不再制造了。二是轨梁轧机，即轧辊直径超过 750 mm的型钢三重式轧机。三是横列式型钢轧机。四是开坯机，用来将 1~1.5 t 的小钢锭开成小钢坯。

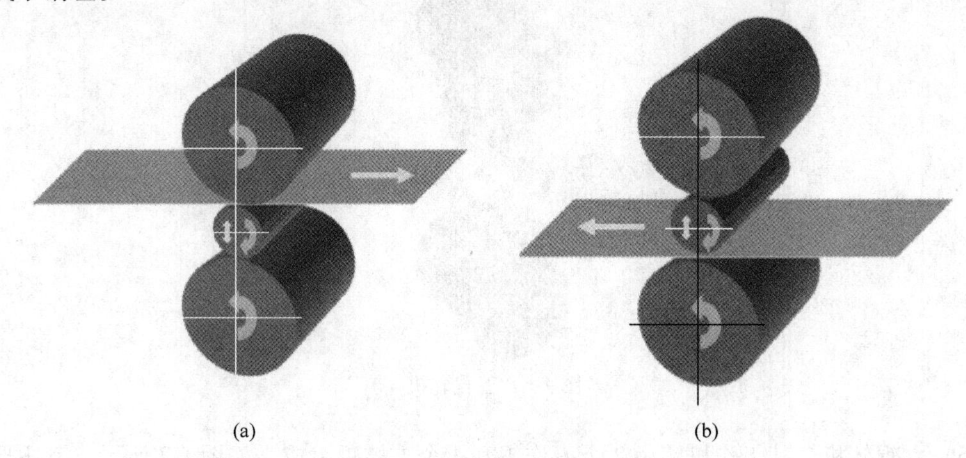

图 1-4　三辊（劳特式）轧机

（a）上辊和中辊组成上轧制线；（b）下辊和中辊组成下轧制线

4）四辊轧机。它的工作辊机座由 4 个布置在同一垂直平面内的水平辊所组成，轧制仅在两个中间轧辊间进行，如图 1-5 所示。这两个中间辊称为工作辊。工作辊的直径比上、下轧辊的直径小得多。上、下大轧辊只用来支撑工作辊，所以称为支撑辊。采用支撑辊的轧机，其刚度及强度都大为增加。这种轧机非常普遍地应用于热轧钢板、冷轧钢板及带钢轧制。

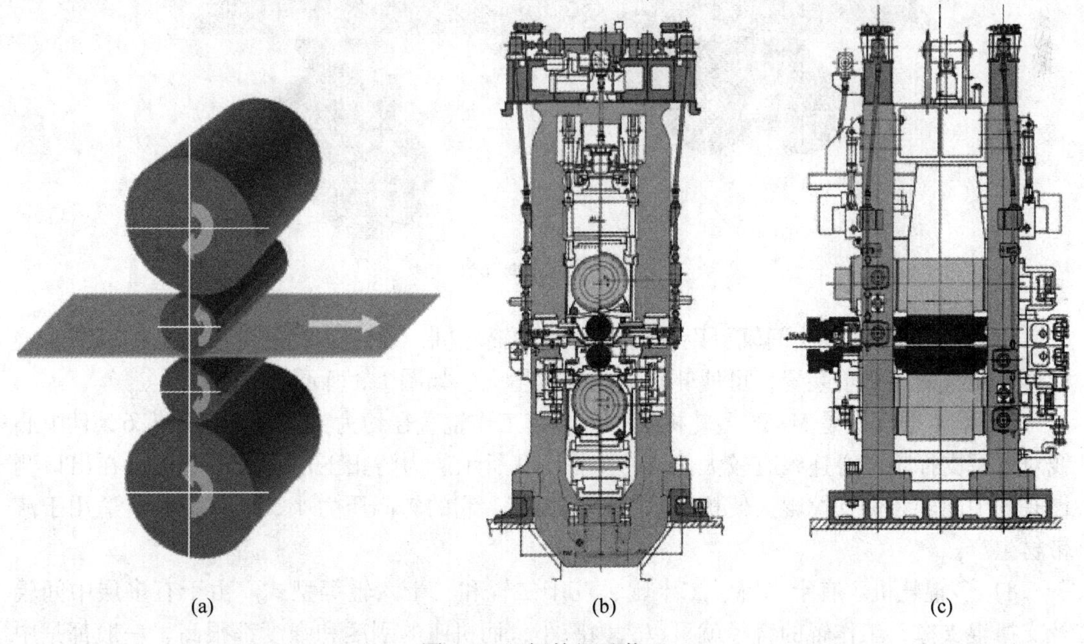

图 1-5　四辊轧机及装配

（a）四辊轧机辊系；（b）（c）四辊轧机装配图

5）五辊轧机。这类轧机是在四辊轧机的基础上发展起来的，主要用于板带生产，如图1-6所示。

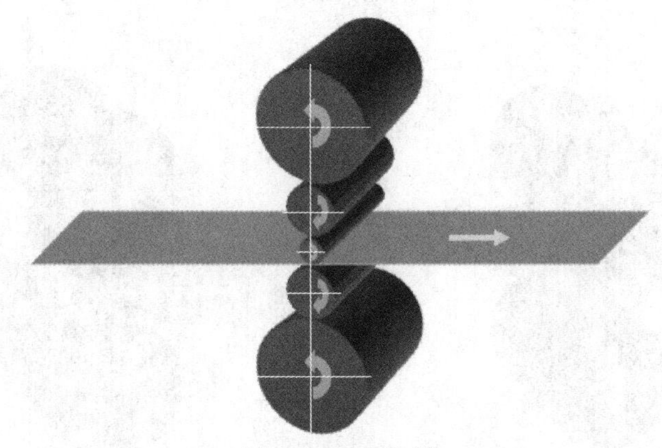

图1-6　五辊轧机

6）六辊轧机。其工作机座由2个工作辊和4个支撑辊组成，如图1-7所示。其主要用于轧制有色金属板和冷轧带钢。但实际使用表明，它的刚度与四辊轧机相比并没有显著的特点，而且不如四辊轧机使用方便，因此，这种轧机目前几乎不再制造了。

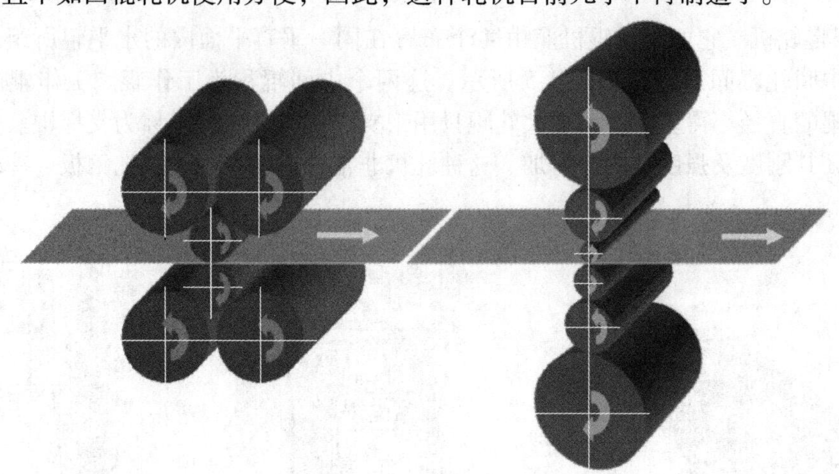

图1-7　六辊轧机

HC轧机，是一种中间辊可以轴向移动的六辊轧机，通过抽动中间辊或工作辊来改善板形，配合使用弯辊装置，可使轧辊横向刚度增大，如图1-8所示。

7）偏八辊轧机是MKW型轧机的一种。其工作辊直径约为支撑辊直径的1/6，且中心线对上下支撑辊中心连线有较大偏移，如图1-9所示。为防止工作辊水平弯曲，在出口侧设有侧中间辊和侧支撑辊，使机座水平刚度提高。它的轧制压力小，压下量大，适用于薄带材生产。

8）多辊轧机。有十二辊、二十辊、三十二辊和三十六辊等型式。由于有多层中间辊及支撑辊支撑，工作辊的直径就可以大为减小，而机座的刚度和强度都很高。一般都是中间辊驱动，使工作辊不承受扭转力矩。这类轧机主要用来生产冷轧薄带钢。多辊轧机如图1-10~图1-13所示。

图 1-8　HC 轧机

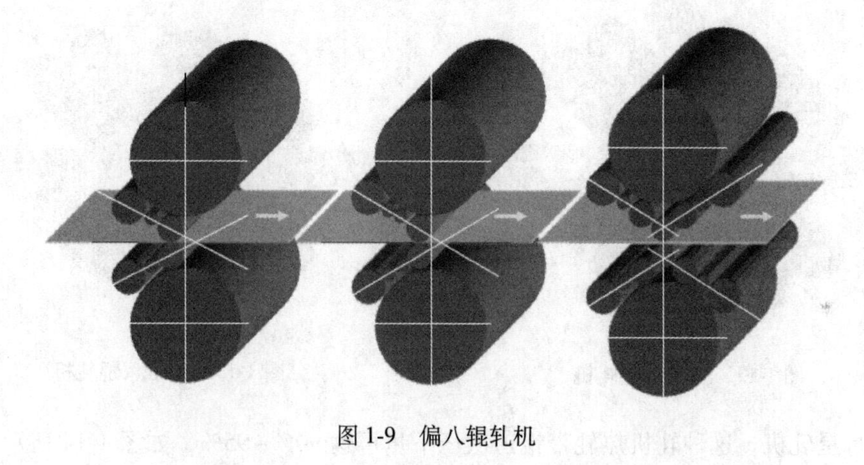

图 1-9　偏八辊轧机

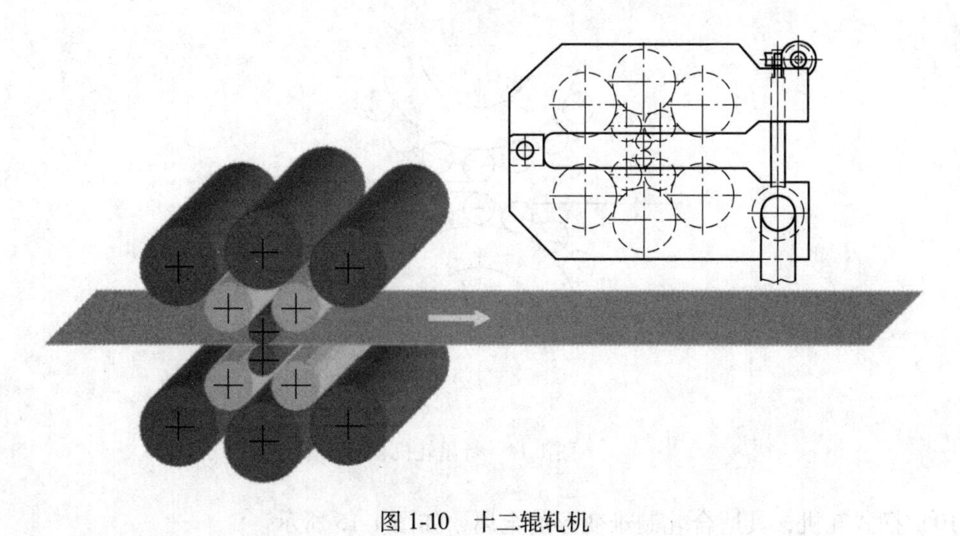

图 1-10　十二辊轧机

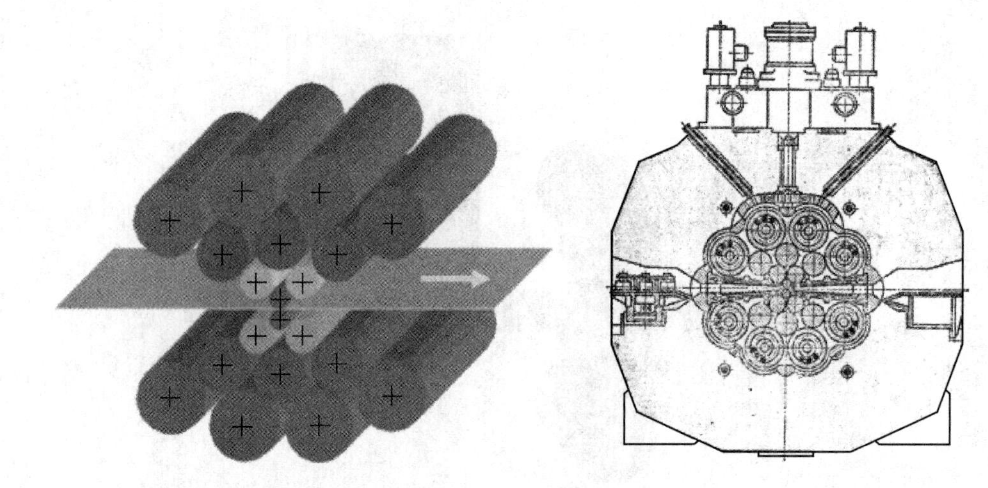

图 1-11　二十辊轧机

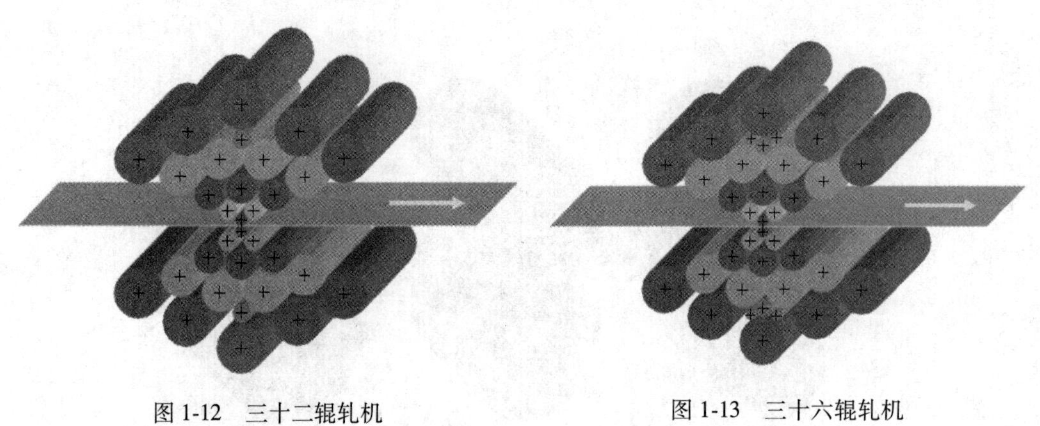

图 1-12　三十二辊轧机　　图 1-13　三十六辊轧机

9）行星轧机。这种轧机热轧带钢道次压下量可达 90%~95%，如图 1-14 所示。

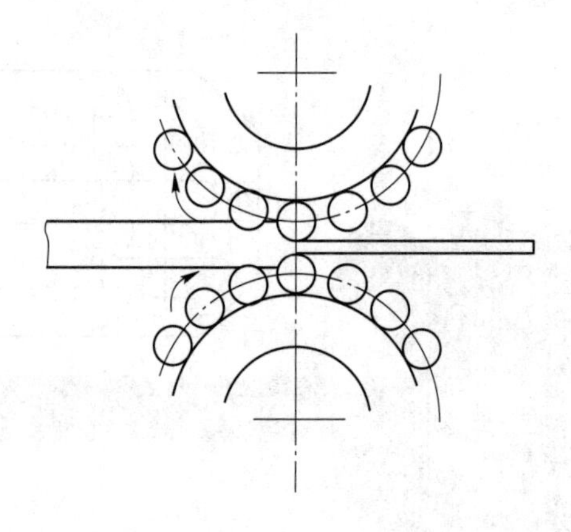

图 1-14　行星轧机

10）摆式轧机，其适合轧制难变形的金属，如图 1-15 所示。

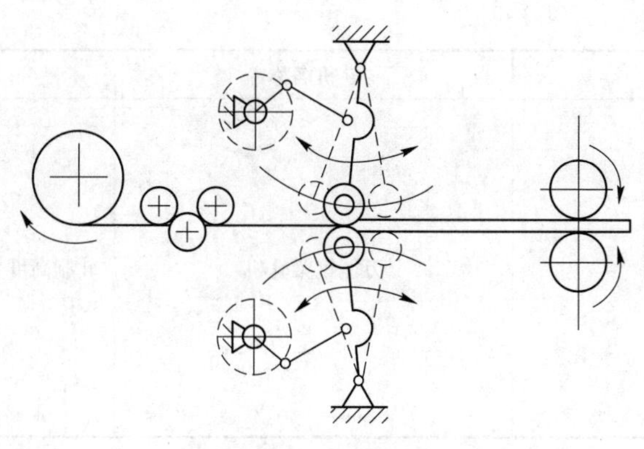

图 1-15　摆式轧机

（2）具有垂直轧辊的轧钢机（表 1-2 中图 1）。这种轧钢机是在不需翻动轧件的情况下，使轧件在水平方向得到侧压。它主要用于连续式钢坯轧机、型钢轧机及宽带钢轧机的轧边。板坯热轧前的除鳞也用立辊轧机。

（3）具有水平辊及立辊的轧机（表 1-2 中图 2、图 3、图 4）。

（4）轧辊倾斜布置的轧机（表 1-3 中图 1、图 2、图 3、图 7）用于横向螺旋轧制，如钢管穿孔机以及钢管均整机，都属此类轧机。

表 1-2　具有垂直轧辊的轧机和万能轧机

轧辊布置简图	轧机名称	用途
图 1	立辊轧机	轧制金属侧边
图 2	二辊万能轧机(有一对立轧辊)	轧制板坯及宽带钢
图 3	二辊万能轧机(有两对立轧辊)	轧制宽带钢

续表 1-2

轧辊布置简图	轧机名称	用途
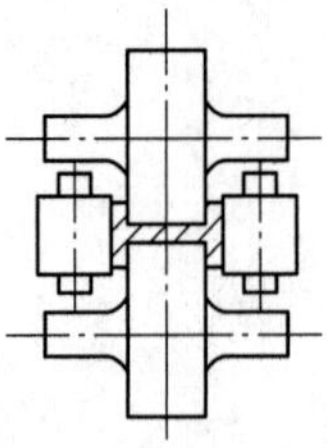 图 4	万能钢梁轧机	轧制高度为 300~1200 mm 的宽边钢

表 1-3　轧辊倾斜布置的轧机

轧辊布置简图	轧机名称	用途
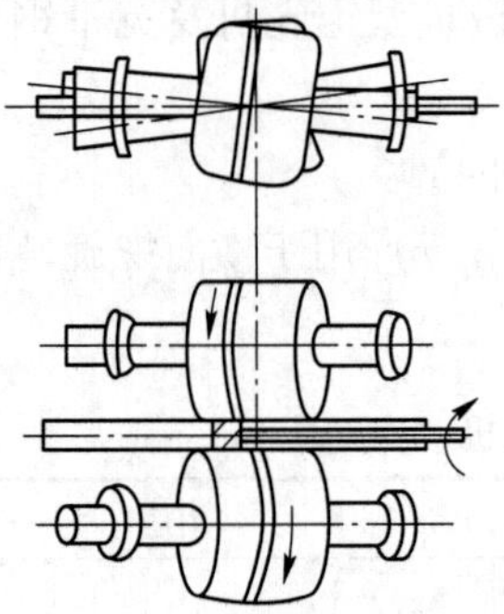 图 1	斜辊穿孔机	穿孔直径为 60~650 mm 的钢管
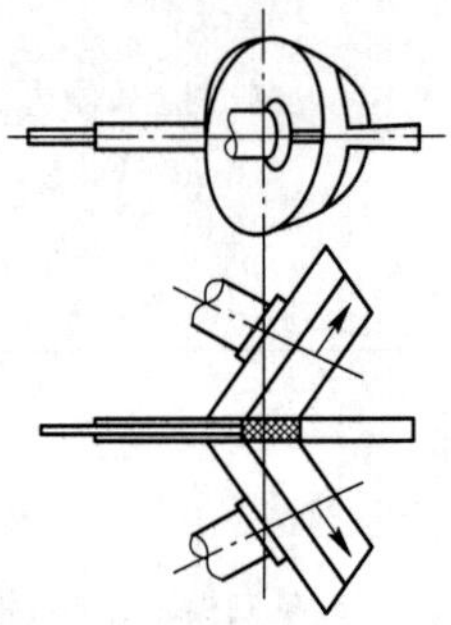 图 2	蘑菇形轧辊的穿孔机	穿孔直径为 60~200 mm 的钢管
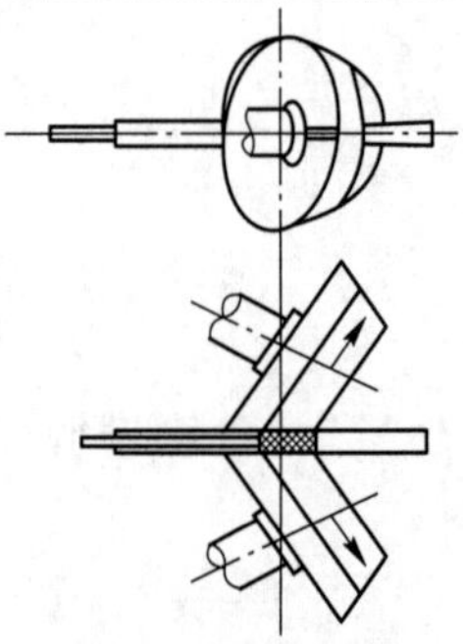 图 3	盘形轧辊的穿孔机	穿孔直径 60~150 mm 的钢管

续表 1-3

轧辊布置简图	轧机名称	用途
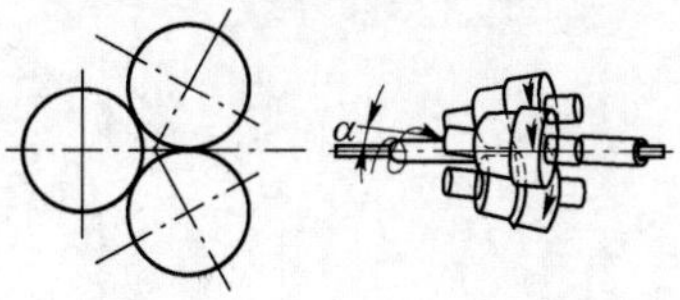 图 4	三辊穿孔机	难变形金属无缝管材的穿孔
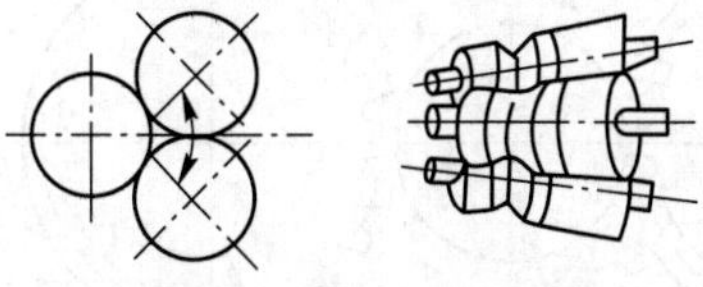 图 5	三辊延伸轧机	小管壁厚度来延伸钢管
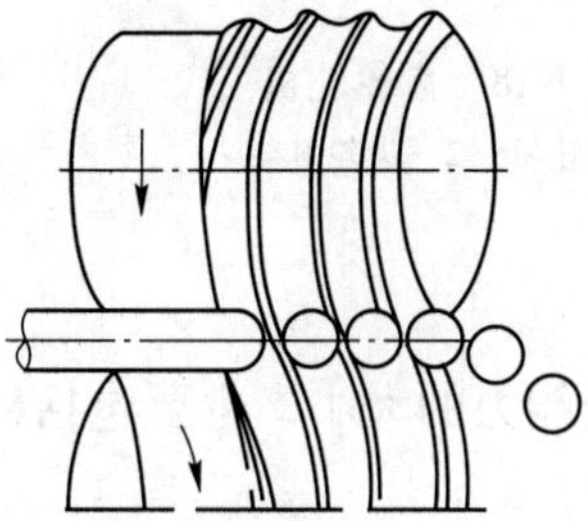 图 6	轧钢球机	轧制 18~60 mm 以上的钢球
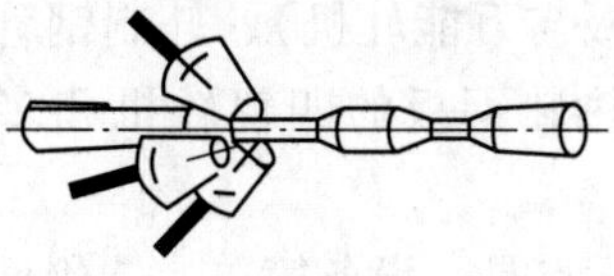 图 7	辊周期断面轧机	轧制圆形周期断面的轧件

(5) 轧辊具有其他不同布置形式的轧机。

1) 圆环及轮箍轧机（图 1-16）。这种轧机的结构形式很多。圆环轧机广泛地用于轧制滚动轴承座圈的毛坯、大齿轮的毛坯等。但近年来由于整体轧制车轮的发展，轮箍轧机已很少应用。

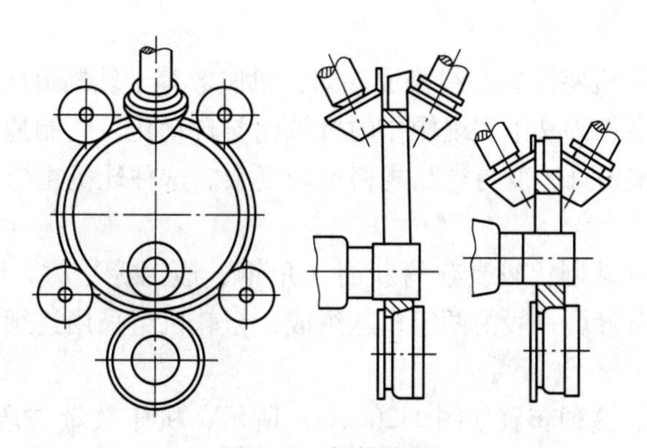

图 1-16　轮箍轧机

2）车轮轧机（图 1-17）。近年来这类轧机得到广泛应用。

3）齿轮轧机（图 1-18）。这类轧机将轧辊按照啃合齿形设计，采用横轧使齿轮成形。

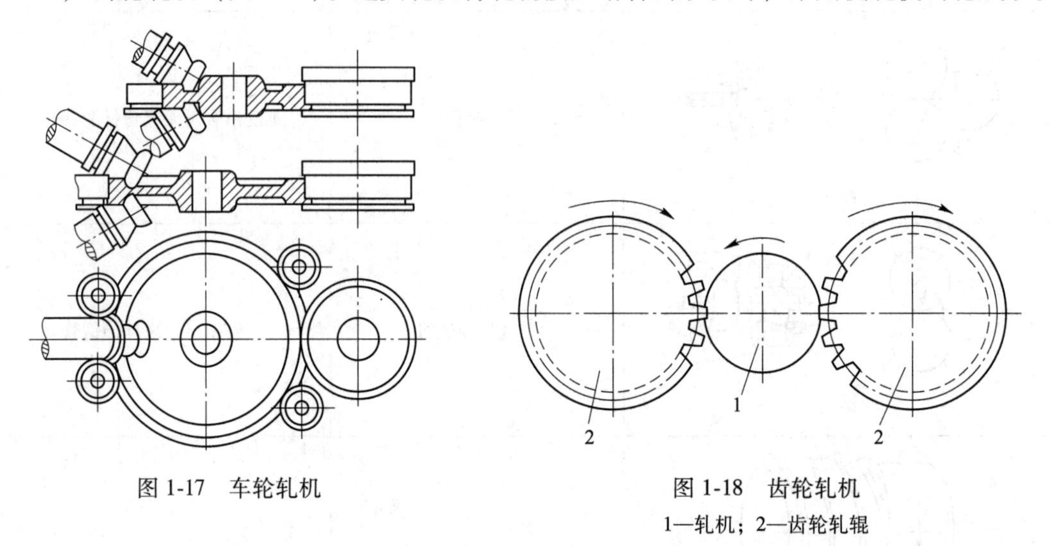

图 1-17　车轮轧机

图 1-18　齿轮轧机
1—轧机；2—齿轮轧辊

1.1.1.3　轧钢机按工作机座布置分类

这种分类可以反映工作机座的数量、布置以及车间生产能力的大小，主要包括以下几种（图 1-19）。

（1）单机架，是最简单的一种布置形式，车间内只有一个主机列。这种布置主要用于轧制巨形断面的二辊可逆式轧机（初轧机、板坯轧机、厚板与万能轧机）、轧制钢管和冷轧钢板及带钢的二辊不可逆式轧机、冷轧薄板和带钢及热轧钢板的四辊轧机和多辊轧机等。

（2）横列式，几个工作机座横排成一列。这种布置的优点是：设备简单，造价低，投产快。其主要缺点是：由一台电机驱动，各个工作机座的轧辊转速相同，轧制速度不能随着轧件的长度增加而提高；轧件从一个机座移向另一个机座时，轧件要横移，操作不方便，生产率低。横列式轧机适用于型钢及线材生产，在小型企业中占有重要地位。

（3）纵列式，两个工作机座按轧制方向顺序排成一列。轧件依次在各机座中进行轧制。每个机座单独传动，轧辊的转速随着轧件的延伸而增高。主要应用于初轧机及厚板轧机。

（4）连续式，几个机座沿轧制线排成一列，机座数等于轧制道次，轧件同时在几个机座内进行轧制。生产率高，易于实现操作的机械化与自动化，轧制速度可高达 100 m/s 以上。其主要缺点是调整困难，变更产品规格也较复杂。这种轧机主要用来轧制带钢、线材及钢坯等。

（5）半连续式，在轧制比较复杂的断面（角钢、槽钢等）时，因为连轧机调整较困难，常采用半连续式布置。一般由两组机座组成，粗轧机组采用连续式，精轧机组采用横列式。

（6）串列往复式，这种布置如图 1-20（a）所示，机座数量与产品的轧制道次相等。轧件在每个机座中只轧一道，但轧件从前一机座中全部轧完后，才进入后一机座，解决了

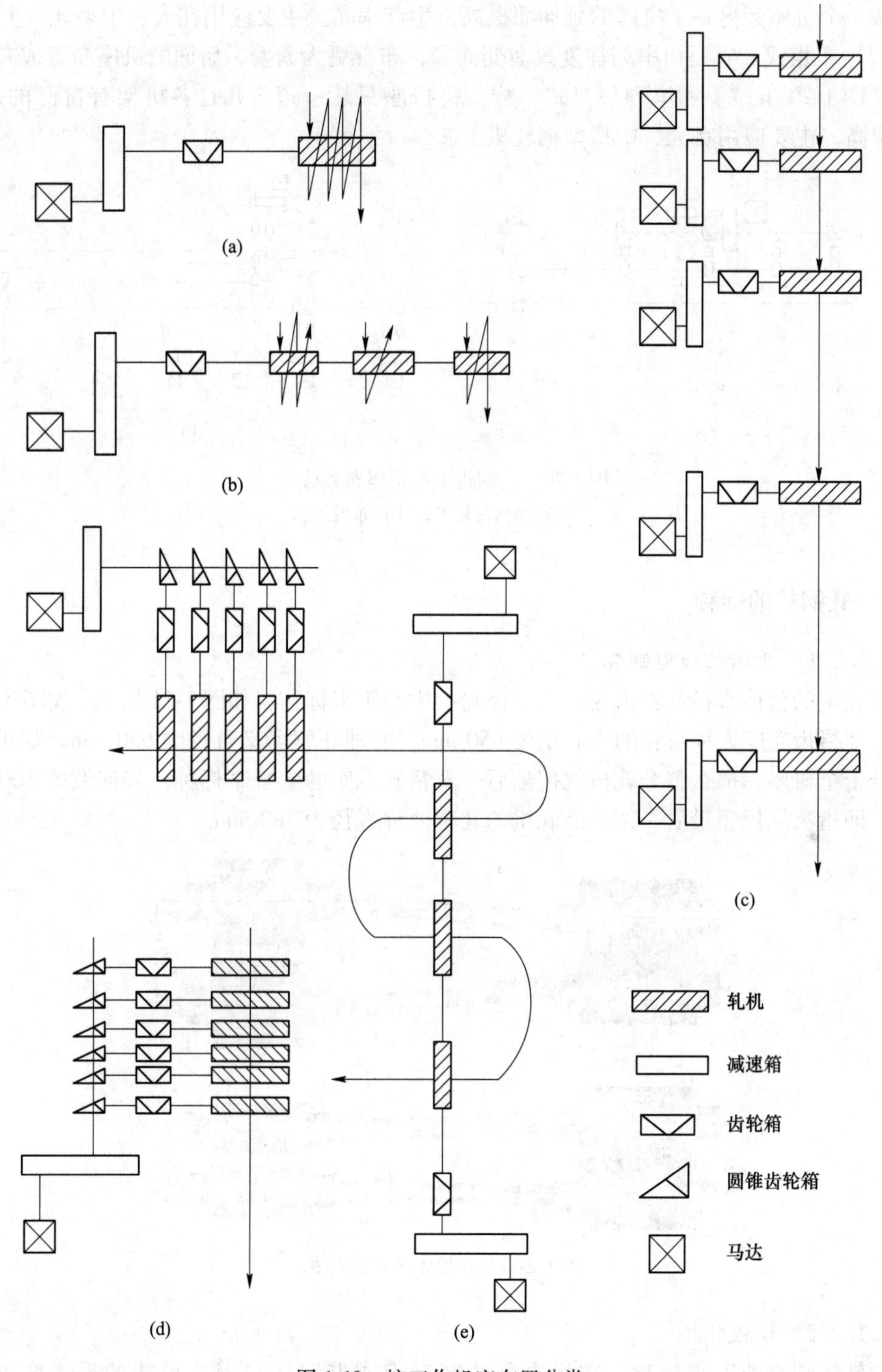

图 1-19　按工作机座布置分类
（a）单机架；（b）横列式；（c）纵列式；（d）连续式；（e）半连续式

复杂断面调整困难的问题。为了减少厂房的长度，轧机平行地排成几行，轧件由一行到另一行需作横向移动，因而这种布置也可称为横越式或越野式。各个机座中的轧制速度随着轧件从一个机座到另一个机座的延伸而提高，生产率高。主要应用在大、中型轧机上。

（7）布棋式。它是由串列往复式演变而来，布置更为紧凑，后面的机座布置成布棋的形式（图1-20(b)）。和串列往复式一样，每机座只轧一道，并且各机架有自己的速度，生产率高，主要应用在大、中型型钢轧机上。

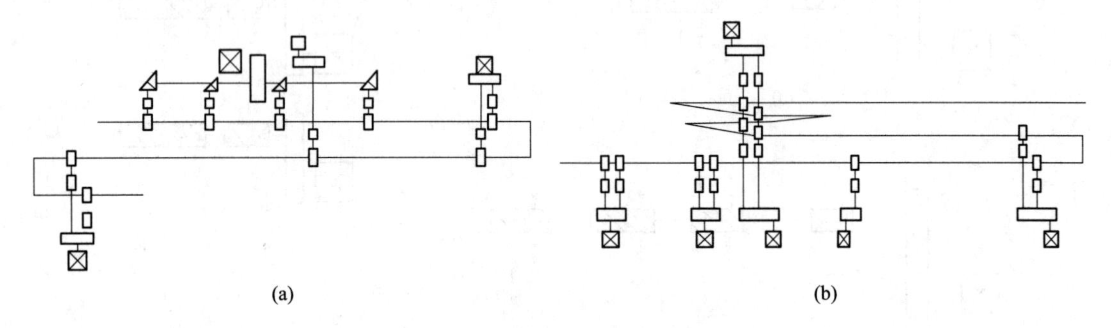

图1-20　轧钢机工作机座布置分类
（a）串列往复式；（b）布棋式

1.1.2　轧钢机的标称

1.1.2.1　开坯机和型钢轧机

按轧辊的公称直径或者齿轮座人字齿轮的中心距来标称，如图1-21所示。如650型钢轧机，即指齿轮座人字齿轮的中心距为650 mm，亦即轧辊名义直径为650 mm。如果轧钢机有若干个机座，那么整个轧机就按最后一架精轧机座的参数来标称。如连续式300小型轧机，即指精轧机座最后一架成品轧机的轧辊公称直径为300 mm。

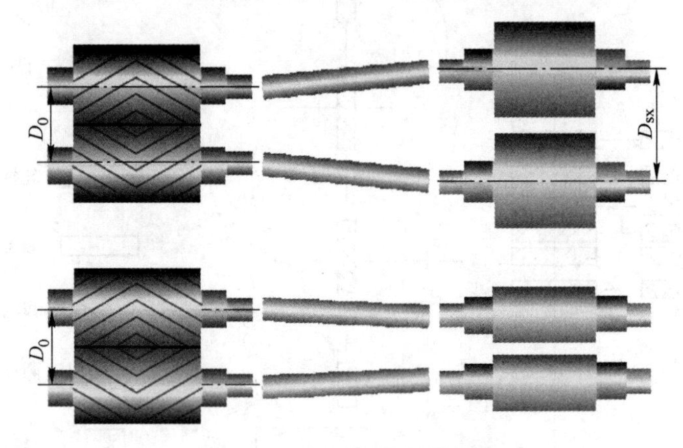

图1-21　650型钢轧机的标称

1.1.2.2　钢板轧机

按轧辊辊身长度来标称，它标志所轧制钢板或带钢（扁钢）可能的最大宽度，如图1-22所示。如1700钢板轧机，即指轧辊辊身长度为1700 mm。

1.1.2.3　钢管和钢球轧机

按所轧钢管或钢球成品的最大外径来标称，如图1-23所示。76无缝轧管机，即指所轧钢管的最大外径为76 mm。

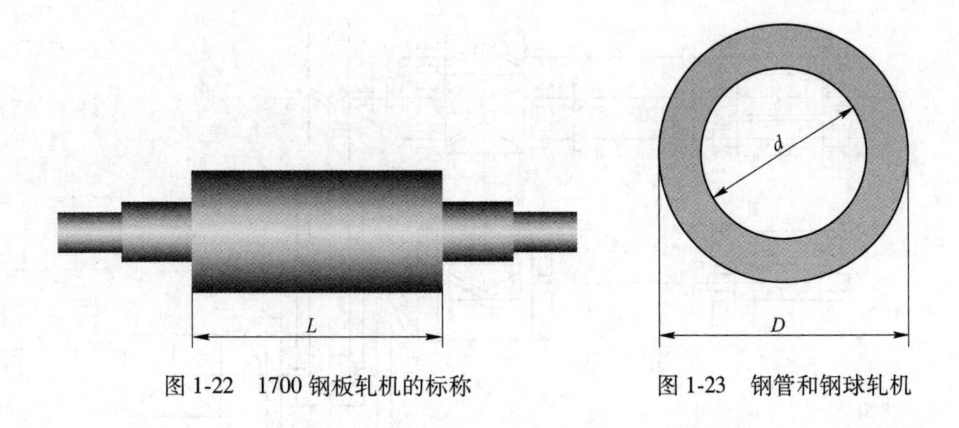

图 1-22　1700 钢板轧机的标称　　图 1-23　钢管和钢球轧机

模块 1.2　轧钢机的主机列

1.2.1　主机列的组成

尽管轧钢机类型复杂，结构多种多样，但它们有许多共同的东西。任何一个轧钢机的主机列与其他机器一样，由 3 个基本部分组成：动力部分（主电动机）、传动装置和执行机构（工作机座），如图 1-24 和图 1-25 所示。在自动化程度较高的轧机上，还具有自动甚至智能控制部分。

图 1-24　三辊轧机设备

1.2.1.1　轧钢机主电动机

它是整个机组的驱动装置，属于电气设备范围，一般分为感应电动机、同步电动机和直流电动机三大类。从轧制的运转状态还可分为不变速、变速可逆和变速不可逆等种类。

1.2.1.2　轧钢机传动装置

用来将原动机的动力传递给执行机构。它由齿轮座、减速机、飞轮、接轴和联轴节组成。

（1）齿轮座。将动力传给轧辊，按着轧辊的个数，一般是由 2 个或 3 个直径相等的圆

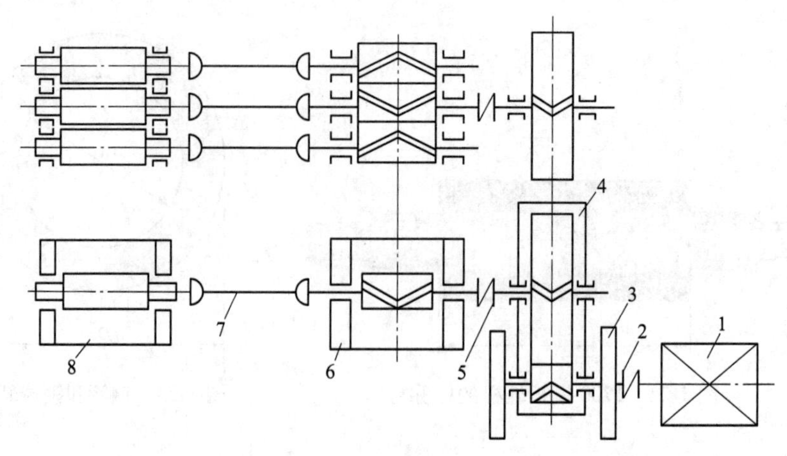

图 1-25　三辊式轧钢机主机列

1—主电动机；2—电动机联轴节；3—飞轮；4—减速机；
5—主联轴节；6—齿轮机座；7—万向接轴；8—轧辊

柱形人字齿轮，在垂直面中列成一排，装在密闭的传动箱内。

（2）减速机。在中低轧制速度下，为了提高电动机与飞轮的速度，降低它们的造价，则需要用适当速比的减速机把电动机和轧辊连接起来。过去曾用过绳轮及皮带轮减速，但因占地面积大及传动不平稳、不经济等原因，现已完全被齿轮减速机所代替。

（3）飞轮。可用一个或两个飞轮，装在减速机的小齿轮轴上，它可以作为蓄能器，以均衡传动负荷。当轧辊空转时，飞轮加速，积蓄能量；在轧钢时，飞轮减速，放出能量。

（4）接轴。将齿轮座的扭矩传递给轧辊。

（5）主联轴节。将减速机的扭矩传给轧辊。

（6）电动机联轴节。将电动机的出轴与减速机的主动齿轮轴连接起来。

以上介绍的是一个典型的主机列传动装置。在特殊情况下，某些传动环节还可以略去。例如，在可逆式连轧机的传动装置中，就没有飞轮。当轧辊的转数与电动机的转数相同时，就不需要减速机及主联轴节；若是二辊单传动轧机，就不需要齿轮机座。但传动装置中至少也需要连接轴和联轴节，如图 1-26 所示。

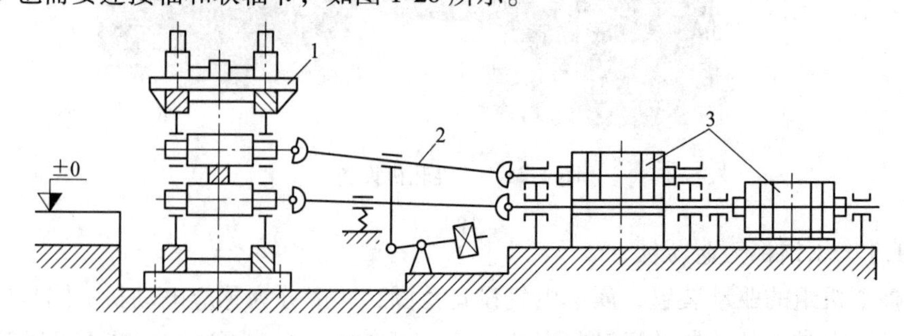

图 1-26　双电机驱动的二辊轧机主机列

1—工作机座；2—连接轴；3—电机

1.2.1.3　工作机座

它是轧钢机的执行机构，包括轧辊、轧辊轴承、轧辊调整装置（包括上轧辊平衡装置、机架、导卫装置、轨座等)。

(1) 轧辊。直接和轧材接触，使金属产生塑性变形，是工作机座中的关键件。

(2) 轧辊轴承。支撑轧辊并承受轧制力。

(3) 轧辊调整装置。调整和控制轧辊的位置，以获得需要规格的钢材。

(4) 机架。安装轧辊等装置的封闭框架，并承受轧制力。

(5) 压下螺丝螺母、轨座和导卫装置等。

综上所述，主机列就是根据生产需要将安装在同一列上的主要设备。而轧钢主要设备往往又是由一个或数个主机列所组成。

1.2.2　主机列的种类

根据主机列上的工作机座的数量，可分为单机座和多机座两大类。单机座中，按轧辊的驱动方式又可分为：单辊驱动、双辊驱动和三辊驱动。在多机座中，按主机列的数量又可分为单列式、双列式和单机座多列式等 10 种不同类型，如图 1-27 所示。

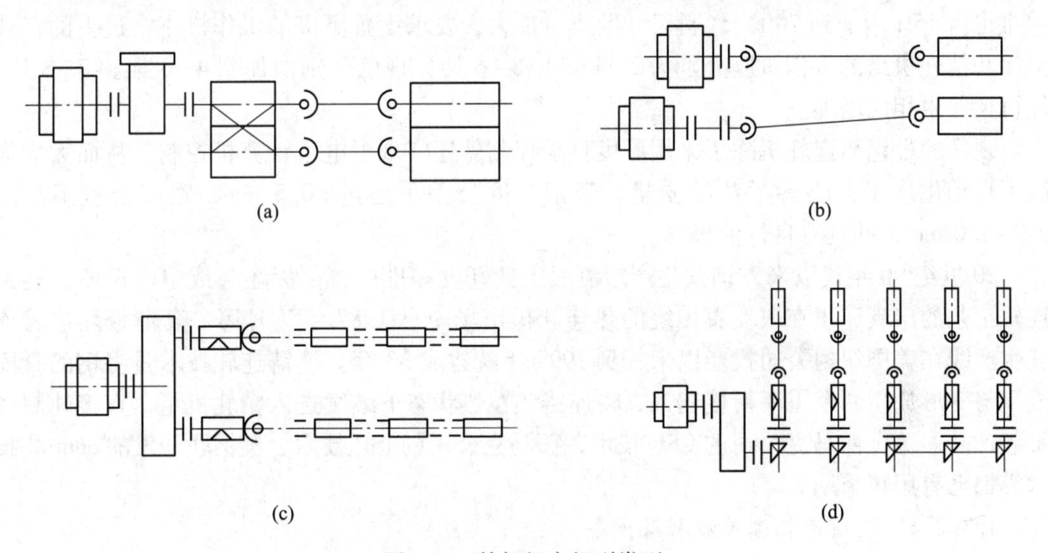

图 1-27　轧钢机主机列类型

(a) 同一电机驱动；(b) 两电机分别驱动；(c) 双列多机座驱动；(d) 单机座多列驱动

模块 1.3　轧钢机及轧制技术发展概况

1.3.1　初轧机的发展概况

20 世纪 80 年代建设的初轧机具有以下特点：

(1) 万能式板坯初轧机得到迅速发展，之后新建的初轧机 60% 是万能式板坯轧机，这种轧机带有立辊，可以减少轧件翻钢道次，轧制时间比方坯-板坯初轧机减少 39%。

(2) 向重型化方向发展，轧制钢锭质量达 45~70 t，最高年产量达 500 万~600 万吨。

(3) 提高自动化程度，从均热炉到板坯精整均已实现自动控制。

(4) 提高钢坯质量，改进精整工序，采用大吨位板坯剪切机（剪切力可达 40 MN）

及在线火焰清理机。

近20年来，由于连续铸钢技术迅速发展，连铸比将达到80%或更高。这样，初轧机将不会有更大的发展，只能起到配合和补充连铸生产的作用，许多初轧厂都面临改造的任务。

1.3.2　热轧宽带钢轧机及生产技术

热轧宽带钢轧机生产的热轧板卷，不仅可以供薄板和中板直接使用，还可以作为下道工序冷轧、焊管、冷弯型钢的原料。带钢热连轧机自20世纪50年代起，在世界范围内已成为带钢生产的主要形式。目前世界上1000 mm以上的热连轧机和带卷轧机有200余套。

带钢热连轧机具有轧制速度高、产量高、自动化程度高的特点，轧制速度20世纪50年代为10~12 m/s，20世纪70年代已达18~30 m/s。产品规格也由生产厚度为2~8 mm、宽度小于2000 mm的成卷带钢，扩大到生产厚度1.2~20 mm、宽度2500 mm的带钢。带卷质量的加大和作业率的提高，使现有的带钢热连轧机年产量达350万~600万吨，最大卷重也由15 t增加到70 t。坯料尺寸及质量加大，要求设置更多的工作机座，过去的粗轧机组和精轧机组的工作机座分别为2~4架和5~6架，现已分别增加到4~6架和7~8架，轧机尺寸也相应增加。

现代的带钢热连轧机除了采用厚度自动控制外还实现了电子计算机控制，从而大大提高了自动化水平，改善了产品质量，带钢厚度公差不超过±0.5 mm，宽度公差不超过0.5~1.0 mm，并具有良好的板形。

20世纪90年代以来，钢铁生产短流程迅速开发和推广，薄板坯（或中厚板坯）连铸连轧工艺的出现，正在改变着传统的热连轧机市场。自1987年7月第一套薄板坯连铸连轧生产线在美国纽柯公司投产以来，到1997年就建成33套。连铸连轧技术是将钢的凝固成型与变形成型两个工序衔接起来，将连铸坯在热状态下继续送入精轧机组，直接轧制成带卷产品。德国西马克公司的CSP技术、德马克公司的ISP技术、奥钢联开发的conroll技术等都已有用户采用。

1.3.2.1　连铸连轧工艺流程及设备

图1-28所示为CSP工艺的主要流程及主要设备。其主要特点是：

（1）立弯式连铸机，铸坯尺寸50 mm×1220 mm×1630 mm（可调），成品厚3 mm左右，连铸机拉速4~6 m/min。

（2）漏斗型结晶器，面中间部位的几何形状呈漏斗型。

（3）辊底式加热炉，以天然气为燃料，长度160 m，铸坯温度由1050 ℃加热到1100~1150 ℃。

（4）精轧机组，根据热卷要求，配置4~7架精轧机连续轧制，每架有CVC技术和AGC控制。

（5）生产线长250 m，设摆式剪切机，带钢出精轧机后通过层流冷却进入地下卷取机。从钢水注入结晶器到卷取成板卷，只需15~30 min。

1.3.2.2　热轧带钢生产的新技术和新设备

（1）连铸坯热装热送和直接轧制。将连铸坯在600 ℃以上的高温直接装炉或先放入保温装置，待机装入加热炉。直接轧制是把1050 ℃以上的高温连铸坯，经边部加热后直接

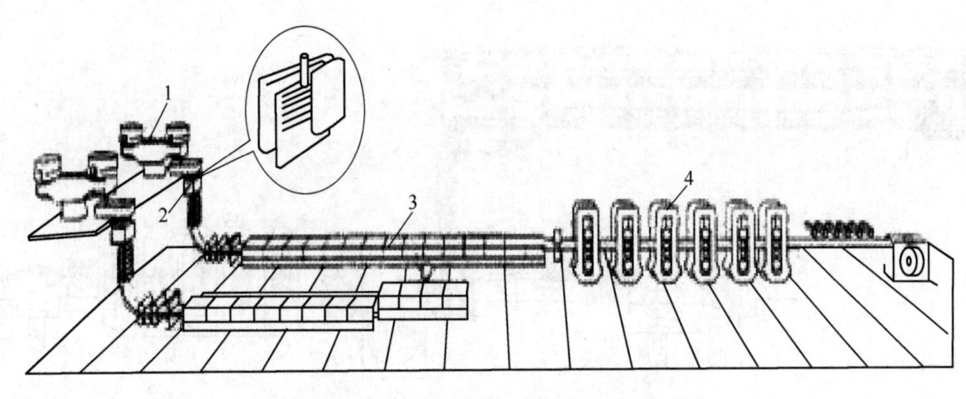

图 1-28 CSP 工艺过程及主要设备
1—钢包回转台；2—连铸机；3—均热炉；4—连轧机

轧制。

（2）无头轧制。将粗轧后的带坯在中间辊道上焊合起来，并连续通过精轧机组，精轧后将带钢切断并卷取。这样提高了成材率和生产率。

（3）在线调宽及板坯大侧压技术。目前在线调宽有四种形式：独立的挤压机、可逆式大立辊、调宽机架（立、平辊）、粗轧机配大型立辊。最大有效侧压下量可达 300 mm。

（4）板形控制。随着对板带质量要求的提高，近年来出现了数十种不同结构的机型和辊系，还应用了在线磨辊技术。

（5）宽度自动控制、厚度自动控制和带钢温度控制等技术又有新的进展。

1.3.3 冷轧宽带钢轧机及生产技术

冷轧钢板及带钢近年来得到较大的发展。冷连轧机末架出口速度可达 25~41.7 m/s。为了提高产量，冷卷卷重已达 60 t。一套冷连轧机年产量可达 250 万吨。

在带钢冷连轧机上，广泛地采用液压弯辊装置或抽动工作辊装置来改善板形。由于冷轧带钢厚度公差要求高，为增加轧机压下装置的响应速度，在冷轧机上采用全液压压下装置及厚度自动控制装置，对于高速、高产量的带钢冷连轧机，实现了计算机控制。

应该指出，自 1979 年开始，出现了全连续冷连轧机，如图 1-29 所示，这种轧机只要第一次引料穿带后，就可实现连续轧制。后续带卷的头部通过焊接机与前一带卷尾部焊接在一起，轧成后用飞剪机分卷，并由两台卷取机交替卷取带钢。全连续冷连轧机即使在换辊时，带钢依然停留在轧机内，换辊后可立即进行轧制。采用全连续冷连轧机，可以提高生产率 30%~50%。产品质量和收得率也都得到提高。

近 10 年冷轧带钢生产技术及设备又有新的发展：

（1）酸洗—冷轧联合机组。这种机组改变了传统冷轧生产将酸洗和轧钢两个工序分开的方式，而联合为一个机组。这样可提高酸洗—冷轧工序的成材率 1%~3%，提高机时产量 30%~50%，减少中间仓库 5000~10000 m^2。还有降低投资及生产成本等优点。

（2）板形控制技术。冷连轧机普遍应用了液压弯辊技术，设置板形仪及灵敏的液压系统，改善工艺冷润技术，特别是研制出一批有效控制板形的新轧机。如 HC 轧机、UC 轧机、CVC 轧机等。

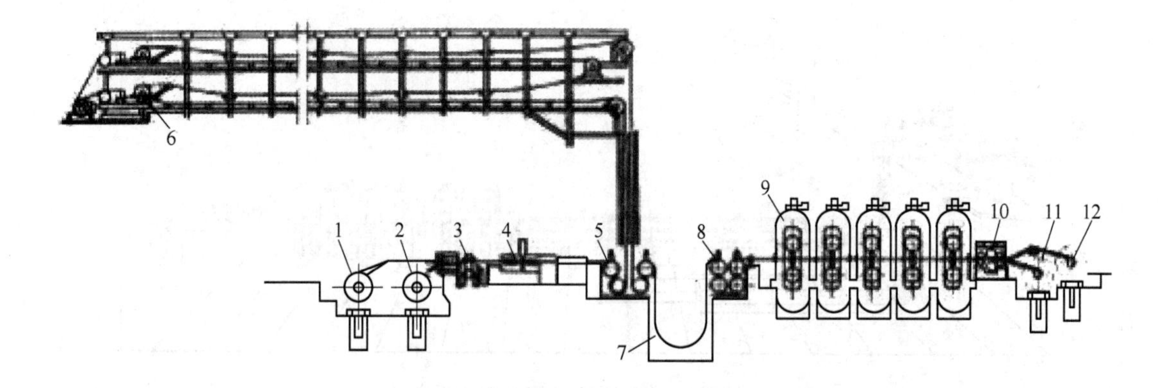

图 1-29　带钢全连续冷连轧机

1，2—开卷机；3—剪切机；4—焊接机；5，8—张力装置；6—活套车；7—活套坑；
9—五机架冷连轧机组；10—飞剪机；11，12—卷取机

（3）连续退火。全氢罩式退火技术的应用及多种涂镀生产技术的迅速发展，出现了许多新的生产线及新的设备，使轧钢机械在这些领域得到发展。

（4）带钢连铸—冷轧工艺。带钢连铸机浇铸出的带钢不经热轧或稍经热轧 1~2 个机架，即可进入冷轧机生产冷轧带钢。这一工艺在今后将进一步完善和推广。

1.3.4　钢管轧机的发展概况

工业发达国家（如美国、日本、德国等）都拥有大量的现代化热轧钢管设备。其中主要是自动轧管机和周期式轧管机，其生产的钢管占世界热轧管产量的 92%，钢管增长率达 7.5%，它们生产的热轧管产量占世界钢材产量的 15%左右。

近年来，管坯连铸有很大发展，逐步取代了轧制管坯，使金属收得率提高 10%~15%，能源费用节省 40%以上，成本大大降低。20 世纪 80 年代以来，普遍采用了锥形辊穿孔机，限动（半限动）芯棒连轧管机组等高效先进轧管设备。限动（半限动）芯棒连轧管机可生产直径达 426 mm，长度达 50 m 的钢管，生产效率高，单机最大产量可达 80 万~100 万吨/a。产品质量好，外径公差可达±0.2%~0.4%，壁厚偏差在±3%~6.5%范围内。在二辊式限动芯棒连轧管机的基础上，国外又研制出三辊可调的限动芯棒连轧管机。

近年来各主要产钢国的焊管产量都超过无缝管产量，如日本焊管在 1973 年已占钢管产量的 80%。随着长距离工业输送线路的开发，大直径焊管比重不断增加，20 世纪 70 年代，国外 U-O 成型焊管最大外径增至 1626 mm，其 O 型压力机压力高达 6000 MN，最大壁厚增加至 40 mm。U-O 成型焊管机年产能力为 100 万吨。

螺旋焊管采用一台成型机把带钢成型后马上进行点焊定位，切成定尺后再送往数台焊接机上进行双面焊，使一台成型机顶好几台用。

由于对精密、薄壁、高强度特殊钢管的需要量不断增长，促使冷轧、冷拔钢管生产迅速发展。冷轧管机有周期式、多辊式、立式、行星式和连续式等多种，其中以周期式冷轧管机应用最普遍。冷拔是生产精密钢管的主要方法，有摆式、转盘式和卷筒式三种冷拔管机。卷筒式拔管机占地面积小，拔制速度高，正在推广应用。

1.3.5　线材轧机的发展概况

近些年来，国外线材生产是稳定的。线材产量占钢材产量的7%～8%，线材轧机常用来生产直径为5～12.7 mm的圆形断面轧材。

在工业应用上，要求线材盘重大、直径公差小，并具有良好和均匀的机械性能。因此，近30年来，线材轧机在高速、大盘重、高产量和高精度方面有较大发展。20世纪40年代的线材轧机大部分为横列式线材轧机，需要人工喂钢，最高轧制速度限制在10 m/s以下，由于速度低，轧件温降大，影响线材尺寸精度。因此，其盘重一般在80～90 kg，轧机生产能力为10～15 t/h。

20世纪50年代发展了半连续式线材轧机。粗轧机组为连续式布置，精轧机组为横列式布置，中轧机组布置成连续式或横列式。在机械化程度较高的半连续线材车间中，可以不用人工喂钢，最高轧制速度为15 m/s左右，线材盘重可达125 kg。五线轧制时，轧机年产量为35万吨。

20世纪50年代中期出现了连续式线材轧机，精轧机组一般配置6～8架水平辊轧机。20世纪60年代初期，精轧机组配置了立辊，形成了水平辊-立辊-水平辊的连续式线材轧机，可以实现无扭转轧制。由于轧机传动系统结构的限制，这两种连续式线材轧机最高轧制速度都在35 m/s以下，线材盘重为300～550 kg。四线轧制时的年产量为50万吨左右。

所谓高速线材轧机，一般是指最大轧制速度高于40 m/s的轧机。20世纪60年代中期，出现了45°和Y形高速无扭轧机，最高轧制速度可达50～70 m/s。线材盘重达1500～2500 kg。四线轧制时的年产量为60万～80万吨。

Y形轧机又称三辊式无扭机组，是由4～14台Y形机座组成的组合机组，其中心距仅405～500 mm。每台Y形机座有3个互成120°布置的盘形轧辊，构成三角孔形。3个120.5°的轧辊如同字母Y，故而得名。Y形轧机的主要特点是：实现了无扭轧制，一套孔型能适应不同钢种和有色金属。这种轧机轧制时宽展小，延伸大，孔形在生产过程中一般不再调整。由于结构及密封等限制，轧制速度一般不超过60 m/s。

20世纪70年代，摩根无扭高速线材精轧机组有了很大的发展，投产的已达160多套。20世纪70年代后期投产的悬臂式无扭精轧机组出口速度多为65～80 m/s，有的达120 m/s。45°精轧机组一般由23～26个机座串联组成，中心距500 m左右。每套机组有8～10对碳化钨轧辊，各机座轧辊交错成90°布置，并与地面成45°布置。目前，高速线材轧机的机型可概括为三辊式、45°、15°/75°和平/立交替式四种。

1-1　轧钢机广义的和狭义的定义是什么？

1-2　轧钢机按用途主要分为几类，简述其特点。

1-3　轧钢机按结构分类，实质上是按什么分类，简述其分类情况及特点。

1-4　各种轧机是如何命名的？

1-5　轧辊直径为150 mm，辊身长度为2800 mm，在初轧厂应称为什么轧机，在钢板厂又称为什么轧机？

1-6　某初轧厂共有两组连轧机，分别为700、500连轧，说明700及500的含义。

1-7　选一个在实习中你所见过的某型钢厂或钢板厂为例，说明以下几个问题：

（1）轧机是如何标称的？

（2）有几个主机列，各属于什么类型？

（3）绘简图说明工作机座的布置型式。

（4）按用途分应称为什么轧机，按结构分又称为什么轧机？

（5）各轧机的速度为多少，属于什么工作制度？

项目 2　轧机的组成

使金属在旋转的轧辊之间产生塑性变形的机械设备称主要设备，简称轧钢机。它包括主电动机、主传动装置（减速机、齿轮机座、联轴节和连接轴等）和工作机座三大部分。

模块 2.1　轧　　辊

轧辊是轧制过程中用来使金属产生塑性变形的工具，是轧钢机的主要部件。

2.1.1　轧辊的组成

轧辊一般由辊身、辊颈和辊头三部分组成，如图 2-1 所示。

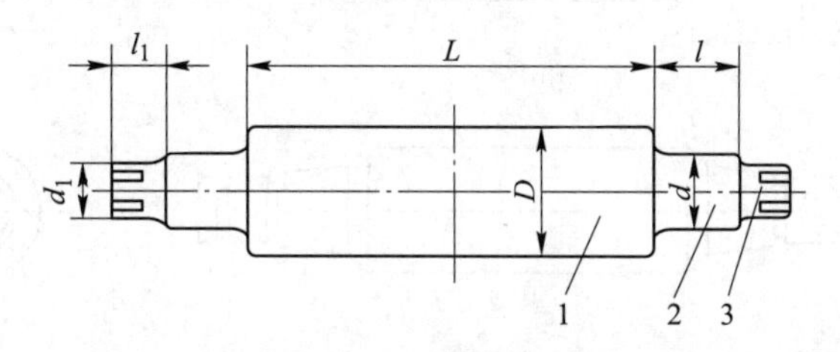

图 2-1　轧辊组成

1—辊身；2—辊颈；3—辊头

2.1.1.1　辊身

辊身（直径用 D、长度用 L 表示），辊身是轧辊的中间部分，直接与轧件接触并使其产生塑性变形。它是轧辊最重要的部分。轧辊辊身经常在高温、高压、冲击等最繁重的负荷条件下工作，它不仅要承受很大的轧制压力（高达 15 MN 以上），同时还经常承受着冲击负荷与交变负荷，以及在高温下用水冷却而产生内应力与冷热疲劳等。因此，对轧辊辊身的要求如下：

（1）要有很高的强度，以承受强大的弯矩和扭矩。

（2）要有足够的刚度，以减少变形，保证轧件尺寸和规格的准确性。

（3）要有良好的组织稳定性，以抵抗轧件高温的影响。

（4）要有足够的表面硬度，以便抵抗磨损和保证轧件的表面质量。

2.1.1.2　辊颈

辊颈（直径用 d、长度用 l 表示），辊颈位于辊身的两端，用来将轧辊支撑在轧辊轴承内。在轧制过程中，辊颈同样因承受很大的弯矩和扭矩而产生弯曲应力；而且辊颈与轴承之间的单位压力（p）以及单位压力与圆周速度之乘积（即 pv 值）都很高，而使辊颈发热和磨损；同时辊身与辊颈的交界处还存在应力集中现象。生产中，氧化铁皮容易落入轴承中，擦伤辊颈表面等，因此，辊颈的工作条件是比较恶劣的。对辊颈的要求为：

（1）有足够的强度。

（2）有一定的耐磨性能。

（3）表面应平滑、光洁，无麻点和裂纹。

另外，还必须要有防止氧化铁皮和其他污物落入辊颈转动部位的措施。

辊颈有圆柱形和圆锥形两类。圆柱形辊颈（图 2-2（a）、（b）用于开式滑动轴承及滚动轴承，圆锥形辊颈（图 2-2（c））用于液体摩擦轴承。

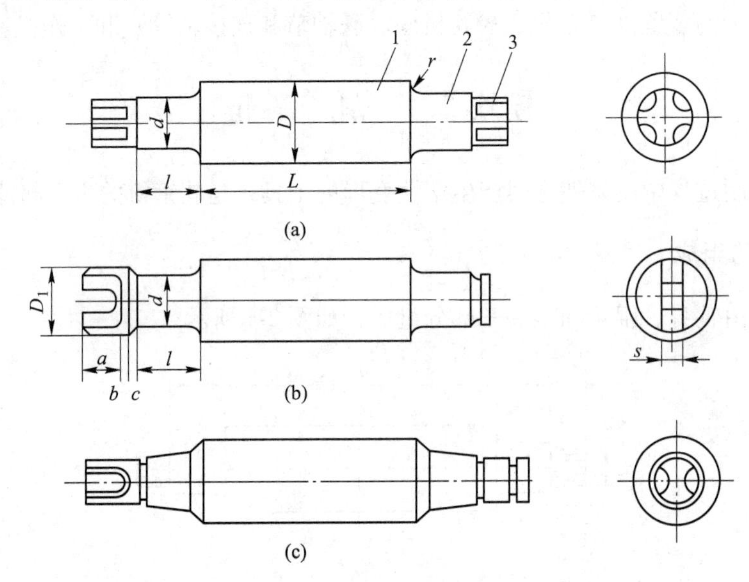

图 2-2　轧辊辊颈形状

（a）安装滑动轴承的圆柱形辊颈；（b）安装闭式滚动轴承的圆柱形辊颈；（c）安装液体摩擦轴承的圆锥形辊颈

1—辊身；2—辊颈；3—辊头

2.1.1.3　辊头

辊头（直径用 d_1、长度用 l_1 表示），辊头位于轧辊两端，用来连接轧辊与轴套或接轴，传递扭矩，转动轧辊，主要承受扭转力矩。因此，对轧辊辊头的要求是：要有足够的强度；表面要平滑，光洁，无麻点和裂纹。辊头的形状因所选用的连接轴的形式而异，如图 2-3 所示。

辊头有三种主要形式：梅花辊头（图 2-3（a）），用于梅花接轴及轴套连接；扁头轴头（图 2-3（b）），用于万向接轴的叉头连接；带键槽的或圆柱形辊头（图 2-3（c）（d）），用于与装配式万向轴头或齿形接手连接。实践表明，带双键槽的轴头，在使用过程中，键槽壁容易崩裂。目前常用易加工的带平台的辊头（图 2-3（e））代替图 2-3（c）中带双键槽的辊头。

2.1.2　轧辊的分类

轧辊可按构造和用途分为光面辊和有槽辊，工作辊与支撑辊；又可根据辊身表面硬度不同分类。轧辊的工作表面硬度是轧辊的主要性能参数之一。

光面辊身（即平面辊，图 2-1）用来轧制板材，通常做成圆柱形或圆柱微带凸形（或凹形）表面。热轧板轧辊的辊身微凹，当受热膨胀时，可保持较好的板形；冷轧板轧辊的

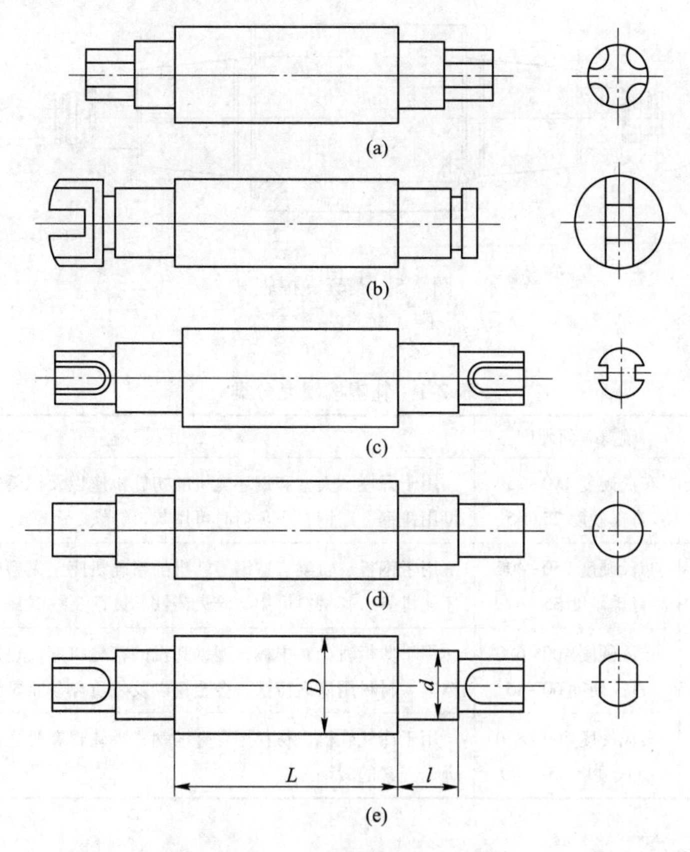

图 2-3　轧辊辊头基本类型

（a）梅花辊头；（b）扁头辊头；（c）带键槽辊头；（d）圆柱辊头；（e）带平台辊头

辊身微凸，当它受力弯曲时，可抵消变形的影响，保证良好的板形。有槽辊身（图 2-4）用于轧制型钢、线材和钢坯等，是一种在辊身上加工成与轧件断面相适应的轧槽的轧辊。

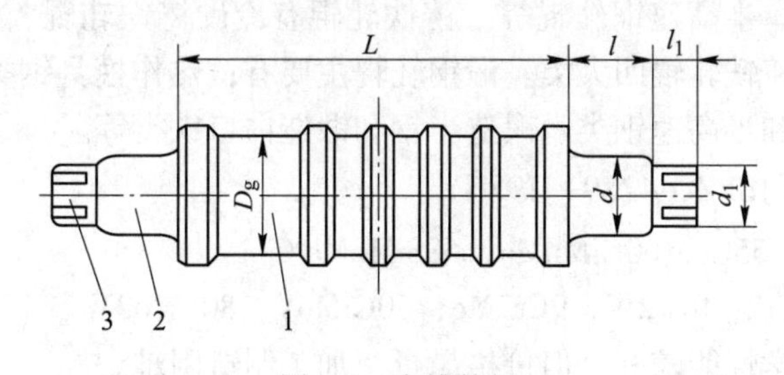

图 2-4　有槽轧辊

1—辊身；2—辊颈；3—辊头

四辊式板带轧机的轧辊、又有工作辊和支撑辊之分。由于工作辊和支撑辊的工作条件不同，在结构上也各有特点。工作辊辊身为光滑的圆柱表面，辊身直径小，一般是驱动辊，并与高温轧件接触。支撑辊采用镶套式辊身，辊套材料用合金钢（8CrMoV，8Mn2MoV），芯轴用锻钢（图 2-5）。

根据辊身表面硬度，通常将轧辊分成四类，见表 2-1。

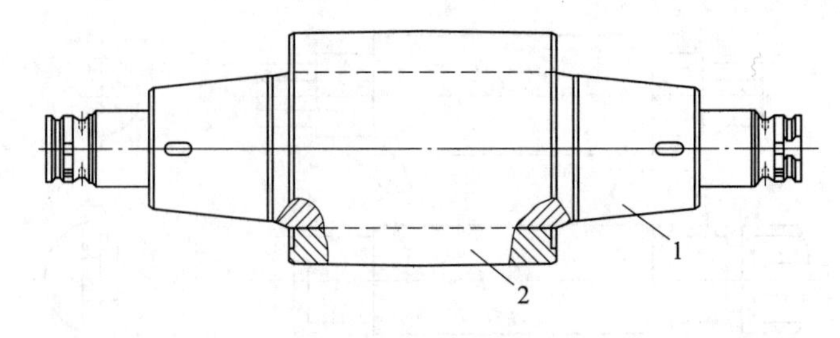

图 2-5　镶套支撑辊
1—芯轴；2—辊套

表 2-1　轧辊按硬度分类

轧辊种类	辊身表面硬度	用　途
软面轧辊	布氏硬度 150~250 肖氏硬度 25~35	用于开坯、大型和钢坯轧机的初轧机座以及钢管穿孔机等，其材料可用铸钢、锻钢，小负荷时可用灰口铸铁
半硬面轧辊	布氏硬度 250~400 肖氏硬度 35~60	用于钢板、轨梁、型钢等轧机的粗轧机座，大型轧机的精轧机座钢坯轧机等。其材料可用半淬火铸铁、铸钢及锻钢
硬面轧辊	布氏硬度 400~600 肖氏硬度 60~85	用于薄板轨梁、中板、型钢轧机的精轧机座。也用于四辊轧机的支撑辊。材料用淬火铸铁，合金钢以及硬质合金堆焊等
特硬面轧辊 （冷硬轧辊）	布氏硬度 600~800 肖氏硬度 85~100	用于冷轧轧机。材料用合金锻钢，小轧辊有时也用含碳化钨和其他合金元素的锻钢

2.1.3　轧辊材质与选择

2.1.3.1　轧辊材质

轧辊按制造材料主要分为：铸钢系列轧辊、铸铁系列轧辊、锻造系列轧辊三大类别。铸钢轧辊有碳素铸钢轧辊、合金铸钢轧辊、半钢轧辊、石墨钢轧辊、高铬钢轧辊、复合铸钢轧辊、高速钢轧辊、半高速钢轧辊等。铸铁轧辊有冷硬铸铁轧辊、无限冷硬铸铁轧辊、球墨铸铁轧辊、高铬铸铁轧辊四大类。锻钢轧辊主要有：热作模具钢类、铬轴承钢类、冷轧模具钢类、高速钢和半高速钢类、锻造半钢和锻造白口铁类等。

A　合金锻钢：（JB/ZQ 4289—1986）

热轧辊：55Mn2，55Cr，60CrMnMo，60SiMnMo 等。

冷轧辊：9Cr，9Cr2，9Cr2W，9Cr2Mo，60CrMoV，80CrNi3W。

优缺点：综合力学性能较好，但价格昂贵，加工制造困难。

B　铸钢：ZG70，ZG70Mn，ZG8Cr，ZG75Mo

C　铸铁：普通铸铁、合金铸铁、球墨铸铁

根据铸型不同，可以得到不同硬度：半冷硬、冷硬、无限冷硬。

优点：铸铁硬度高、表面光滑、耐磨、制造过程简单且价格便宜。

缺点：强度低于钢轧辊，只有球墨铸铁强度较好。

D　高速钢

优点：耐磨性好、耐表面粗糙性能好。近 20 年新进展，应用前景广。

2.1.3.2 轧辊材质选择

轧辊材质的选择是一个比较复杂的工程，要综合考虑轧机的特点、轧辊的工作条件、各类轧辊材质特性、辊型设计等因素。因此，要根据 SM 宽厚板轧机特点，轧制坏料和产品的种类规格，轧制节奏、应量，轧制温度、轧制速度、轧制力、压下量、换辊周期、磨削制度等轧机和轧辊工作的基本条件的基本情况，得出本机架对轧辊的性能要求，根据各类轧辊所具有性能特点，考虑本机架轧辊设计要求或日前使用的轧辊主要失效形式以及用户急需解决的问题等因素，最终确定适合本机架的轧辊材质、技术性能指标等。通常情况如下：

A 初轧机、钢坯轧机、厚板轧机、大型轨梁轧机、型钢粗轧机

一般选用锻钢轧辊，要求较高的用合金钢轧辊。型钢粗轧机多采用铸钢轧辊。原因：压下量大，轧制力大，有冲击负荷，要求轧机具有高强度和较大的摩擦系数（因为易于咬入，从而加大压下量）。

B 中小型轧机的精轧机座轧辊

大多采用铸铁轧辊，也有采用球墨铸铁的。原因：这类轧机着重要求硬度和耐磨性，使产品尺寸精确，表面质量好，并能减少换辊次数，提高生产率。

C 线材轧机

粗轧机机座：软化退火的珠光体球墨铸铁或普通铸钢；如果热裂性问题是主要问题：其硬度值低些（HS=38~45）；如果耐磨性问题是主要问题：选择硬度稍高些（HS=45~55）。

优选铸铁，原因：硬度相同的轧辊，软化退火的球墨铸铁轧辊较普通铸钢轧辊寿命高2倍。

中轧机座：优选珠光体球墨铸铁或贝氏体球墨铸铁，硬度稍高（HS=60~70）。

预精轧机座：高镍铬离心铸造复合辊、工具钢、碳化钨等。

精轧机座：一般为碳化钨的硬质合金。因为它具有良好的热传导性，在高温下有硬度下降小，耐热疲劳性能好，耐磨性好，强度高等特点。

D 热轧带钢轧机

工作辊：多采用铸铁轧辊。原因：以辊面硬度要求为主。

支撑辊：多选用含铬合金锻钢。原因：工作中主要承受弯矩，且直径较大，要着重考虑强度和轧辊淬透性。

E 冷轧带钢轧机

工作辊：多采用高强度合金铸钢或带硬质合金辊套的复合辊。原因：对辊面硬度和强度均有很高的要求。

支撑辊：与热轧带钢相似，多选用含铬合金锻钢。但硬度更高（HS=50~65）。原因：工作中主要承受弯矩，且直径较大，要着重考虑强度和轧辊淬透性。

2.1.4 轧辊的破坏形式

轧机在轧制生产过程中，轧辊处于复杂的应力状态。热轧机轧辊的工作环境更为恶劣：轧辊与轧件接触加热、轧辊水冷引起的周期性热应力，轧制负荷引起的接触应力、剪

切应力以及残余应力等。如轧辊的选材、设计、制作工艺等不合理，或轧制时卡钢等造成局部发热引起热冲击等，都易使轧辊失效。轧辊失效主要有剥落、断裂、裂纹等形式，见表 2-2。任何一种失效形式都会直接导致轧辊使用寿命缩短。

表 2-2　轧辊的断裂形式

断辊形式	原因分析
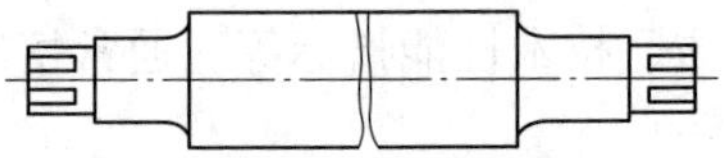	钢板轧辊辊身中间部位断裂，断口较平直为轧制压力过高、轧辊激冷等原因。如断口有一圈氧化痕印，则为环状裂纹发展造成
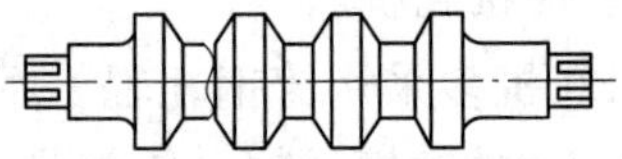	带孔型轧辊在槽底部位断裂，常发生在旧辊使用后期。如新辊出现断辊应检查轧制压力、钢温、压下量等工艺条件及轧辊材质
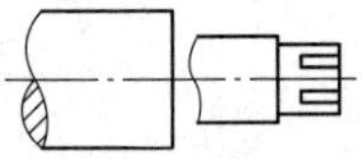	辊颈根部断裂，常发生在加工轧辊时根部圆角半径 r 过小，造成应力集中，应加大圆角半径。轴承温度过高也可能出现辊颈断裂
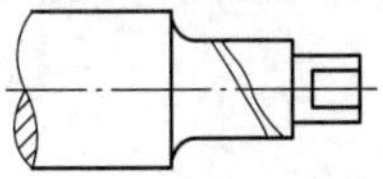	辊颈扭断。断口呈 45°，当扭矩过大时传动端可能出现
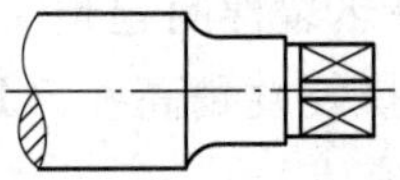	辊头扭断，常从辊头根部断裂 冷轧薄带钢时，轧辊压靠力过大，此时扭矩可大于轧制力矩。启动轧机可能断辊头

2.1.4.1　轧辊剥落（掉肉）

轧辊剥落为首要的损坏形式，剥落是轧辊损坏，甚至早期报废的主要原因。轧制中局部过载和升温，使带钢焊合在轧辊表面，产生于次表层的裂纹沿径向扩展进入硬化层并多方向分枝扩展，该裂纹在逆向轧制条件下即造成剥落。轧辊剥落问题，大多数剥落与六类轧机操作和轧辊使用不当有关：如轧制量过高、换辊周期过长、轧辊修磨量不足、冲击载荷、轧辊工作面压力分布不均、轧制时停机造成轧辊内部温度分布不均、热冲击等。

支撑辊剥落大多位于轧辊两端，沿圆周方向扩展，在宽度上呈块状或大块片状剥落，剥落坑表面较平整。支撑辊和工作辊接触可看作两平行圆柱体的接触，在纯滚动情况下，接触处的接触应力为三向压应力。在离接触表面深度为 $0.786b$ 处（b 为接触面宽度之半）剪切应力最大，随着表层摩擦力的增大而移向表层。轧制过程中，辊面下由接触疲劳引起的裂纹源，由于尖端存在应力集中现象，从而自尖端以与辊面垂直方向向辊面扩展，或与辊面成小角度以致呈平行的方向扩展。两者相互作用，随着裂纹扩展，最终造成剥落。支撑辊剥落主要出现在上游机架，为小块剥落，在轧辊表面产生麻坑或椭球状凹坑，分布于与轧件接触的辊身范围内。有时，在卡钢等情况下，则出现沿辊身中部轴向长达数百毫米的大块剥落。

工作辊剥落同样存在裂纹产生和发展的过程，生产中出现的工作辊剥落，多数为辊面裂纹所致。工作辊与支撑辊接触，同样产生接触压应力及相应的交变剪应力。由于工作辊只服役几个小时即下机进行磨削，故不易产生交变剪应力疲劳裂纹。轧制中，支撑辊与工作辊接触宽度不到 20 mm，工作辊表面周期性的加热和冷却导致了变化的温度场，从而产生显著的周期应力。辊面表层受热疲劳应力的作用，当热应力超过材料的疲劳极限时，轧辊表面便产生细小的网状热裂纹，即通称的龟裂。

2.1.4.2　轧辊断裂

轧辊在工作过程中还常常发生突然断辊事故，其断裂部位主要为工作辊的辊身、辊颈处、辊脖与辊颈交界处。因轧制钢种、品种与生产工艺条件差异，各断裂部位所占比例不同。断辊可以是一次性的瞬断，也可以是由于疲劳裂纹发展而致。

锻造工艺不当也会导致轧辊脆性断裂。如终锻温度过低，易形成位于轧辊芯部附近其形貌具有"人"字形特征的裂纹。若加上在终锻时控制不当，很容易造成穿晶型裂纹。在锻造变形时，热加工压力过小，变形不合理造成芯部未锻透，仅钢材表面产生塑性变形而内部产生拉应力，当此拉应力超过该区的金属强度时，即可引起内部横裂。

脆性断裂总是以轧辊内部存在的裂纹作为裂纹源。如果轧辊内部存在大量裂纹，在服役过程中，裂纹尖端产生应力集中而快速扩展连接，形成一个较大的裂纹，这种裂纹在交变应力作用下，由内向外逐渐扩大，当裂纹大到一定程度时就发生疲劳断裂。

轧辊组织缺陷也会导致轧辊断裂，轧辊芯部组织不正常（球化率低，渗碳体数量过高等）导致力学性能显著下降。这种轧辊使用时，由于芯部组织不正常，在热应力的作用下，较薄弱处先被拉裂，然后裂纹迅速扩展，也会导致轧辊断裂。

轧辊铸造缺陷是轧辊辊颈断裂的另一个原因。如果辊颈截面存在铸造缺陷组织：较多大面积粗条状、网状渗碳体，芯部疏松孔洞区等，都会使材料内应力增大，力学性能下降。因此在辊身发生碰撞时，在外加震动应力与内应力的交互作用下，以脆性相和一些缺陷为核心，萌生出裂纹。由于材料较脆，裂纹便立即扩展产生瞬间断裂。

除上述原因外，造成轧辊断裂的因素还有很多：简单的机械性过载；设计和加工不当，对于截面尺寸发生变化的部位，未设计足够的圆角或精密加工，致使应力集中；辊面和辊颈硬度相差过大；辊颈的直径过小，强度不够等都有可能导致轧辊断裂。

2.1.4.3　轧辊裂纹

轧辊裂纹是由于多次温度循环产生的热应力所造成的逐渐破裂，是发生于轧辊表面薄层的一种微表面层现象。轧制时，轧辊受冷热交替变化剧烈，从而在轧辊表面产生严重应变，逐渐导致热疲劳裂纹的产生。此种裂纹是热循环应力、拉应力及塑性应变等多种因素形成的，塑性应变使裂纹出现，拉应力使其扩展。

2.1.4.4　缠辊

热轧生产中，由于钢料加热温度不均，阴阳面温差大，卫板安装不稳，造成缠辊。经常出现在轧制矿用支撑钢、矿用工字钢及轻轨的过程中。有些缠辊经轧辊车削车间处理后可以使用，但修复量大，会严重减少轧辊的轧出量。缠辊严重时报废，还可能影响到另外一（两）支轧辊，造成整套轧辊的报废。因此，在孔型设计时，应着重考虑压力的配置，使钢料从孔型中平直出口；牢固安装卫板；保证钢料加热温度均匀，以防止缠辊现象发生。

2.1.4.5　黏辊

在冷轧过程中，如果出现钢带漂移、堆钢、波浪折叠，且由于高压出现瞬间高温时，极易形成钢带与轧辊黏接，致使轧辊出现小面积损伤。通过修磨，轧辊表面裂纹消除后可以继续使用，但其使用寿命明显降低，并在以后的使用中易出现剥落事故。

2.1.4.6　烧轴承

轧辊在使用时，往往因轧辊轴承与辊轴配合间隙过小，润滑不好、辊轴与轴承热膨胀变形不同步、轴承制造质量差等原因，均可导致轴承与轧辊轴发生干摩擦，严重时导致轧辊轴断裂。有效控制烧轴承事件发生，严格控制轴承质量与润滑效果，有效监控轧辊轴承箱温度，遇有异常问题发生即刻停止轧辊使用，更换轴承箱、强制轴承润滑，可解决此问题。

轧辊的损坏由多种因素相互影响和相互作用引起，其损坏形式也多样。但只要了解轧辊损坏原因，针对具体的轧机系统、损坏形式采取相应措施，轧辊失效可以得到有效控制，可以最大限度降低辊耗，从而提高轧辊的使用寿命，提高轧钢生产效率。

2.1.5　轧辊的尺寸

轧辊的基本尺寸参数包括：轧辊名义直径（或称公称直径）D、辊身长度 L、辊颈直径 d、辊颈长度 l、辊头直径 d_1，当轧辊的直径 D 确定以后，轧辊的其他参数可根据强度、刚度或结构上的要求，随之确定。

2.1.5.1　轧辊名义直径 D 和辊身长度 L 的确定

有关轧辊直径，如图 2-6 所示，名义直径 D_m：齿轮座中心矩；初轧机；辊环外径或末道轧辊中心矩；工作直径 D_g：槽底直径（型钢轧机）；最大直径：新辊直径最小直径：旧辊直径。$D_m/D_g=1$ 为平辊，$D_g/D_m<1$ 带孔型，通常：$D_g/D_m>0.7$。

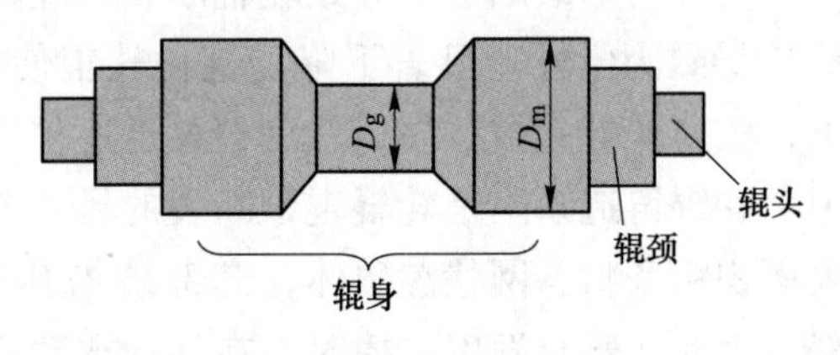

图 2-6　轧辊的直径

轧辊工作直径 D，可根据最大咬入角 α（或压下量与辊颈之比 $\frac{\Delta h}{D_g}$）和轧辊的强度要求来确定。轧辊的强度条件是轧辊各处的计算应力小于许用应力。轧辊的许用应力值为其材料的强度极限除以安全系数。通常轧辊的安全系数选取 5，按轧辊的咬入条件，轧辊的工作直径 D_g。应满足下式：

$$D_g \geqslant \frac{\Delta h}{1-\cos\alpha} \quad 或 \quad D_g \geqslant \frac{\Delta h}{2\sin\frac{\alpha}{2}} \tag{2-1}$$

式中　α——最大咬入角，它和轧辊与轧件间的摩擦系数有关。

各种轧机的最大咬入角和 $\Delta h/D$ 可参考表 2-3。

表 2-3　各种轧机的最大咬入角和 $\Delta h/D_g$

轧制情况		最大咬入角 α	最大比值 $\Delta h/D_g$	轧辊与轧件的摩擦系数
热轧	在有刻痕或焊痕的轧辊中轧制初轧坯或钢坯	24~32	1/6~1/3	0.45~0.62
	轧制型钢	20~25	1/8~1/7	0.36~0.47
	轧制带钢	15~20	1/14~1/8	0.27~0.36
	自动轧管机热轧钢管	12~14	1/40~1/6	
	在较光洁的轧辊上轧制	5~10	1/130~1/33	0.09~0.18

续表 2-3

轧制情况		最大咬入角 α	最大比值 $\Delta h/D_g$	轧辊与轧件的摩擦系数
在润滑条件下冷轧带钢	在表面精磨的轧辊中轧制（粗糙度10~12）同上。用棕榈油、棉籽油或蓖麻油润滑	3~5 2~4	1/130~1/35 1/600~1/200	0.03~0.05 0.03~0.06

带有孔型的轧辊辊身长度 L 主要取决于孔型配置、轧辊的抗弯强度和刚度。因此，粗轧机的辊身较长，以便配置足够数量的孔型；而精轧机轧辊尤其是成品轧机轧辊的辊身较短，这样，可加强轧辊刚度，提高产品尺寸精确度。通常，各种轧机轧辊的 L 与 D 均有一定比例，其比值可参考表 2-4。

表 2-4 各类轧机的 L/D

轧机名称	L/D	轧机名称	L/D
初轧机	2.2~2.7	中厚板轧机	2.2~2.8
型钢轧机	1.5~2.5	装甲板轧机	3.0~3.5
开坯和粗轧机座	2.2~3.0	二辊薄板轧机	1.5~2.2
精轧机座	1.5~2.0	二辊铁皮轧机	1.3~1.5

2.1.5.2 板带轧机轧辊的 L 与 D

板带轧机轧辊的主要尺寸是辊身长度 L（L 也标志着板带轧机的规格）和直径 D。决定板带轧机轧辊尺寸时，应先确定辊身长度，然后再根据强度、刚度和有关工艺条件，确定其直径。辊身长度 L 应大于所轧钢板的最大宽度 b_{max}，即

$$L = b_{max} + a \tag{2-2}$$

式中 L——辊身长，mm；

b_{max}——所轧板带的最大宽度，mm；

a——余量，mm。$b = 400 \sim 1200$ mm，$a = 100$ mm；$b = 1000 \sim 2500$ mm，$a = 150 \sim 200$ mm；$b > 2500$ mm，$a = 200 \sim 400$ mm。

辊身长度确定以后，对二辊轧机，可根据咬入条件及轧辊强度，参照表 2-3 确定辊径 D；对四辊轧机，为减小轧制力，应尽量使工作辊直径小些。但工作辊最小直径受辊颈和轴头的扭转强度和轧件咬入条件（表 2-2）的限制。支撑辊直径主要取决于刚度和强度要求。四辊轧机的辊身长度 L 确定以后，可根据表 2-5 确定工作辊直径 D 和支撑辊直径 D。

表 2-5 各种四辊轧机的 L/D_1、L/D_2 及 D_2/D_1

轧机名称		L/D_1		L/D_2		D_2/D_1		备注
		比值	常用比值	比值	常用比值	比值	常用比值	
厚板轧机		3.0~5.2	3.2~4.5	1.9~2.7	2.0~2.5	1.5~2.2	1.6~2.0	此表是根据辊身长度在 1120~5590 mm 范围内 165 台四辊轧机统计而得
宽带钢轧机	粗轧机座	1.5~3.5	1.7~2.8	1.0~1.8	1.3~1.5	1.2~2.0	1.3~1.5	
	精轧机座	2.1~4.0	2.4~2.8	1.0~1.8	1.3~1.5	1.8~2.2	1.9~2.1	
冷轧板带轧机		2.3~3.0	2.5~2.9	0.8~1.8	0.9~1.4	2.3~3.5	2.5~2.9	

冷轧薄带钢轧机的轧制压力很大。若工作辊直径过大，则弹性压扁值比也大，以致无法轧出薄带。为此，工作辊最大直径还受被轧带材最小厚度的限制。根据经验，$D<(1500\sim2000)k\cdots$。表 2-6 为 1700 热带钢连轧机轧辊各比值的分配情况。

表 2-6 1700 热带钢连轧机轧辊参数

机座号	轧辊尺寸 $D_y/D_g\times L$ /mm×mm	L/D_1	L/D_2	D_2/D_1
1 号粗轧机座	1150/1550×1700	1.48	1.10	1.35
2 号粗轧机座	1150/1550×1700	1.48	1.10	1.35
3 号粗轧机座	950/1550×1700	1.79	1.10	1.64
1~7 号精轧机座	730/1550×1700	2.33	1.10	2.13

各种轧辊的重车率在轧制过程中，轧辊辊面因工作磨损，需要多次地重车或重磨。轧辊工作表面的每次重车量为 0.5~5 mm，重磨量为 0.01~0.5 mm。轧辊直径减小到一定程度后，便不能再使用。轧辊从开始使用直到报废，其全部重车量与轧辊名义直径的百分比称为重车率，见表 2-7。

表 2-7 各种轧机的轧辊重车率

轧机名称	最大重车率/%	轧机名称	最大重车率/%
初轧机	10~12	工作辊	3~6
型钢轧机	8~10	支撑辊	6
中厚板轧机	5~8	四辊冷连轧机	
薄板轧机	4~6	工作辊	3~6
四辊热连轧机			

2.1.5.3 轧辊辊颈尺寸 d 和 l 的确定

与所采用的轴承有关，同时考虑辊颈的强度及轴承的寿命。辊颈与辊身的交界面，往往是轧辊强度最差的地方。只要条件允许，辊颈直径和辊颈与辊身的过渡圆角半径 r 均应选大些，见表 2-8。

A 辊颈直径 d

滚动轴承：d 小些，$d=(0.5\sim0.55)D$。

滑动轴承：d 大些，$d=(0.55\sim0.8)D$。

摩擦轴承：与液压轴承直径配合，且做成 1∶5 锥度。

B 辊颈长度 l

$l=(0.8\sim1.2)d$

l 过长：弯曲严重（辊颈与轴承之间的接触由面接触变为线接触，局部载荷变大），轴承磨损严重；l 过短：与轴承接触面积小，单位面积承受力较大，轴承寿命低。

表 2-8 各类轧机轧辊辊颈的尺寸

轧机名称	d/D	l/d	r/D
开坯轧机和型钢轧机	0.56~0.63	0.92~1.2	0.065
中厚板轧机	0.67~0.75	0.83~1.0	0.1~0.12
二辊薄板轧机	0.75~0.80	0.80~1.0	50~90
三辊式型钢轧机	0.55	0.92~1.20	0.065
二辊式型钢轧机	0.60~0.70	1.20	0.065
小型及线材轧机	0.53~0.55	d+(20~50)	0.065
初轧机	0.55~0.7	1.0	0.065

2.1.5.4 轧辊辊头尺寸的确定

轧辊传动端的形式和连接方法不同，则所要求辊头的结构形式也不同，因而尺寸数据也不一样。选择辊头尺寸时，应根据辊头的形式确定，详见表 2-9。

表 2-9 轧辊梅花头尺寸

d_1	D_1	r_1	l_2	l_3	附图
140	148	29	9	100	
150	162	31	9	110	
160	176	33	105	120	
180	196	38	115	130	
200	216	41	130	150	
220	238	44	140	160	
240	258	49	155	175	
260	278	54	170	200	
280	300	58	185	215	
300	320	62	195	225	
320	340	66	210	240	
340	362	70	225	255	
370	392	77	245	275	
390	412	80	260	290	
420	448	88	275	305	
A50	480	94	295	325	

梅花轴头的外径 d_1 在各种轧机上，d 值有不同的选择方式。轧辊的梅花头用于同梅花套筒连接并传递动力矩，它与辊颈直径 d 的关系大致如下：

三辊型钢与线材轧机 $d_1 = d - (10 \sim 15)$ mm

二辊型钢（连续式）轧机 $d_1 = d - 10$ mm

中板轧机 $d_1 = (0.9 \sim 0.94)d$

二辊薄板轧机 $d_1 = 0.85d$

其余尺寸数据见表 2-9：

$d_2 \approx 0.66d \quad r_1 \approx 0.207d \quad l_1 \approx (0.7 \sim 0.75)d$

轧辊扁头的尺寸，可按下述关系确定（图 2-7）：

$$D_1 = D_{min} - (5 \sim 15)\ mm$$
$$S = (0.25 \sim 0.28)D_1$$
$$a = (0.50 \sim 0.60)D_1$$
$$b = (0.15 \sim 0.20)D_1$$
$$c = (0.50 \sim 1.00)b$$
$$D_{min} = D_{max} - D_{max} \times 重车率 \tag{2-3}$$

式中　D_{min}——重车后最小辊身直径，mm；

D_{max}——新轧辊辊身直径，mm。

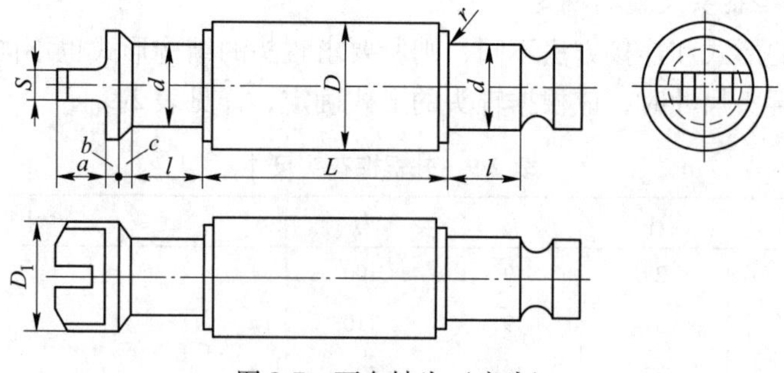

图 2-7　万向轴头（扁头）

2.1.6　轧辊的强度校核

轧辊的破坏可能由于三方面原因造成：

（1）轧辊的形状设计不合理或设计强度不够，因而产生轧辊断裂、辊面疲劳剥落等。

（2）轧辊的材质、热处理或加工工艺不合要求，如轧辊的耐热裂性、耐黏附性及耐磨性差。

（3）轧辊在生产过程中使用不合理，比如，热轧轧辊在冷却不足或冷却不均匀时，会因热疲劳造成辊面热裂；冷轧时事故黏附也会导致表层剥落；在冬季新换上的冷辊突然进行高负荷热轧，或者冷轧机停车，轧热了的轧辊骤然冷却，往往因温度应力过大，导致轧辊表面剥落甚至断辊；低温轧制、压下量过大，或因工艺过程安排不合理产生过负荷轧制，也会造成轧辊破坏。

为防止轧辊破坏，延长使用寿命，应从设计、制造和使用三方面努力。

设计轧机时，通常是按工艺给定的轧制负荷和轧辊参数，对轧辊进行强度校核。由于对影响轧辊强度的各种应力（如温度应力、残余应力、冲击载荷值等）很难准确计算，因此，设计时对轧辊的弯矩和扭矩一般不进行疲劳校核，而是将这些因素的影响纳入轧辊的安全系数中，为了保护轧机其他重要部件，轧辊的安全系数是轧机各部件中最小的，一般取 $n = 5$。

通常对辊身只计算弯曲力矩，对辊颈则计算弯矩和扭矩，对传动端辊头只计算扭转力矩。

2.1.6.1　有槽轧辊的强度校核

初轧、型钢、线材轧机的轧辊，沿辊身长度上布置有许多孔型轧槽，轧制压力可近似看成集中力（图 2-8）。轧件在不同的轧槽中轧制时，轧制压力作用点是变动的。所以要分别判断不同轧槽过钢时轧辊各断面的应力，进行比较，找出危险断面。

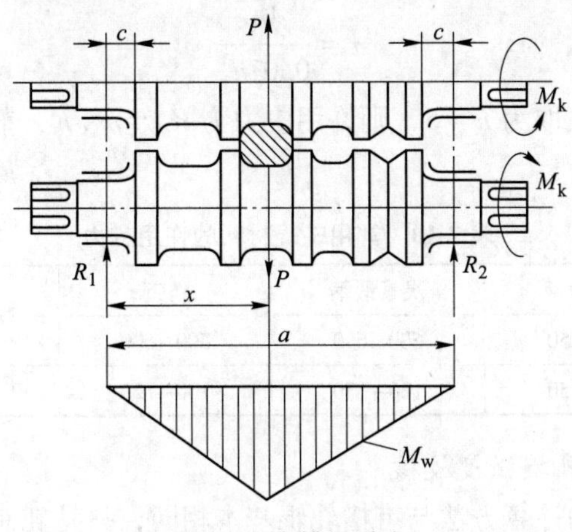

图 2-8　有槽辊受力

（1）辊身。轧制力 P 所在的辊身断面上弯曲力矩为：

$$M_w = R_1 x = P\left(1 - \frac{x}{a}\right) x \tag{2-4}$$

辊身的弯曲应力为：

$$\sigma = \frac{M_w}{0.1D_1^3} \tag{2-5}$$

式中　$R_1(R_2)$——轴承支反力，作用在压下螺丝中心线上；

a——两压下螺丝中心线间（即 R_1、R_2 间）的距离；

x——所计算的轧槽与支反力 R_1 间的距离；

D_1——计算断面处的轧辊工作直径。

（2）辊颈上的弯矩，由最大支反力决定：

$$M_w = Rc \tag{2-6}$$

式中　R——最大支反力；

c——支反力至辊身边缘的距离，取 $c=l/2$。

辊颈处的弯曲应力和扭转应力分别为：

$$\sigma = \frac{M_w}{0.1d^3} \qquad \tau = \frac{M_k}{0.2d^3} \tag{2-7}$$

式中　d——辊颈直径；

M_k——轧辊传动扭矩。

辊颈强度要按弯、扭合成应力计算。

钢轧辊根据第四强度理论计算合成应力 σ_h：

$$\sigma_h = \sqrt{\sigma^2 + 3\tau^2} \tag{2-8}$$

铸铁轧辊用摩尔理论计算合成应力 σ_h：

$$\sigma_h = 0.375\sigma + 0.625\sqrt{\sigma^2 + 4\tau^2} \tag{2-9}$$

（3）梅花辊头的最大扭转应力发生在它的凹槽底部，按通常的梅花头形状，当 $d_2 = 0.66d_1$ 时，其最大扭转应力为：

$$\tau = \frac{M_k}{0.07d_1^3} \tag{2-10}$$

轧辊的安全系数一般取为 $n = 5$，则许用应力为 $R_b = \sigma_b / n$。轧辊材料的许用应力可参照表 2-10 数据选取。

表 2-10 常用轧辊材料的许用应力

项目	合金锻钢	炭素锻钢	铸钢	铸铁	球墨铸铁
强度极限 σ_b/MPa	700～750	600～650	500～600	350～400	400～600
许用应力 R_b/MPa	140～150	120～130	100～120	70～80	80～120

2.1.6.2 钢板轧机轧辊强度校核

二辊钢板轧机轧辊的计算方法与有槽轧辊基本相同，只是轧制力应看成沿轧件宽度均匀分布，如图 2-9 所示，均布载荷 $q = P/b$（b 为轧件宽度）。两端支反力相等，辊身中部弯矩最大：

$$M_w = P\left(\frac{a}{4} - \frac{b}{8}\right) \tag{2-11}$$

四辊轧机由于有支撑辊，给轧辊计算带来了新特点，即首先要考虑工作辊和支撑辊之间弯曲载荷的分配问题，其次是工作辊和支撑辊之间存在着相当大的接触应力。

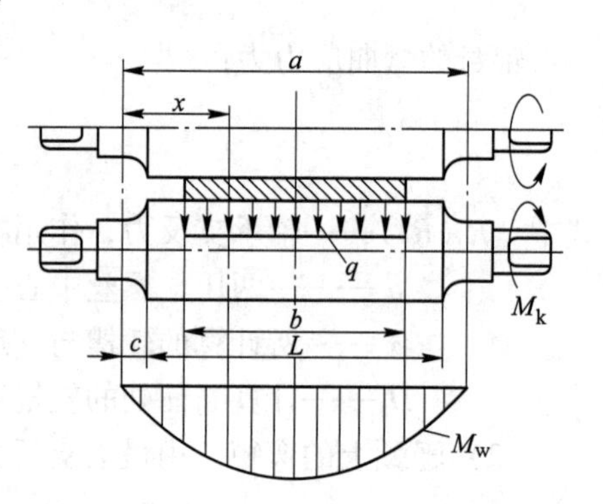

图 2-9 二辊钢板轧机轧辊受力

四辊轧机的支撑辊直径 D_2 与工作辊直径 D_1 之比一般在 1.5～2.9 范围内。显然，支撑辊的抗弯断面系数较工作辊大得多，即支撑辊有很大的刚性。因此，轧制时的弯曲力矩绝大部分由支撑辊承担，在计算支撑辊时，通常按承受全部弯曲力矩来考虑。由于四辊轧机一般是工作辊传动，对支撑辊只需计算辊身中部和辊颈断面的弯曲应力。

支撑辊的弯曲力矩和弯曲应力分布如图 2-10 所示，辊身中部 3-3 断面的弯曲力矩最大，若把工作辊对支撑辊的压力简化为均布载荷，则同样可用式（2-11）计算弯矩，只是将式中钢板宽度 b 换为轧辊辊身长 L。式中 a 仍为两压下螺丝中心距离。

支撑辊辊颈的弯曲应力较大，如图 2-10 所示，应对过渡区 1-1 和 2-2 两个断面分别计算强度

$$\sigma_{1\text{-}1} = \frac{\frac{1}{2}Pc_1}{0.1d_{1\text{-}1}^3} \leqslant R_b$$

$$\sigma_{2\text{-}2} = \frac{\frac{1}{2}Pc_2}{0.1d_{2\text{-}2}^3} \leqslant R_b \tag{2-12}$$

式中 P ——轧制总压力；
$d_{1\text{-}1}$，$d_{2\text{-}2}$ ——1—1 和 2—2 断面的直径；
c_1，c_2——1—1 和 2—2 断面至支反力 $P/2$ 处的距离。

工作辊所承受的弯曲力矩值很小，可忽略不计，故只考虑扭转力矩，即仅计算传动端辊颈和辊头的扭转应力

$$\tau = \frac{M_k}{W_k} \tag{2-13}$$

式中 M_k ——作用在一个工作辊上的最大传动力矩；
W_k ——工作辊传动端的扭转断面系数（辊头则决定于辊头形状）。

如果在轧制过程中存在很大的前后张力差，或工作辊有弯辊装置，则对工作辊还要计算由此引起的弯曲应力，并与扭转应力合成。

在辊身和辊颈连接处，由于直径的突然变化，会产生明显的应力集中，在载荷较大时，轧辊经常在这里折断。计算应力时，应考虑应力集中系数。

2.1.6.3 四辊轧机的辊间接触应力

工作辊与支撑辊的接触面积比工作辊与轧件的接触面积小得多，故存在很大接触应力。

假设辊间作用力沿轴向均匀分布。

赫兹理论认为，两个圆柱体在接触区内产生局部弹性压扁，存在呈半椭圆形分布的压应力，如图 2-11 所示。半径方向产生的法向正应力在接触面的中部最大。接触区宽度 $2b$ 和最大压应力 σ_{max} 由下式计算

$$b = \sqrt{\frac{2q(K_1 + K_2)D_1 D_2}{D_1 + D_2}}$$

$$\sigma_{max} = \frac{2q}{\pi b} = \sqrt{\frac{2q(D_1 + D_2)}{\pi^2 (K_1 + K_2) D_1 D_2}} = \sqrt{\frac{q(r_1 + r_2)}{\pi^2 (K_1 + K_2) r_1 r_2}} \tag{2-14}$$

式中 q——加在接触表面单位长度上的负荷，$q = P/L$，N/mm；
D_1，D_2，r_1，r_2——工作辊与支撑辊的直径与半径；
K_1，K_2 ——与轧辊材料有关的系数：

$$K_1 = \frac{1 - v_1^2}{\pi E_1} \qquad K_2 = \frac{1 - v_2^2}{\pi E_2} \tag{2-15}$$

式中 v_1，v_2，E_2，E_1——工作辊与支撑辊的材料泊松比和弹性模数。

当工作辊、支撑辊皆为钢轧辊时，式（2-14）可简化为：

$$\sigma_{max} = 191\sqrt{\frac{q(r_1 + r_2)}{r_1 r_2}} \tag{2-16}$$

当工作辊为铸铁轧辊，支撑辊为钢轧辊时：

$$\sigma_{max} = 176\sqrt{\frac{q(r_1 + r_2)}{r_1 r_2}} \tag{2-17}$$

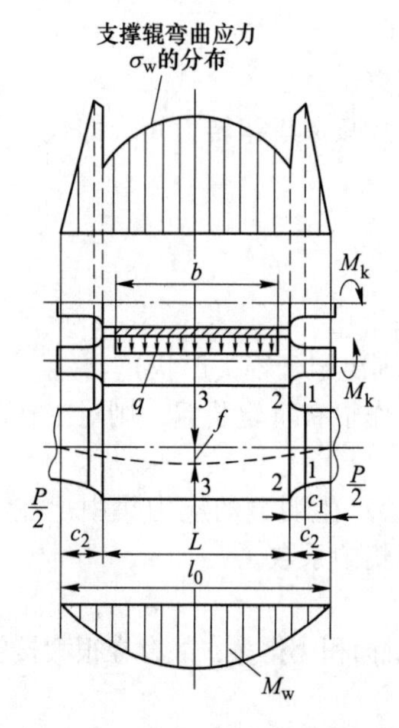

图 2-10　四辊轧机支撑辊受力　　图 2-11　工作辊与支撑辊的接触情况

式（2-17）计算接触应力有一定的近似性，且认为辊间的接触压力为均匀分布，并不完全符合实际情况。现有轧机的光弹模拟试验表明，最大辊间压力值可能比平均值大 50%。压力沿辊身长度的分布，在很大程度上取决于工作辊与支撑辊的辊径比和板材宽度与辊身长度的比值。计算时，式（2-14）中的 q 可按加大 50%考虑。

在辊间接触区中，除了须校核最大正应力外，对于轧辊体内的最大切应力也应进行校核。在距接触点表面深度为 0.78b 处，切应力为最大：

$$\tau_{max} = 0.304\sigma_{max} \leqslant [\tau] \tag{2-18}$$

虽然接触应力通常很大，但对轧辊不致产生很大危险，因为在接触区内，材料处于三向压应力状态，能承受较高的应力。但当 σ_{max} 或 τ_{max} 值超过许用值时，会使轧辊表面产生裂纹或剥落。

接触正应力和切应力的许用值与轧辊表面硬度有关，按照支撑辊表面硬度列出的许用接触应力值见表 2-11。

表 2-11　许用接触应力

支撑辊表面硬度 HS	许用应力 $[\sigma]$/MPa	许用应力 $[\tau]$/MPa
30	1600	490
40	2000	610
60	2200	670
85	2400	730

2.1.7　轧辊的变形计算

轧辊在轧制力和轧制扭矩作用下，将发生弯曲、扭转、剪切、辊间弹性压扁等变形，这些变形均不得超过允许值。轧机的刚度很大程度上取决于轧辊的刚度，在评定轧机刚度和设计轧辊时，须知在轧制力作用下轧辊的变形挠度值。工程计算并不要求轧辊轴线上每一点的挠度值，而是关心某些断面之间的挠度差值，即：

（1）轧辊中心与辊身边缘两处轴线的挠度差值（制造轧辊原始凸度与此有关）。

（2）轧辊在钢板中部与钢板边缘两处轴线的挠度差值（形成钢板横向厚度差）。

下面以二辊板带轧机为例，将轧辊看成简支梁，用材料力学中计算短直梁的方法计算挠度。因轧辊的受力图相对于轧辊中部具有对称性，即轧辊中部截面的挠角始终为零，故受力图可简化为图 2-12。

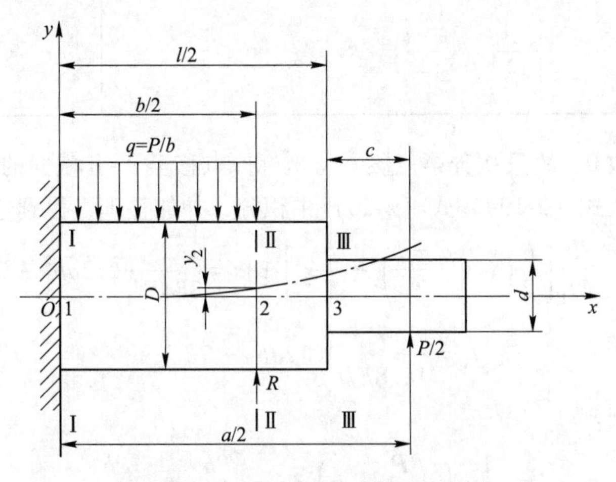

图 2-12　二辊轧机轧辊挠度计算

设轧件与轧辊间作用着均布载荷 q，$q = P/b$ 为轧制力，b 为轧件宽度，L 为辊身长度，c 为支反力作用点到辊身边缘的距离，a 为两支点反力间的距离。

轧辊轴线上任一点的总挠度为由弯矩和切力所引起的挠度值 f_1 与 f_2 之和

$$f = f_1 + f_2$$

由卡氏定理：

$$f_1 = \frac{\partial U_1}{\partial R} = \frac{1}{EI}\int M_x \frac{\partial M_x}{\partial R}\mathrm{d}x$$

$$f_2 = \frac{\partial U_2}{\partial R} = \frac{1}{GF}\int Q_x \frac{\partial Q_x}{\partial R}\mathrm{d}x \tag{2-19}$$

式中　U_1——系统中仅由弯曲力矩作用的变形能，　$U_1 = \int \frac{M_x^2 \mathrm{d}x}{2EI}$　（2-20）

U_2——系统仅由切力作用的变形能，　$U_2 = \int \frac{Q_x^2 \mathrm{d}x}{2GF}$　（2-21）

R——在计算轧辊挠度处所作用的外力，当无外力时，需加一虚力 R；

M_x，Q_x——在计算截面上的弯矩和切力；

E，G——轧辊材料的弹性模数和剪切模数。

计算轧辊轴线上在钢板中部与钢板边缘两处挠度差值，即求图 2-12 中Ⅱ-Ⅱ截面的挠度值 y_2。

取 $P/2$ 力作用点为坐标原点 $x=0$，分三段积分，三段中的计算参数见表 2-12。

表 2-12　三段积分中的计算参数

x	I	M_x	$\frac{\partial M_x}{\partial R}$	Q_x	$\frac{\partial M_x}{\partial R}$
$0 \sim c$	I_2	$\frac{P}{2}x$	0	$\frac{P}{2}$	0
$c \sim \frac{a-b}{2}$	I_1	$\frac{P}{2}x$	0	$\frac{P}{2}$	0
$0 \sim \frac{b}{2}$（改换坐标原点）	I_1	$\frac{P}{2}\left(x+\frac{a-b}{2}\right)+Rx-\frac{qx^2}{2}$	x	$\frac{P}{2}+R-qx$	1

前两段中偏导数 0，故只积分第三段。将坐标原点移至Ⅱ-Ⅱ截面的轴线上。

将上述各值代入式（2-19）、式（2-20）中积分，并加整理，得到弯矩引起的挠度：

$$f_1 = \int_0^{\frac{b}{2}} \frac{1}{EI_1}\left[\frac{P}{2}\left(x+\frac{a-b}{2}\right)-\frac{q}{2}x^2\right]x\mathrm{d}x = \frac{P}{384EI_1}(12ab^2-7b^3)$$

或

$$f_1 = \frac{P}{18.8ED^4}(12ab^2-7b^3) \tag{2-22}$$

切力引起的挠度：

$$f_2 = \frac{1}{GF_1}\int_0^{\frac{b}{2}}\left(\frac{P}{2}-qx\right)\mathrm{d}x = \frac{Pb}{8GF_1} = \frac{Pb}{2\pi GD^2} \tag{2-23}$$

所求之 y_2：

$$y_2 = f_1 + f_2$$

同理可求出轧辊辊身中点与辊身边缘两处挠度差值，即图 2-12 中Ⅲ-Ⅲ截面处轧辊轴：线上挠度 y_3

$$y_3 = f_1' + f_2'$$

弯矩引起的

$$f_1' = \frac{P}{18.8ED^4}(12aL^2-4L^3-4b^2L+b^3)$$

切力引起的

$$f_2' = \frac{P}{\pi GD^2}\left(L-\frac{b}{2}\right) \tag{2-24}$$

以上二辊轧机轧辊挠度变形的计算方法，同样可应用于四辊轧机支撑辊变形的计算，只要用辊身长度 L 代替公式中板宽 b，并改变相应尺寸符号的含义即可。

轧辊的弹性压扁变形，假定工作辊和支撑辊之间的压力分布是均匀的，这时工作辊与支撑辊间的弹性压扁变形使两辊的中心线相对靠近（图 2-13）。根据赫兹定理，工作辊与支撑辊间的压扁公式为：

$$\delta = (K_1 + K_2) q \ln 0.97 \frac{2D_1 + D_2}{(K_1 + K_2) q} \tag{2-25}$$

式中各符号意义与式（2-14）的相同。

同理，工作辊和工作辊之间的弹性压扁（也将使轧件厚度增大），可用下式计算：

$$\delta_1 = (K_1 + K_2) q \ln 0.97 \frac{2D_1}{(K_1 + K_2) q} \tag{2-26}$$

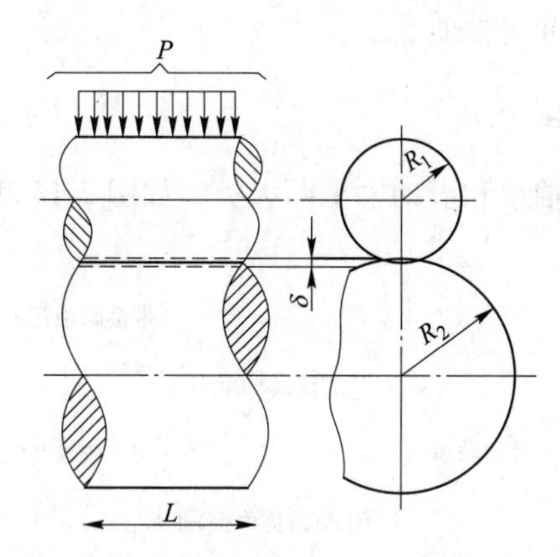

图 2-13 工作辊与支撑辊之间的弹性压扁变形

模块 2.2 轧 辊 轴 承

轧辊轴承是轧钢机工作机座中的重要部件。它的作用是支撑轧辊，保持轧辊在机架中的正确位置，并承受由轧辊传来的轧制力。

2.2.1 轧辊轴承的工作特点

轧辊轴承是用来支撑轧辊的，和一般用途的轴承相比，轧辊轴承有以下特点：

（1）承受很高的单位压力。由于轴承座外形尺寸受到限制，不能大于辊身最小直径，且辊颈长度又较短，所以轴承上单位载荷大。通常轧辊轴承的单位压力 P 高达 2000～4800 N/cm^2，为普通轴承的 2～5 倍，而 pv 值（单位压力和线速度的乘积）是普通轴承的 3～20 倍。

（2）运转速度差别大。不同轧机的运转速度差别很大，例如，现代化的六机架冷连轧机出口速度已达 42 m/s，45° 线材轧机出口速度达到 100 m/s，而有的低速轧机速度只有 0.2 m/s。显然，不同速度的轧机应使用不同类型的轴承。

（3）工作环境恶劣。热轧时轧辊都要用水冷却，且污水、氧化铁皮等容易落入。冷轧机采用工艺润滑剂（乳化液等）来润滑、冷却轧辊与轧件，它们是不能与轴承润滑剂相混的。因此，对轴承的密封提出了较高的要求。

因此，对轧辊轴承的要求是，承载能力大、摩擦系数小、耐冲击，可在不同速度下工作，在结构上，径向尺寸应尽可能小（以便采用较大的辊颈直径），有良好的润滑和冷却条件。正确地选择轴承型式及轴瓦材料，对保证轴承的正常工作，提高产品的尺寸精确度，延长轴承使用寿命，提高轧机作业率，减少轴承能量消耗等，均具有重要意义。

一般轧钢机轴承材料常选用渗碳钢或轴承钢。

渗碳钢有 20Cr2Ni4A、20Cr2Mn2MoA、12CrNi3MoA、12Cr2Ni4A 等。渗碳钢表面渗碳后，具有抗疲劳的硬表面层和抗断裂的坚韧心部，具有较高的抗冲击性能。

轴承钢有 GCr15、GCr15SiMn 等。

轧钢机轴承材料也可选用 GCr18Mo 材料，采用下贝氏体淬火工艺，因下贝氏体具有较高韧性，其也有较高的抗冲击性能。

2.2.2 轧辊轴承的主要类型

轧辊轴承的类型有滚动轴承和滑动轴承两大类，如图 2-14 和表 2-13 所示。

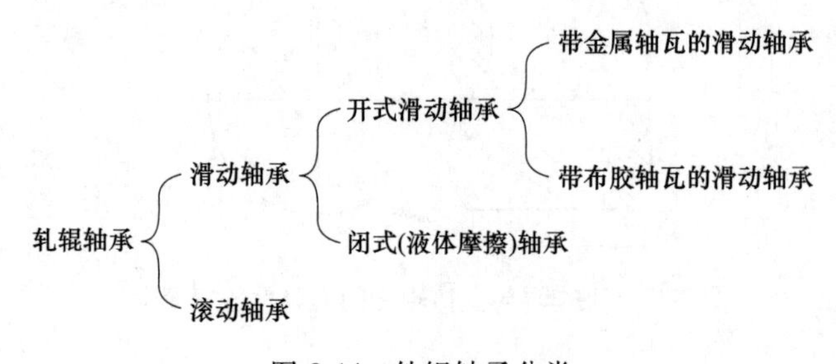

图 2-14 轧辊轴承分类

表 2-13 轧辊轴承的类型

轴承名称	特 性	用 途
金属轴瓦滑动轴承	耐热，刚性较好，但摩擦系数高（0.003~0.01），耗铜多，寿命短	用于叠轧薄板轧机及旧式冷轧板带轧机
布胶轴瓦滑动轴承	摩擦系数低（0.003~0.006），耐磨性好，耐热性与刚性均较差	用于开坯、中板及型钢轧机
液体摩擦轴承	摩擦系数低（0.001~0.008），寿命长，刚度较好，转速不受限制，制造维护较复杂	适合于高速和高载荷，应用于热轧及冷轧四辊轧机的支撑辊，也用于初轧机
滚动轴承	摩擦系数低（0.001~0.008），寿命长，刚度较好，转速不受限制，制造维护较复杂	用于冷轧带材或箔材轧机，线材、钢管等轧机

滚动轴承主要是双列球面滚子轴承、四列圆锥滚子轴承及四列圆柱滚子轴承。滚针轴承仅在个别情况下用于工作辊。滚动轴承的刚性大，摩擦系数较小，但抗冲击性能差，外

形尺寸较大。多用于板带轧机、线材和钢管轧机上。

滑动轴承有半干摩擦和液体摩擦两种。

半干摩擦的滑动轴承主要是夹布胶木轴承，它广泛用于各种开坯轧机、中厚板轧机和型钢轧机。在有的小型轧机上还使用铜瓦或尼龙轴承。金属的滑动轴承，主要材料是青铜，因其摩擦系数较高、不耐用，又要消耗有色金属，目前仅用于叠轧薄板轧机上，由于轧辊工作温度高（约 300 ℃），故采用沥青做润滑剂。

液体摩擦轴承（油膜轴承）的特点是摩擦系数小、工作速度高、刚性较好，广泛用在现代化的冷、热带钢连轧机的支撑辊和其他高速轧机上。液体摩擦轴承的制造精度要求高、成本贵，安装维护要求严格。

2.2.3　开式轴承

2.2.3.1　具有金属轴瓦的开式滑动轴承

这种轴承现在主要用在生产工艺较落后的叠轧薄板轧机上。这类轧机的轧辊辊颈温度达 300 ℃或更高。轴承的主要材料是青铜。其摩擦系数较高，不耐用，又要消耗稀缺贵重的有色金属。对叠轧薄板轧机，轧辊轴承单位压力较高，而辊颈圆周速度较低，采用青铜轴瓦是最可靠的。为了节约有色金属，其代用材料有石墨钢、耐热铸铁等，金属轴瓦的润滑，在叠轧薄板轧机上采用无毒石油沥青。其熔点低（125～145 ℃）、闪点高（不低于 270 ℃），沥青中加入少量石墨，以增加润滑并防止熔化过快。其主要特点如下：

特性：耐热、刚性好，摩擦系数高（μ=0.03～0.1），寿命短。

用途：生产工艺落后的叠轧薄板轧机上。

材质：耐磨青铜，石墨钢、耐热铸铁等。

润滑：无毒石油沥青加少量石墨。

结构：如图 2-15 所示。

主衬：受轧制力；侧衬：受水平力轴承中。

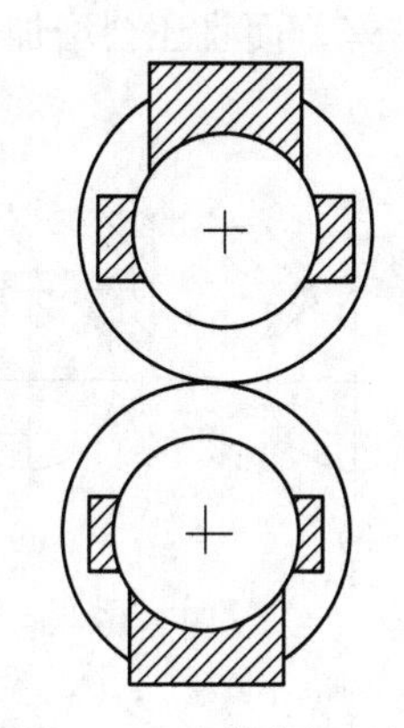

图 2-15　叠轧薄板二辊轧机金属轴瓦的布置

2.2.3.2　具有非金属轴瓦的开式滑动轴承

胶布轴瓦是一种用棉织品（棉布或帆布）先在酚醛树脂中浸透，然后一层层叠好，在 150～155 ℃下加高压（1000～3000 N/cm^2）压制而成，是非金属轴承衬的理想材料。它的特点是：

（1）抗压强度较大（顺纤维方向为 100～150 MPa，垂直纤维方向为 230～245 MPa）。

（2）摩擦系数 μ=0.03～0.06，比金属轴瓦低得多。

（3）能承受冲击载荷，有良好的耐磨性，使用寿命较长。

（4）胶布衬瓦较薄（30～40 mm），故可采用较大的辊颈尺寸，有利于提高轧辊强度。

（5）可用水作润滑剂，轴承不需密封。

胶布轴瓦的缺点是它的导热能力和耐热性差，工作时需要大量的冷却水进行强制冷却。另外，它的刚性差，弹性模数只有（5～11）×10^3 MPa，受力后弹性变形较大。因此，在轧件尺寸要求严格的轧机（精轧机座）上不宜采用。

胶布轴瓦冷却与润滑用水的水量，可按下面经验公式大致确定：

$$Q=\frac{Pd\mu n}{40.5} \tag{2-27}$$

式中　Q——轴瓦的耗水量，m^3；

P——作用在轴承上的力，N；

d——轧辊辊颈直径，m；

μ——摩擦系数；

n——轧辊转速，r/min。

对于可逆式轧机，为了减少其起动力矩，最好周期性地往轴承里注入少量油，这样可改善轴承工作状况。轧辊辊颈如果表面淬火，可显著延长轴瓦寿命。轴瓦的形状有三种，如图 2-16 所示。其中半圆柱形的用料最省，但在轴承盒中需要有切向固定。长方形的切向固定性较好，但用料较多。由三块组成的组合式轴瓦比较省料。目前应用最多的是整体压制的半圆柱形轴瓦。其优点是省料、制造方便，安装后不需要另行镗孔。采用拼合轴瓦时，应使层纹方向与辊颈表面垂直，否则磨损较快。

整体压制轴瓦的主要尺寸是它的长度 l、包角 α 和厚度 h 如图 2-17 所示。l 决定于辊颈长度。包角 α 一般在 100°~140°范围内，当 l 确定后，增大 α 可减小轴瓦的单位压力。但当 α 增大到 120°以上时，对减小单位压力的作用很小，而且在大载荷下过分增大包角，会产生抱轴现象。轴瓦厚度决定了轴承的刚度、导热性和寿命，h 越大则刚度越小，导热性也越差，而且还会增加轴承径向尺寸；但厚度过小，会降低使用寿命。

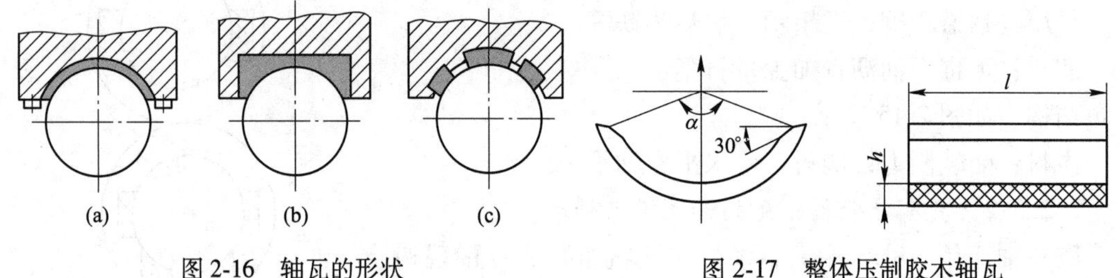

图 2-16　轴瓦的形状

（a）半圆柱形；（b）长方形；（c）组合式

图 2-17　整体压制胶木轴瓦

一般轴瓦厚度可根据辊颈直径选取：

轴颈直径 d/mm	150~230	235~340	345~440	450~680
轴瓦厚度 h/mm	25	30	35	40

轧辊的轴向力是由支靠在辊身端面上的端瓦（止推轴承）来承担的。一般在辊颈直径小于 600 mm 时用整块的，大于 600 mm 时，常用三块拼合的如图 2-18 所示。根据轧辊尺寸的不同，端瓦厚度可在 20~60 mm 内选取。

径向衬瓦的最小允许厚度为 5~7 mm，轴向端瓦的最小允许厚度为 10~15 mm（两者都不包括嵌入轴承座凹槽中的部分）。径向和轴向衬瓦在辊颈上的配置，应力求充分利用其有效厚度。在某些中小型轧机上，径向衬瓦和轴向端瓦有做成整体的。

2.2.3.3　三辊型钢轧机轴承座

轴瓦在轴承中的配置，如图 2-19 所示，主轴瓦装在承受轧制力的方向，三辊型钢轧机的中辊，主轴瓦装在辊颈上、下两面。上辊轴承座应在辊颈下装有辅助轴瓦，以便在轧辊空载时承受轧辊质量。

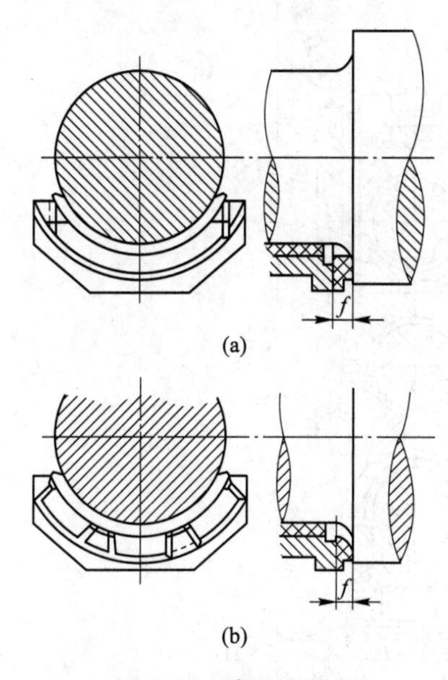

图 2-18　端瓦的形式
（a）整体；（b）拼合

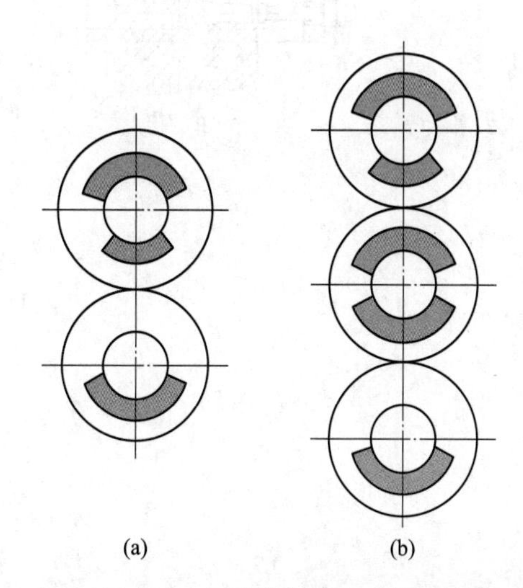

图 2-19　二辊式及三辊式轧钢机开式轴承的轴瓦布置
（a）二辊开式轴承轴瓦布置；（b）三辊开式轴承轴瓦布置

五块整体压制的径向和轴向胶木瓦分别装在相应的五块瓦座（轴承座）中，如图 2-20 所示。上辊上瓦座 4 通过垫块（或安全臼）与压下螺丝端部接触，上辊下瓦座 7 通过拉杆 6 穿过机架盖 2 挂在平衡弹簧 1 上。中辊的上瓦座做成特殊形式，称为 H 形瓦座，它向下伸出两条腿的内侧，有垂直方向的凹槽，用于容纳并轴向固定中辊下瓦座 8，它向上伸出的两条腿通过嵌入于机架盖燕尾槽中的斜楔 3 支撑在机架盖上。当中辊轴瓦磨损间隙增大时，可通过斜楔 3 进行调整。下轧辊只有下瓦座 9，它通过垫块 11 直接支撑在压上螺丝上。

轴承衬瓦的固定方式，如图 2-21 所示。径向轴瓦 2 通过压板 1 切向固定，其轴向利用瓦座 3 的凸台固定。轴向（止推）衬瓦 4 则装在瓦座的燕尾槽中。由于半圆衬瓦 2 在径向不容易固定。使用中有时会造成切向固定压板破坏。在某些中小型轧机上，径向衬瓦和轴向端衬瓦可做成整体的，例如图 2-22 所示的多角形整压衬瓦，其安装较方便，而且由于去掉了压板及其固定螺钉后，可避免因螺钉松脱落入轴承中而引起设备事故，但其过渡区容易发生断裂。

径向衬瓦的最小许用厚度为 5~7 mm，端衬瓦为 10~15 mm（两者都不包括嵌入轴承座凹槽中的部分）。径向衬瓦和轴向衬瓦在轧辊辊颈上的配置，如图 2-23 所示，应力求充分利用其有效的厚度。

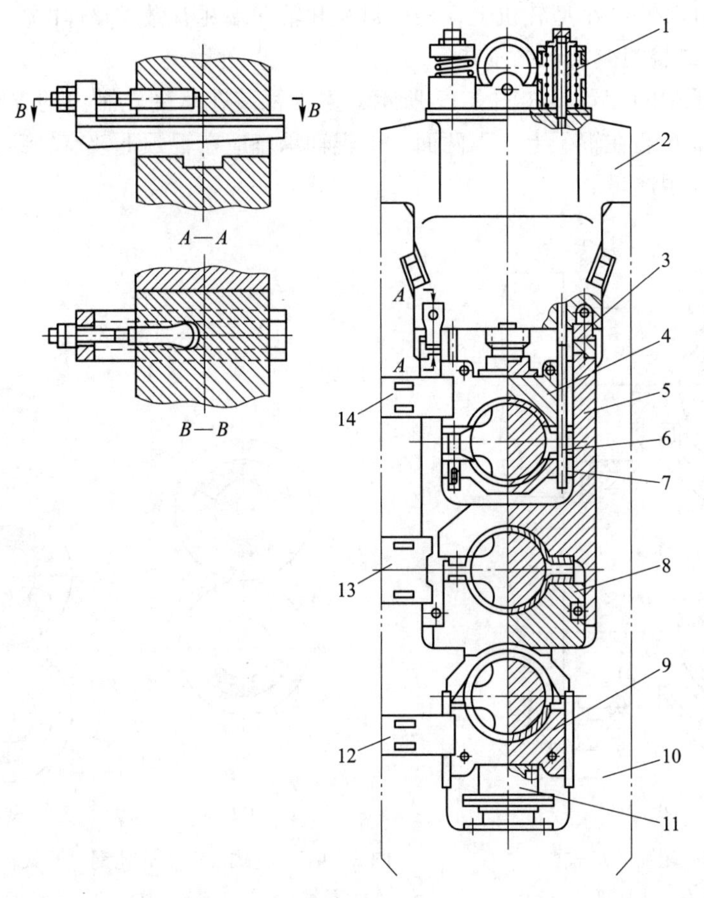

图 2-20　650 型钢轧机的轧辊轴承

1—上辊平衡弹簧；2—机架盖；3—中辊轴承调整装置；4—上辊上瓦座；5—中辊上瓦座（H 形瓦座）；6—拉杆；7—上辊下瓦座；8—中辊下瓦座；9—下辊下瓦座；10—机架；11—压上装置垫块；12~14—轧辊轴向调整压板

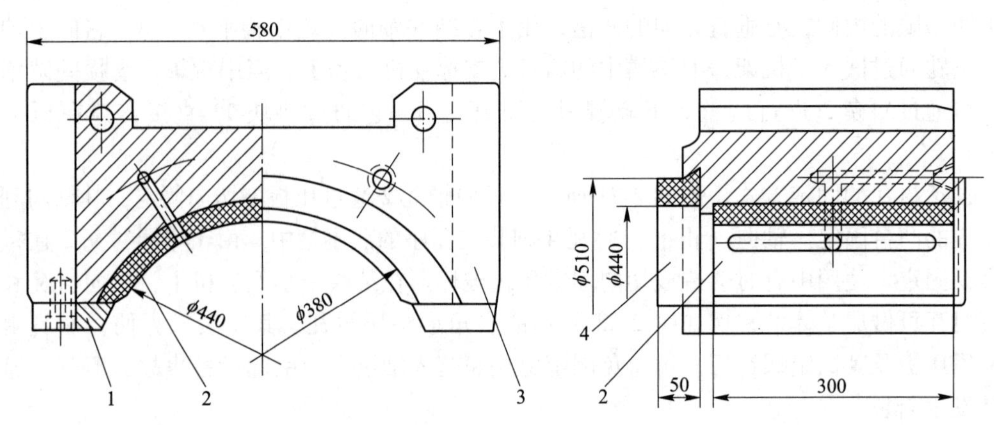

图 2-21　轴承衬瓦的固定方式

1—压板；2—轴瓦；3—瓦座；4—轴向衬瓦（端瓦）

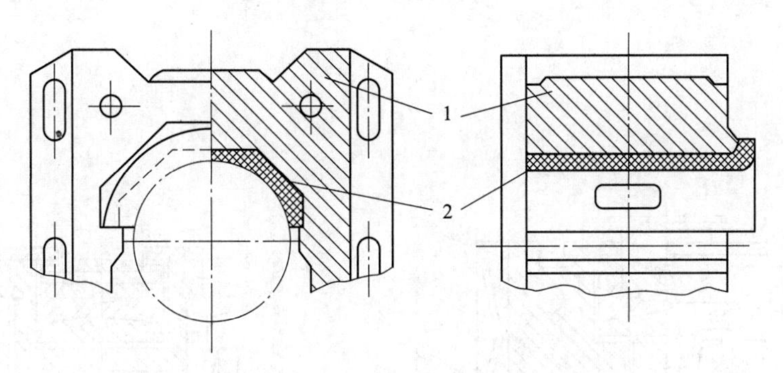

图 2-22　多角形轴瓦的固定方式

1—瓦座；2—衬瓦

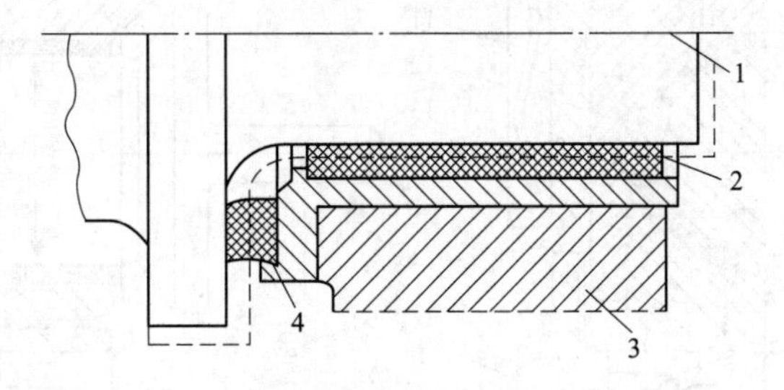

图 2-23　径向衬瓦和轴向衬瓦在轧辊辊颈上的配置

1—轧辊；2—径向衬瓦；3—轴承座；4—轴向衬瓦（端瓦）

中辊轴承采用 H 形瓦座，不仅简化了机架的加工，更主要的是使换辊方便。换辊时，上辊部件随同机架盖一起吊走后，H 形瓦座和中辊及其下瓦座也可一起吊出。由于 H 形瓦座的腿部厚度受到机架窗口尺寸的限制，又受较大的弯矩，易于变形，造成拆装困难。为了提高其强度和刚度，多采用合金铸钢制造。为了换辊方便，防止由于变形而引起的卡塞现象，H 形瓦座与机架窗口间每边应留有 0.5~0.75 mm 的间隙，有时留得更大。

三个轧辊及其瓦座的轴向位置，用压板 12、13、14 调整、固定。

2.2.3.4　初轧机的轴承座结构

初轧机和中厚板轧机的轴承座结构，不同于三辊型钢轧机，它要适应轧辊频繁的上、下调整，平衡和换辊的需要。

国产 1150 初轧机的轴承组件如图 2-24 所示，由夹布胶木衬瓦、轴承盒和轴承座组成。

轴承盒（瓦座）是开式的，为了便于更换轧辊和轴瓦，将其分成上、下两半。上辊的轴承盒上盖 9 与下辊轴承盒的底座 20 是相同的，二者可以互换。它们都有两个长方形的腿，能够插入各自的另一半 15（上辊轴承盒底座）和 16（下辊轴承盒上盖）相配合的长方形孔中，使轴承盒的两半可轴向固定。每个轴承盒的上、下两部分，还分别用 4 根长螺栓 25 连成一体。

上辊轴承盒的上盖 9 中装有主衬瓦 11，底座中装有辅助衬瓦 14。下辊轴承盒上盖 16 只起保护辊颈和换辊时支撑上辊及其轴承盒的作用。其中装有 4 块窄的径向衬瓦 17，只是为了防止上盖碰伤辊颈。径向衬瓦厚为 30 mm，其最大允许磨损量为 20 mm。径向衬瓦在切向用压板 12 固定，在轴向用压板 27（外侧）和端瓦 5（内侧）固定。承受轴向力的端瓦 5 沿圆周由键板 10 组成，镶嵌在轴承盒的燕尾槽中，其厚度为 60 mm，最大允许磨损量为 40 mm。

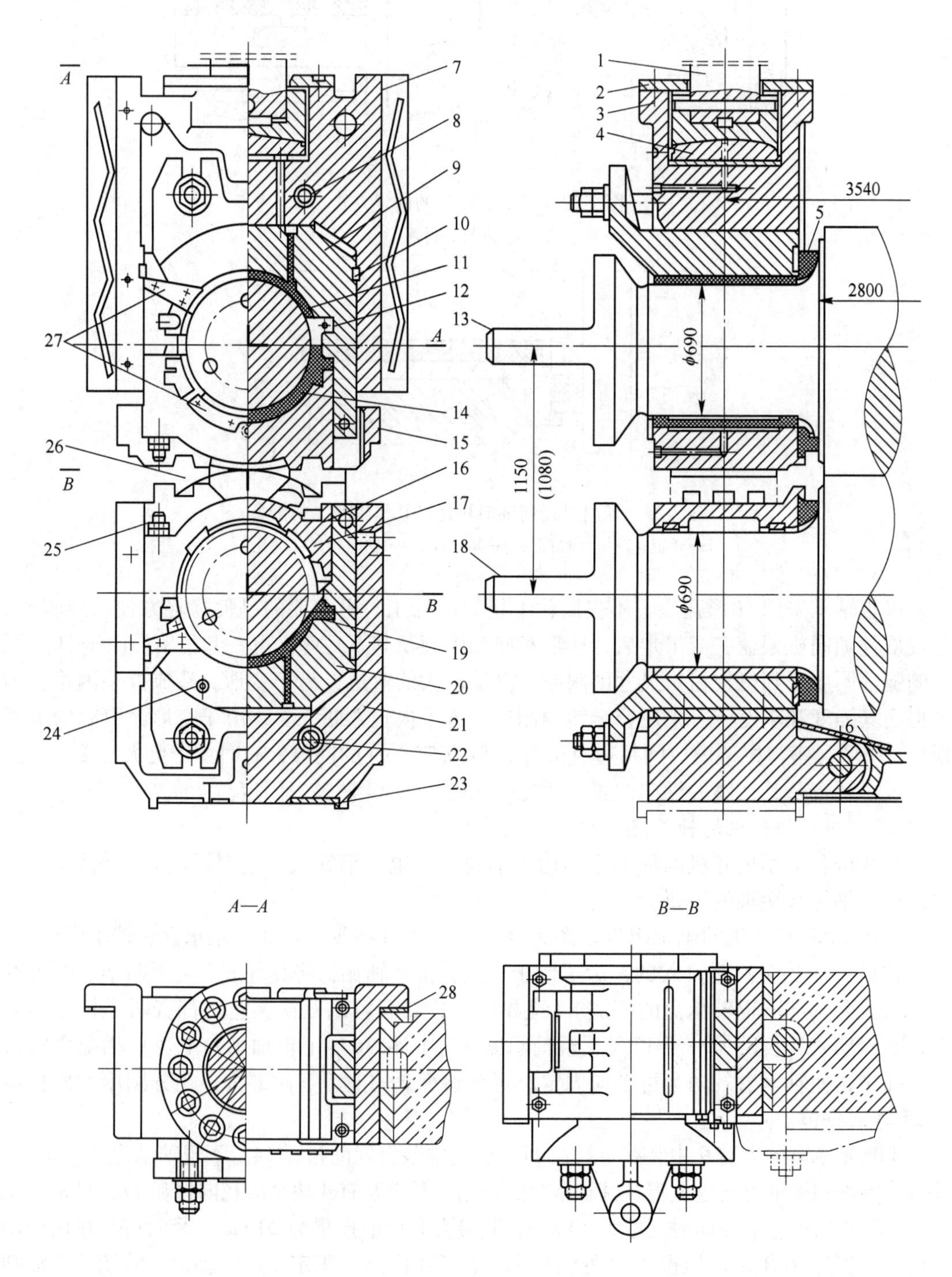

A
B
A
B
1
2
3
4
5
6
7
8
9
10
11
12
13
14
15
16
17
18
19
20
21
22
23
24
25
26
27
28
3540
2800
ϕ690
ϕ690
1150
(1080)
A—A
B—B

(a)

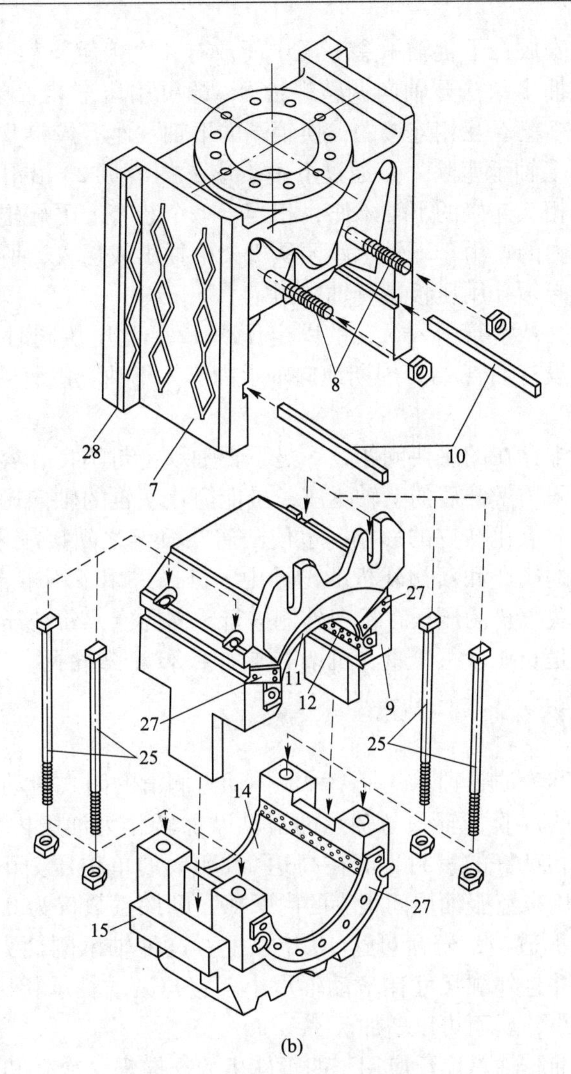

图 2-24 1150 初轧机轴承组件

（a）轴承装配图；（b）轴承组装图

1—压下螺丝；2—法兰盘；3—螺栓；4—球面垫；5—端瓦；6—横梁；7，21—上、下轴承座；8，22—螺栓；9—上盖；10—键板；11—主衬瓦；12，19—固定压块；13，18—上、下轧辊；14，17—辅助衬瓦；15—上辊轴承盒底座；16—下辊轴承盒上盖；20—底座；23—滑板；24—油孔；25—螺栓；26—换辊支架放置处；27—压板；28—铜滑板

上、下轴承盒都装在各自的轴承座 7 和 21 中，上轴承盒的上盖 9 和下轴承盒的底座 20 都带有开槽的凸耳，分别通过螺栓 8 和 22 与各自的轴承座相连，并借以进行轧辊的轴向调整。上辊轴承座 7 通过法兰盘 2 和螺栓 3 挂在压下螺丝的端部，在调整时靠其两个侧面和与其垂直的两个凸肩的端面沿机架窗口和立柱内侧表面上下滑动。上轧辊的轴向力就是通过上轴承座的左右止推凸肩传给机架立柱的，也正是靠此凸肩，通过螺栓 8，上轧辊才能相对机架进行轴向调整。凸肩与机架接触的表面上镶有铜滑板 28，既保护了轴承座，也保护了机架滑板（40Cr 锻钢）。下轴承座 21 没有凸肩，下轧辊的轴向力靠装在机架两侧的压板传给机架。

换辊时，键板 10 是插在上轴承座和轴承盒间配合面的方槽中的。通过压下装置将上辊及其轴承盒降下，安放在下辊轴承盒上（中间放有 4 个换辊支架——小板凳 26）。解除平衡力后，再将键板抽出，松开轴向调整螺栓 8，即可用压下装置单独把上轴承座提起。下辊两端轴承座是用横梁 6 互相连接的，换辊端的下轴承座有铰链与换辊机构相连。换辊时，整套轧辊组件（上轴承座除外）通过下轴承座下的滑板 23 沿滑道从非传动端的机架窗口抽出。这时两个相互连接的下轴承座，相当于一个装有上下轧辊的滑动框架。新轧辊也是通过它送入机架内的。由于下轴承座要从机架中抽出或送入，所以它不能像上轴承座那样有止推凸肩，而必须采用压板进行轴向固定。

轴承用的冷却水，从水管引入衬瓦的固定压块 12（此压块同时也是喷水管）并喷向辊颈表面。此外还装设有油管 24，周期地向轴承内压入干油，以改善轴承的润滑条件，提高衬瓦寿命。

这种轴承在使用中存在的主要问题，一是下辊轴承密封不良，容易落入氧化铁皮，因而轴承寿命短；二是采用带凸肩的上轴承座，虽能简化上辊的轴向调整与固定装置，但其拆装困难，加之高温与氧化铁皮的影响，也使凸肩与机架之间接触表面的润滑条件恶化。因此，在现有初轧机的改造和新初轧机的设计中，已经采用了不带止推凸肩的上轴承座，此时上轴承座改由 4 块很长的压板在机架外侧进行轴向固定，每块压板用 5 个螺栓固定在机架立柱上。其缺点是长压板很笨重，机架需要加工 20 个螺栓孔。

2.2.4　液体摩擦轴承

液体摩擦轴承又称为油膜轴承，是一种流体动力润滑的闭式滑动轴承，其在辊颈与轴承之间形成一定厚度的油膜，辊颈与轴承的滑动摩擦转化为油膜内部的液体内摩擦的轴承。由于精细的加工和良好的密封，能在高达 25 MPa 的单位压力下保持液体摩擦状态。轴承中的能耗，只是用来克服油层间很小的内摩擦，摩擦系数仅为 0.001～0.008，几乎没有磨损，如果使用维护适当，寿命可达 10 年以上。这种轴承刚性大，而弹性变形极小，因此轧制精度较高，并且外廓尺寸比滚动轴承小。它与滚动轴承相比，随着速度的升高，其承载能力不但不减小，反而可以增加。

由于上述优点，油膜轴承广泛应用于四辊轧机的支撑辊、冷轧和热轧钢板、带钢以及线材和小型轧机上。其主要缺点是精度要求高，加工制造和安装维护都比较复杂。

由于液体摩擦轴承的显著优点，其应用范围日益扩大。近年来，广泛用于四辊轧机的支撑辊和冷轧与热轧钢板、带钢以及线材、小型轧机上。为了减少能耗，甚至在某些初轧机上，也应用了液体摩擦轴承。但是，液体摩擦轴承的制造精度和成本较高，安装精度要求较严，使用维护也复杂。

根据油膜形成方法的不同，液体摩擦轴承可分为动压轴承、静压轴承和动-静压轴承三种类型。

2.2.4.1　动压油膜轴承

A　动压轴承形成过程

第一阶段，起动（图 2-25（a））。

第二阶段，加速阶段（速度较低）不稳定润滑；辊颈爬升产生偏移（图 2-25（b））。

第三阶段，继续加速，进入辊颈轴承间润滑油增多形成油膜，实现稳定的液体动力润滑（高速）；辊颈反向偏移（图 2-25（c））；当 $v = \infty$ 时，辊颈与轴承同轴心。

第四阶段，当油压与轧制力平衡时，辊颈浮起直至平衡。

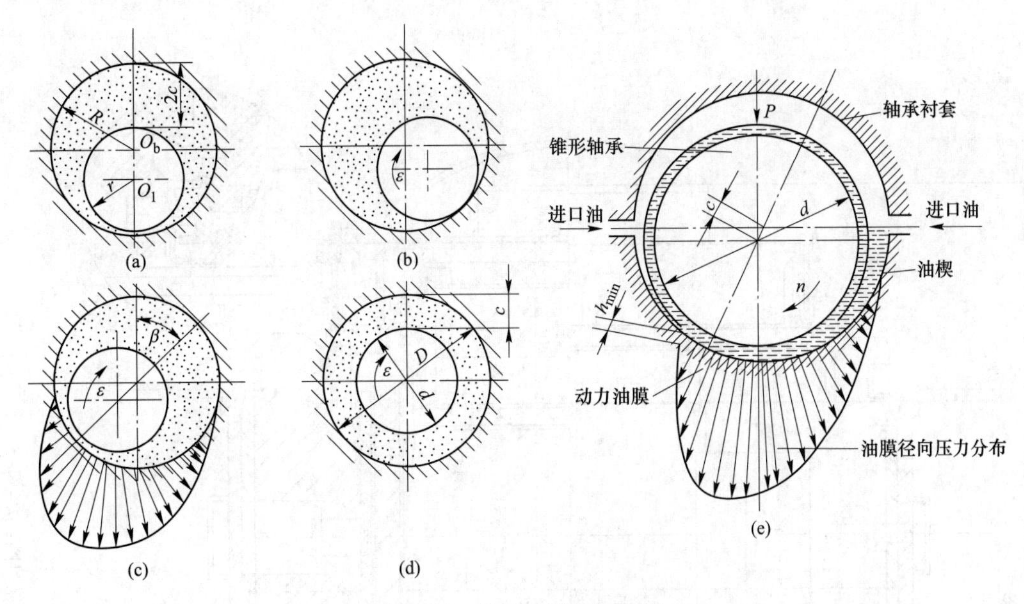

图 2-25 动压轴承工作原理

（a）起动；（b）加速阶段；（c）继续加速阶段；（d）稳定阶段；（e）工作示意图

B 动压轴承保持液体摩擦的主要条件

（1）轴颈和轴衬间具有楔形间隙，以便使润滑油进入楔缝的狭窄部分建立油压。

（2）轴颈应有足够的转速，以便在油膜中形成与外载荷平衡的压力。

（3）要连续供给足够的、黏度适当的纯净润滑油。

（4）轴承摩擦面（轴套外表面和轴承衬内表面）应有很高的加工精度，尺寸精度为一级，表面粗糙度为 0.1~0.25 μm，以保证表面不平度不超过油膜厚度。

（5）轴承应具有良好的密封。

C 油膜轴承用润滑油

液体摩擦轴承常用两种润滑油，即低黏度的透平油（22~57 号）和高黏度的轧钢机油（HJ3—28）。由于液体摩擦轴承的摩擦系数为

$$\mu = \pi\eta \frac{v}{\delta p} \tag{2-28}$$

式中 η——油的运动黏度；

v——轴颈表面滑动速度；

δ——名义半径间隙（$\delta = R - r$）；

p——平均单位压力。

由式（2-28）可见，摩擦系数随油的运动黏度和轴颈表面滑动速度的增大而增大，随名义半径间隙与平均单位压力的乘积减小而增大。为了减小 μ 值，对于轻载、高速的轴承，宜用低黏度的润滑油，而重载、低速时宜用高黏度的润滑油。

D 动压轴承结构（图 2-26）

动压轴承的长径比 l/d 有 0.6、0.75 和 0.9 三种，常用的为 0.75。我国重机行业的动压轴承已形成系列化，成套生产直径 180~1300 mm 的轴承。各国使用最广的是美国摩根（Morgoil）动压轴承系列 $\left(6\frac{1}{4}'' \sim 64''\right)$。

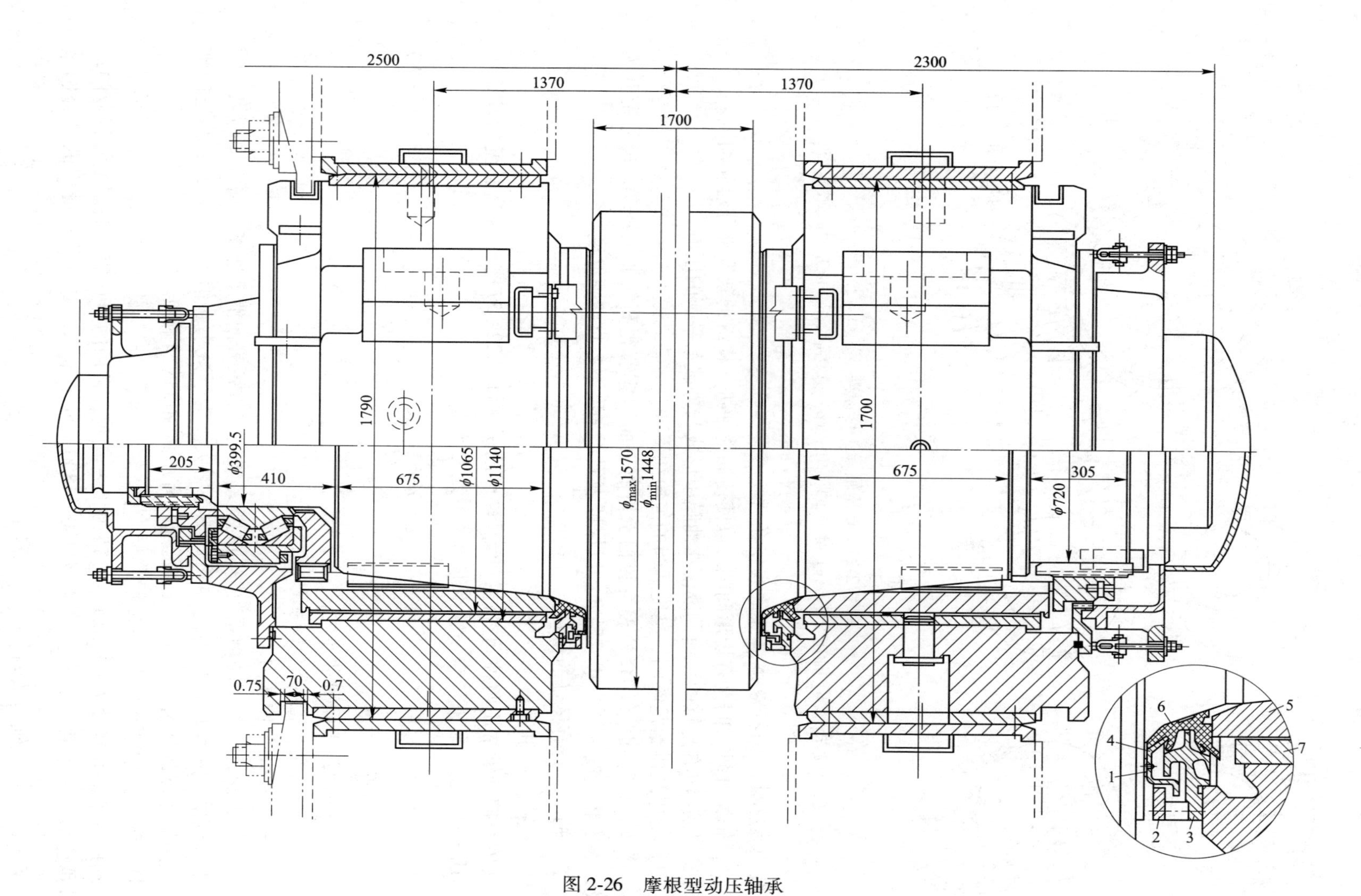

图 2-26　摩根型动压轴承

1—缓冲垫；2—挡环；3—密封端板；4—内密封环；5—锥套；6—密封圈；7—衬套

衬套是由 25 号锻钢制成，内表面浇铸一层厚巴氏轴承合金，工作表面经精细加工。衬套的形状，如图 2-27 所示，衬套的工作表面和其对面的非工作表面是两个中心镟出来的（偏移量 $\Delta_2=0.4$ mm），以保证负荷区油楔计算值的要求，并在对面形成较大的径向间隙，可使足够的润滑油通过，有利于轴承的散热，防止由于温度升高而使油的黏度降低，因而有利于保持较高的油楔承载能力。衬套内孔两侧有两个中心（偏移量 $\Delta_1=33.7$ mm），形成两个对称的油腔，油腔轴向长度为 0.8l（l 为衬套长度），使油易于通过油腔中部的径向油孔而被吸入油楔，同时也有利于改善散热条件。

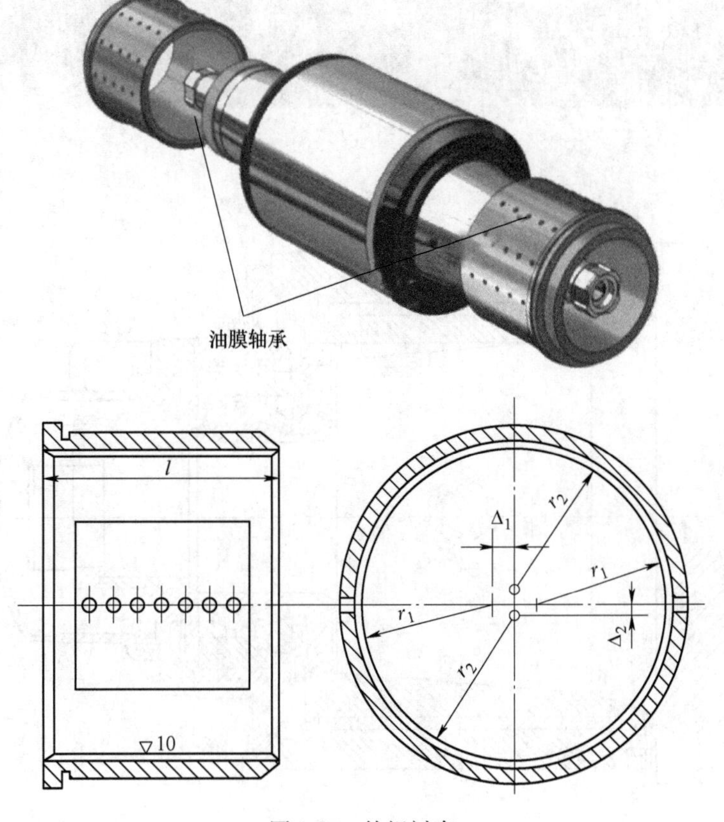

图 2-27　轧辊衬套

图 2-28 所示为 1700 连轧机支撑辊使用的摩根型轴承结构图。它是由锥套、轴承衬套、轴承座、止推滚动轴承、密封装置及固定装置组成的。这种轴承拆装方便，易于更换。锥套和轴承衬套是液体摩擦轴承中的两个重要零件，锥套外圆和衬套内孔加工精度很高，锥套内孔为 1∶5 锥度，通过键套在锥面辊颈上和轧辊一起转动。锥套上没有止推凸肩（带凸肩的结陶已被淘汰），不能承受轴向力，故在轧辊的一端——传动端装设了双向止推滚动轴承以承受轴向力。锥套和止推轴承用螺母进行轴向固定，而螺母是拧在两个半环螺丝上。采用半环螺丝结构，避免了在轧辊上车削螺纹。

为了防止灰尘、水、氧化铁皮进入轴承，在轧辊辊身端部采用了迷宫式密封（图 2-26 中局部放大部分），它同时可以防止轴承内的润滑油流出。密封环 4 是铝制的，通过橡胶

(a)

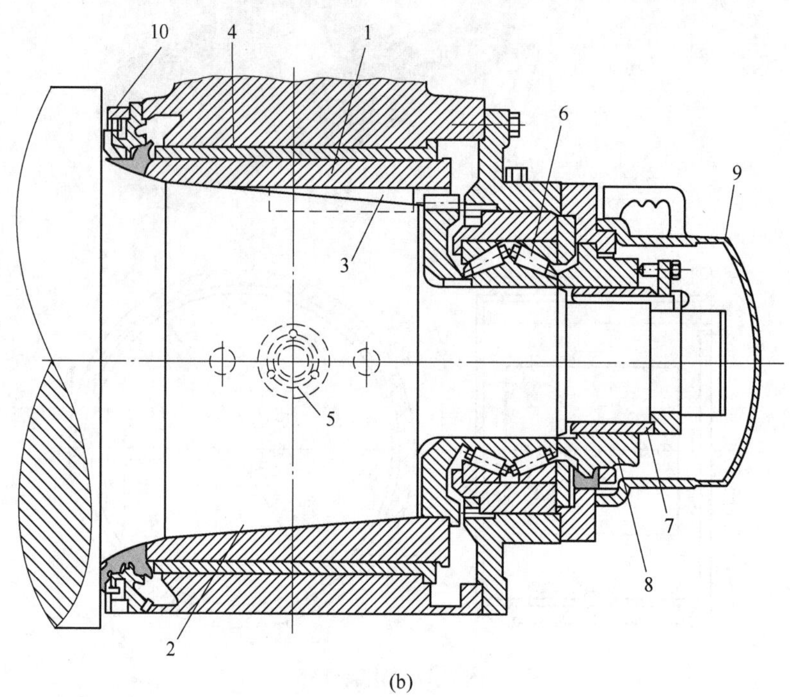

(b)

图 2-28　1700 热连轧油膜轴承

（a）热连轧生产；（b）油膜轴承装配图

1—套筒；2—锥形辊颈；3—方键；4—轴承衬；5—锁销；
6—止推滚动轴承；7—螺丝环；8—锁进螺母；9—外盖；10—迷宫密封

缓冲垫 1 固定在辊身上，密封圈 6 由塑料制成，它被密封环 4、锥套 5 夹紧，密封圈 6 内部有两个紧固弹簧，可防止轧辊高速旋转时产生的离心力使密封圈松开。轴承外面的水被密封环 4 和密封圈 6 挡住，轴承内的油由密封圈 6 挡住并导入油槽，经轴承回油孔回流。

由于动压轴承的液体摩擦条件只在轧辊具有一定转速的情况下才能形成，因此，当轧辊经常起动、制动和反转时，就不能保持液体摩擦状态。而且，动压轴承在开动之前，不允许承受很大载荷，因此其使用范围受到限制。此外，动压轴承的油膜厚度将随轧制速度的变化而变化（透平 30 号油为 25 ~40 pam，HJ-28 轧钢机油为 60~70 pam），而轧辊中心距的相应变化是油膜厚度变化的两倍，因此，对轧制精度有较大影响。动压轴承一般用于转速变化不大的不可逆式轧机。其具有以下特点：

（1）摩擦系数非常小（0.001~0.008），能耗小。

（2）适合于重载高速的条件下工作。

（3）使用寿命长，达 10 a 以上。

（4）刚性好，弹性变形小，适于高精度轧机。

（5）结构紧凑，密封性好。

2.2.4.2 静压油膜轴承

由于动压轴承的液体摩擦条件只在轧辊具有一定转速情况下才能形成，因此，当轧辊经常起动、制动和反转时，就不能保持液体摩擦状态。在轧制薄带钢的轧机上，由于轧辊有很大的预压靠力，造成有载启动，使动压轴承寿命大为降低，甚至可能由于轴承中的巨大摩擦力矩而引起主电机跳闸，或使工作辊和支撑辊之间打滑（工作辊传动时），造成轧辊破坏或其他生产事故。此外，动压轴承的油膜厚度还随轧制速度的变化而变化，而轧辊中心距的相应变化则为油膜厚度变化的两倍，因而对轧制精度有很大影响。

由于上述原因，在某些轧钢机上采用静压油膜轴承。

静压轴承的高压油膜是靠一个专门的液压系统供给高压油产生的，即靠油的静压力使辊颈悬浮在轴承中。因此这种高压油膜的形成与辊颈的运动状态无关，无论是起动、制动、反转，甚至静止状态，都能保持液体摩擦条件，这是它区别于一般动压轴承的主要特点。

静压轴承有较高的承载能力，寿命比动压轴承更长（主要决定于供油系统的寿命），应用范围广，可设计成直径几十毫米至几千毫米的静压轴承，能满足任何载荷条件和速度条件的要求，而且轴承刚度高。此外轴衬材料可降低要求，只要比辊颈材料软即可。

图 2-29 所示为我国某厂采用滑阀反馈节流控制的 600 冷轧机支撑辊用静压轴承原理。

在轴承衬套内表面的圆周上布置着 4 个油腔，即油腔 1、2、3、4，受载方向的大油腔 1 为主油腔，对面的小油腔 3 为副油腔，左右还有两个面积相等的侧油腔 2 和侧油腔 4。用油泵（在油箱和滑阀节流器之间，图中未示出）将压力油经两个滑阀节流器 A 和 B 送入油腔。油腔 1 和油腔 3 中的压力由滑阀 A 控制，油腔 2 和油腔 4 中的压力由滑阀 B 控制。滑阀与阀体周围的间隙起节流作用。当轧辊未受径向载荷时，从各油腔进入轴承的压力油使辊颈浮在中央，即辊颈周围的径向间隙均等，各油腔的液力阻力和节流阻力也相等，两滑阀在两端弹簧作用下都处于中间位置，即滑阀两边的节流长度相等（$l_c = l_c$）。当轧辊承受径向载荷 W 时，辊颈即沿受力方向发生位移，其中心偏离轴承中心的距离为 e，使承载油腔 1 处的排油间隙减小，油腔压力 p_1 升高，而对面油腔 3 处的排油间隙增大，而油腔压力 p_3 降低，因此，上下油腔之间形成压力差 $\Delta p = p_1 - p_3$。由于反馈作用，此时滑阀以左端作用于滑阀的压力将大于右端的压力，这就迫使滑阀向右移动一个距离 x，于是右边的节流长度增大到 $l_c + x$，节流阻力增加，而左边的节流长度则减小到 $l_c - x$，故节流阻力减小。因而流入油腔 1 的油量增加，流入油腔 3 的油量减少。同时，由于滑阀 A 两端的节流阻力不同，使油腔 1 与油腔 3 的进油压力差进一步加大，直到与外载平衡，从而使

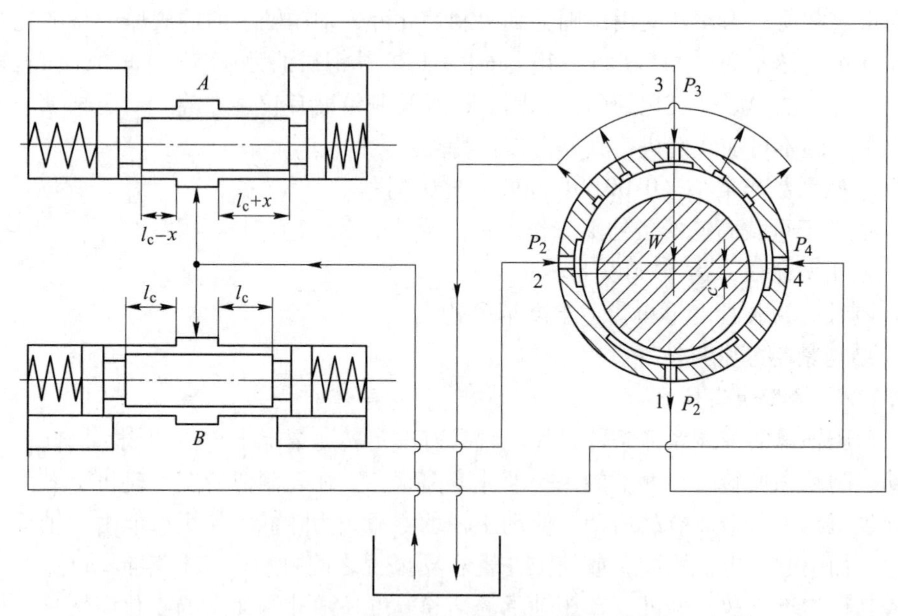

图 2-29　600 冷轧机支撑辊用静压轴承原理

1—主油腔；2，4—侧油腔；3—副油腔

辊颈中心的位置偏移值有所减小，达到一个新的平衡位置。如果轴承和滑阀的有关参数选择得当，完全有可能使辊颈恢复到受载前的位置，即轴承具有很大的刚度。这一可贵特点是采用反馈滑阀节流器的结果。反馈滑阀是依靠载荷方向两端油腔的压力变化来驱动的，通过调节节流阻力，形成与外载平衡的压力差。因此辊颈受载后，可以稳定地保持很小的位移，甚至没有位移，这一特性对提高轧制精度十分有利。

图 2-30 所示为 600 冷轧机支撑辊静压轴承的结构。在承受径向载荷的衬套 5 内表面上，沿轴向布置着双列油腔（有利于轴承的自位性），衬套末端装有一个固定块 3 和两个

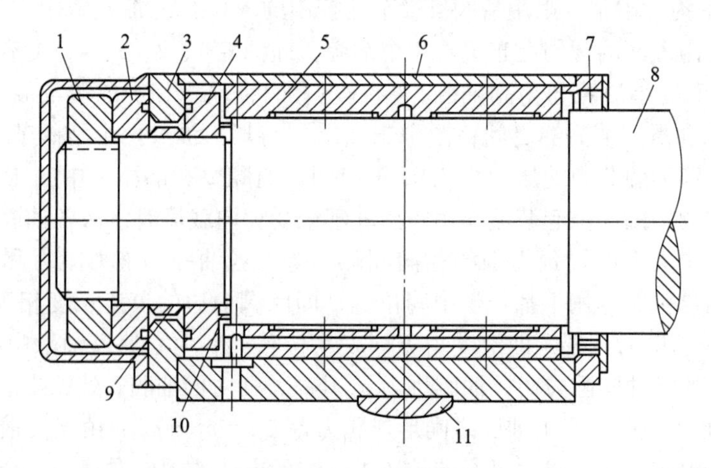

图 2-30　600 冷轧机支撑辊静压轴承的结构

1—螺母；2，4—止推块；3—固定块；5—衬套；6—轴承座；7—密封圈；8—辊颈；9—调整块；10—补偿垫；11—自位垫板

止推块 2 和止推块 4，专门承受轴向载荷（每个支撑辊只在换辊端设有止推轴承），衬套和止推块用螺母 1 进行轴向固定。为了使轴承能够自动测位，下支撑辊轴承座 F 部设有弧面自位垫板 11，上支撑辊轴承座与压下螺丝之间设有球面垫。该静压轴承使用 50 号机械油，油的压力为 20~21 MPa，这是按每边承受 1.5 MN 压力设计的。

2.2.4.3　静-动压轴承

静压轴承虽然克服了动压轴承的某些缺点，但它本身也存在着新的问题，主要是轧钢机重载静压轴承需要一套连续运转的高压液压设备来建立静压油膜，这就要求液压系统有较高的可靠性。液压系统的任何故障都可能破坏轴承的正常工作。

静-动压轴承就是把动压轴承和静压轴承的各自优点结合起来，克服了动压轴承和静压轴承两者的不足。轧钢机上采用这类轴承是近十多年来发展起来的一项新技术。武钢 1700 冷连轧机等一些现代化轧机上已采用了这种轴承。

静-动压轴承是共用一个润滑油系统，同一种润滑油，只是在原有润滑系统中再增添一套静压润滑系统装置。在动压轴承的承压面上增设一个供油孔和静压油腔，其他的结构没变化。

静-动压轴承的特点是：仅在低速、可逆运转、起动或制动的情况下，采用静压系统供给高压润滑油；而在高速稳定运转时，自动关闭静压系统，使轴承按动压制度工作。因此高压系统不必长期连续地工作，只在很短的时间内起作用，因而大大减轻了高压系统的负担，并提高了轴承工作的可靠性。动压和静压制度的转换，可以根据轧辊转速自动切换。

2.2.5　滚动轴承

滚动轴承的摩擦系数低（0.002~0.005），能耗小，磨损小，使用寿命长，刚度大，有利于保证轧制产品的精度。滚动轴承通常是在干油中工作的，不要求特别严密的密封，同时换辊也较为简单。

滚动轴承的缺点是尺寸较大，在径向尺寸受限制时，不得不缩小轧辊辊颈的尺寸。滚动轴承的允许工作速度也受到限制，因为滚动轴承的工作寿命是随着速度与载荷的增加而急剧下降的。滚动轴承对冲击负荷比较敏感，耐冲击性差。

滚动轴承目前广泛地用于冷热板带轧机、线材轧机和其他各种轧机。一般四辊轧机的工作辊都用滚动轴承（在一些小型或简易的四辊轧机上，有时也用具有金属轴瓦的滑动轴承）。在支撑辊负荷不太大、速度不太高的情况下，也可用滚动轴承。在轧制速度较高时一般趋向于采用液体摩擦轴承。

滚动轴承要在径向尺寸受限制的情况下承受很大的轧制力，因此轧辊用的滚动轴承都是多列的，主要有圆锥滚柱轴承、圆柱滚柱轴承和球面滚柱轴承。

2.2.5.1　圆锥滚柱轴承

圆锥滚柱轴承有单列、双列、四列等几种。四列圆锥滚柱轴承在轧机上应用最广泛。

四列圆锥滚柱轴承的结构，如图 2-31 所示，由 2 个内圈、3 个外圈、滚动体和保持架四部分组成。它有两个外调整环和一个内调整环，使四列锥柱与外套间隙相等，以保持工作时受力均匀。轴承的各个零件没有互换性，在装配时必须按一定标记进行，否则各列滚柱之间会产生不同的轴向间隙，以致四列滚柱之间载荷分布不均，使轴承过早地损坏。为了便于换辊，轴承内圈与轧辊辊颈采用动配合。由于配合较松，内圈会出现微量移动。为了防止由此造成的辊颈磨损，采用提高辊颈硬度的办法，其硬度为 HS35~45，同时应保证配合表面经常有润滑油。其具有以下特点：

（1）能同时承受径向和轴向负荷。

（2）滚柱端面和内圈导向边缘间有滑动摩擦，易发热，不适于高速。

（3）不能自动调心，加剧了各列滚动体受力不均，轴承上需自位球面垫。

（4）为便于换辊，内圈与辊颈采用动配合，因配合较松，为防止辊颈磨损，辊颈表面硬度取 HS40~50。同时，保证配合面有润滑油。

（5）常用于四辊冷、热板带轧机上的工作辊，或冷轧支撑辊上。

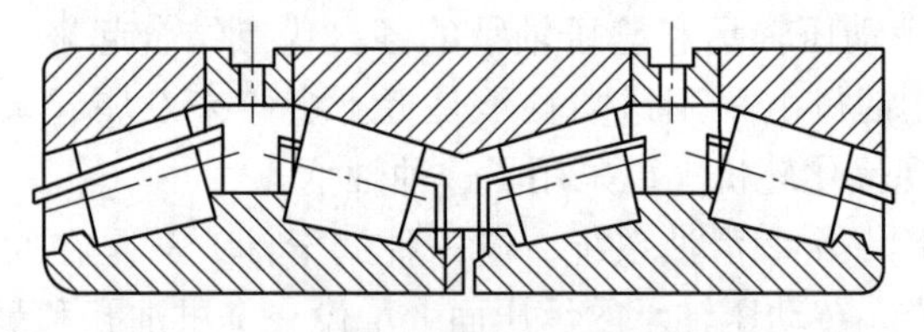

图 2-31　四列圆锥滚柱轴承的结构

图 2-32 是薄带钢冷轧机的比工作辊和上支撑辊的轴承装置。支撑辊受很大的径向作用力，因此装置了四列圆锥滚柱轴承，而工作辊受力要小得多，因此装置了一对单列圆锥滚柱轴承。圆锥滚柱轴承能承受很大的径向载荷，同时可承受一定的轴向载荷，因而广泛应用于四辊轧机的支撑辊部件中。这种轴承的使用寿命长，当轴承滚道磨损而使轴向间隙增大时，可采用磨间隔圈的方法使间隙减小。但是，这种轴承工作时会产生较高的摩擦热，因此对高速轧机不太适用。

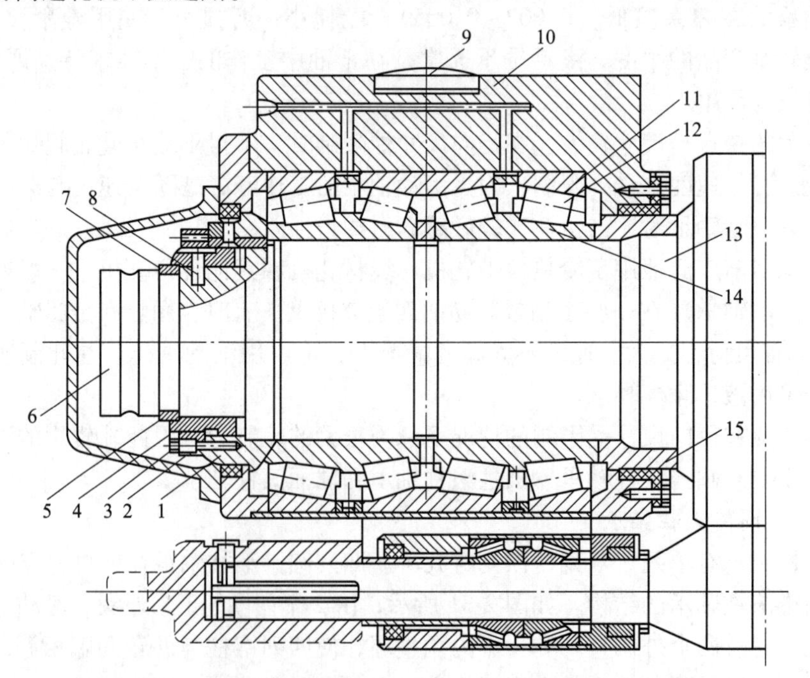

图 2-32　薄带钢冷轧机的比工作辊和上支撑辊的轴承装置

1，15—固定环；2—锁紧螺母；3，8—螺钉；4—螺丝环；5—定位环；6—支撑辊辊头；7—键；9—自位球面垫；10—轴承座；11—外圈；12—锥形滚柱；13—支撑辊辊颈；14—内圈环

2.2.5.2 圆柱滚柱轴承

轴承径向尺寸较小，在相同外径的条件下，允许轧辊辊颈直径比圆锥滚柱轴承等都大；轴承装有多列大体积的滚柱，承载能力较大，工作速度也远比圆锥轴承高。随着四辊轧机轧制力和轧制速度的不断提高，支撑辊采用圆柱滚柱轴承的日益增多，并且有代替液体摩擦轴承的趋势，具有以下特点：

(1) 摩擦系数低 (f=0.0011)，使用于高速重载荷场合。

(2) 只能承受径向载荷，轴向须用独立的止推轴承来承担。径向、轴向滚子各自发挥作用。

(3) 圆柱滚柱轴承与辊颈为静配合，在轴承座内为过渡配合，止推轴承与辊颈和轴承座均为动配合。

(4) 换辊时，外圈和滚柱与轴承座组成一整体，可以和任何一对内圈配合，具有互换性，如图 2-33 所示。拆卸时，内圈和轧辊一起拆下。

(5) 可用油雾润滑、稀油或干油润滑。

目前，在小型、线材轧机上，也开始采用这种轴承，如图 2-34 所示。

图 2-33 四列圆柱滚柱轴承

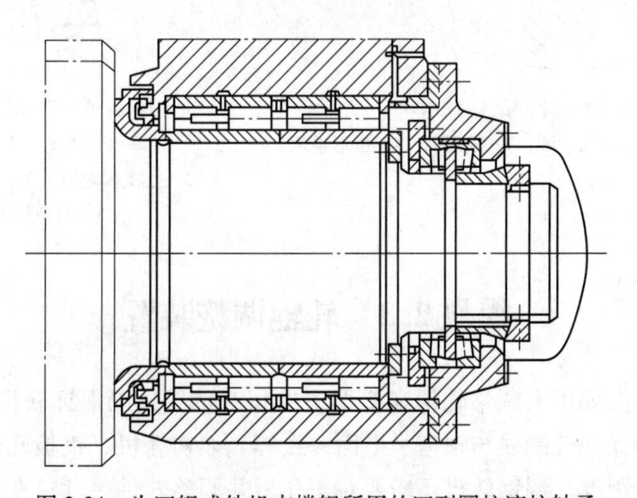

图 2-34 为四辊式轧机支撑辊所用的四列圆柱滚柱轴承

2.2.5.3　球面滚柱轴承

这类轴承的滚柱与套圈是以球面相配合的，因此它具有一定的自位性，即轴承的轴线可以随辊颈轴线转动，保持彼此平行。它可以同时承受径向载荷和较小的轴向载荷，因此，不需另加止推轴承，但轴向调整精度不高。

这类轴承多用于轧制力较小的中速轧机（最高轧制速度达 25 m/s），如小型带材冷轧机支撑辊以及小型线材轧机轧辊。如果轧制力不太大，每个辊颈上装一个双列球面滚柱轴承即可，如果载荷大，可用四列滚柱轴承，如图 2-35 所示。

采用滚动轴承时，除球面滚柱轴承有一定的自位性外，其他轴承无自位性。对于某些支撑辊，由于要在很大的弯矩下工作，从而加剧了各滚动体受力的不均匀性，造成轴承寿命急剧下降。为了改善这种状况，必须使支撑辊轴承座具有自动调位能力。一般上支撑辊轴撑座的自位性是靠压下螺丝端部的球面接触来达到的；而下支撑辊轴承座的自位性是靠将其下部做成圆弧形或缩短其轴向接触长度来解决的，如图 2-36 所示。

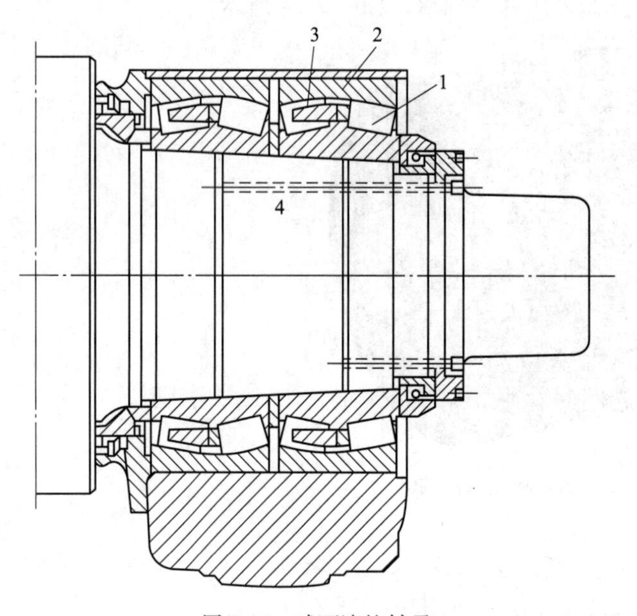

图 2-35　球面滚柱轴承

1—球面滚柱；2—球面套圈；3—隔离环；4—锥形辊颈

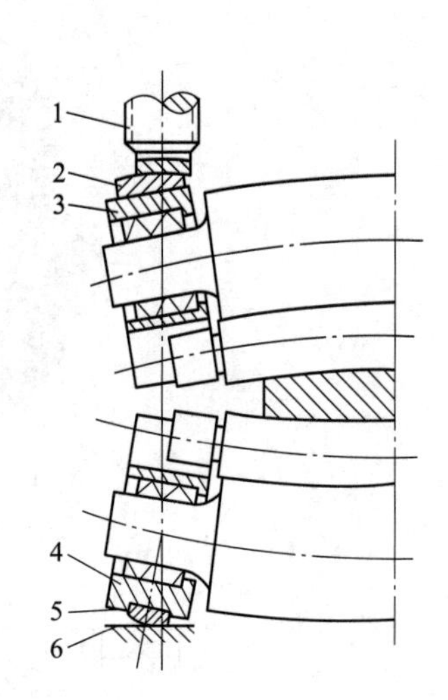

图 2-36　支撑辊轴承自位原理

1—压力螺丝；2—球面推力轴承；3—上支撑辊轴承座；4—下支撑辊轴承座；5—自位垫块；6—支座

模块 2.3　轧辊调整装置

轧辊调整装置主要用来调整轧辊在机架中的相对位置，以保证获得所要求的压下量、精确的轧件尺寸和保证轧制线与辊道水平面一致等。如初轧机、钢板轧机基本上每轧一道都要调整轧辊间的距离，型钢轧机还需要对正孔型并调整轧件尺寸；在连续式轧机上，还需要调整各机座轧辊的位置，以保证一定的张力，并使轧制中心线为一直线。在现代化的板带轧机上，还采用了专门的辊型调整装置液压弯辊装置，以减少沿板宽方向的厚度差，提高板带精度。

除了液压弯辊装置外，按照轧辊的移动方向，常用的轧辊调整装置可分为轴向调整装置和径向调整装置两大类。

轧辊轴向调整装置在大多数轧钢机上，只需要将轧辊作轴向固定，以防止轧辊发生轴向移动。而在初轧、型钢等带有孔型的轧钢机上，必须用轧辊轴向调整装置来对正轧槽，以保证正确的孔型形状。一般轧辊的轴向调整装置，大多采用简单的手动机构。

轧辊径向调整装置（轧辊间距离调整装置）轧辊径向调整装置是最主要的调整装置，其作用是在以下操作时调整两工作轧辊之间的径向相对位置：

（1）调整两工作轧辊轴线之间的距离，以保证正确的辊缝值，给定压下量。

（2）调整两工作轧辊的平行度。

（3）当更换直径不同的新轧辊时，调整轧制线的高度。

（4）更换轧辊或处理事故（如轧卡）时需要的其他操作。

轧辊径向调整装置的结构与轧机的型式和轧辊的位置有密切关系，一般可分为上辊调整装置、下辊调整装置和中辊调整装置三类。

上辊调整装置上辊调整装置应用最广，通常又称为压下装置。在大多数轧钢机上，都是用升降上轧辊来改变轧辊间距离的。上辊调整装置的结构型式，一般与轧辊的移动速度、移动距离和每小时移动次数有关。压下装置的类型见表 2-14。

表 2-14　压下装置的分类

类型	驱动方式	用途
快速调整装置（移动速度大于1 mm/s）	电动	主要用于轧辊移动行程较大并需要逐道调整的轧机，如初轧机、中厚板轧机等
慢速调整装置（移动速度小于1 mm/s）	手动	主要用于孔型相互位置不变的型钢轧机与线材轧机上，只在调整及换辊时才使用；也用在某些钢坯及带钢小型连轧机上
	电动	用于各种带钢轧机上，也用在板带材的平整机上

下辊调整装置下辊的径向调整装置有手动和电动之分。它们主要用于三辊型钢轧机（中辊位置不变）和需要保持轧制线高度不变的高生产率的二辊型钢轧机（如连续式二辊小型轧机）。此外，在初轧机和几乎所有二辊和四辊钢板轧机上，当使用不同辊径的轧辊时为了保持轧制线不变，采用在下辊轴承座下面加垫片的方法来调整下辊的位置。

中辊调整装置主要用于下辊位置不变的三辊劳特式钢板轧机上。

2.3.1　轧辊径向调整装置

轧辊调整装置通常包括压下装置和平衡装置两部分。上辊调整装置也称压下装置，它的用途最广，安装在所有的二辊、三辊、四辊和多辊轧机上。就驱动方式而言，压下装置可分为手动的、电动的和液压的三类。

手动压下装置的优点是结构简单、价格低。其缺点是体力劳动繁重，压下速度和压下能力较小。

电动压下装置是由电动机通过圆柱齿轮减速箱或涡轮减速箱（有时也用行星轮减速箱）传递运动的，它可以用于所有的轧机上，如初轧机、板坯轧机、厚板、薄板及热、冷板带轧机。其优点是移动距离可达较大的数值，速度和加速度亦可达到一定的要求，压下能力较大。缺点是结构复杂、反应时间较长、效率较低。

液压压下装置主要用于冷、热轧板带轧机上，其主要特点是具有很高的响应速度，很短的反应时间，很高的调整精度。但其费用较高，控制的行程有限。

2.3.1.1 手动压下装置

手动压下装置主要用于不经常调整辊缝的型钢轧机与线材轧机上，调整工作主要是在正式轧钢之前完成的，对调整速度没有特殊要求，故属于手动慢速调整装置。它有下面几种形式，如图2-37所示：

（1）直接转动压下螺丝的调整机构如图2-38所示，这种结构比较简单，适用于转动压下螺丝的力矩不大的轧机。

（2）带有齿轮传动的调整机构，这种调整机构通常通过圆柱齿轮传动或蜗轮传动来旋转压下螺丝。在中小型型钢轧机上，采用圆柱齿轮传动的比较多。图2-39所示为型钢轧机的上轧辊压下装置。压下螺丝是由与手轮8同轴的小齿轮通过中间惰轮1及大齿轮4来驱动。整个压下装置都装在机架上盖之中。惰轮的作用主要是使小齿轮和压下螺丝间的中心距加大，以留出安置手轮8的空间，同时可使手轮与压下螺丝的转动方向相同。小齿轮轴采用滑动轴承，中间惰轮轴3是不转动的。为了搬动轻便，惰轮1与其芯轴3之间装有滚动轴承2。大齿轮4与压下螺丝5的圆柱形尾端为静配合，并用键传递扭矩。由于型钢轧机的压下装置不经常工作，因此除小齿轮用45号锻钢外，中间惰轮以及大齿轮都是用铸钢（ZG 35）制成的。

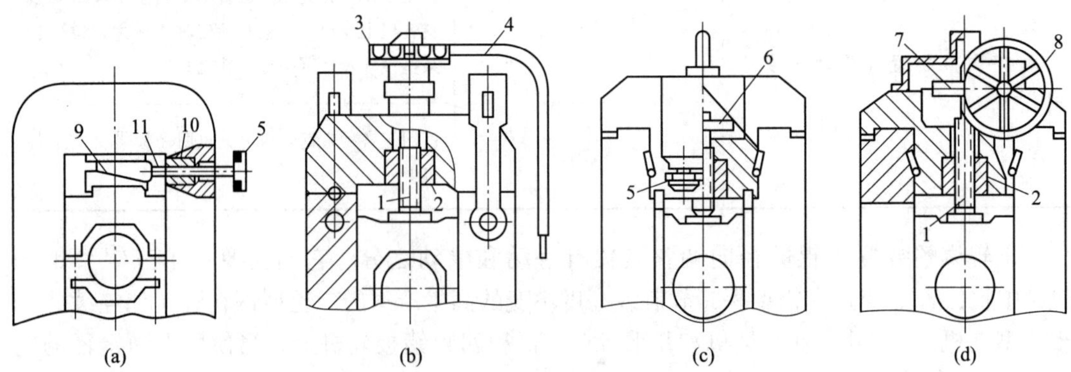

图2-37 手动压下装置类型

（a）楔形调整；（b）直接转动；（c）圆柱齿轮传动；（d）蜗轮蜗杆传动

1—压下螺丝；2—压下螺母；3—齿盘；4—调整杆；5—调整帽；6—大齿轮；7—蜗轮；8—手轮；9—斜楔；10—螺母；11—丝杆

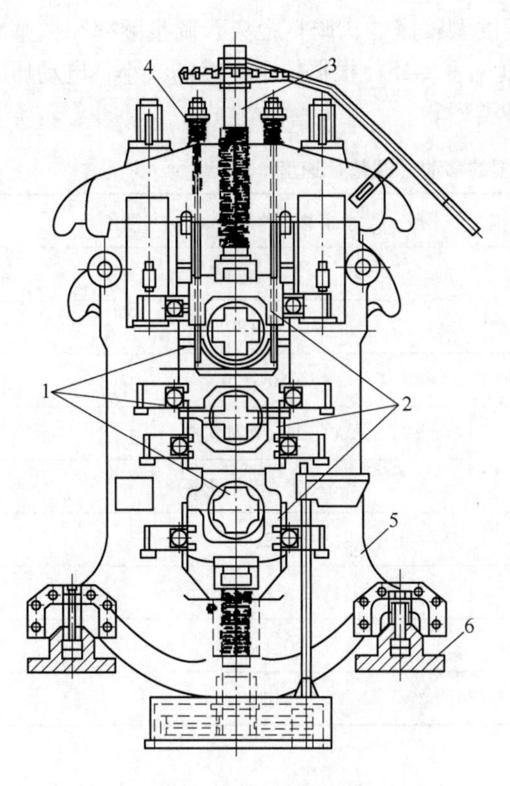

图 2-38　三辊式轧机工作机座

1—轧辗；2—轧辊轴承；3—上轧辊压下装置；4—弹簧平衡；5—机架；6—地脚螺栓

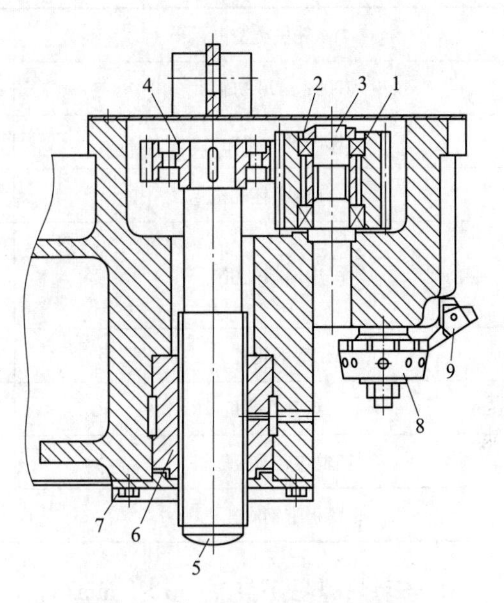

图 2-39　型钢轧机的压下装置

1—惰轮；2—滚动轴承；3—惰轮轴；4—大齿轮；5—压下螺丝；6—压下螺母；7—压板；8—调整手轮；9—锁紧板

2.3.1.2　电动压下装置

电动压下装置是由电动机通过圆柱齿轮减速箱或涡轮减速箱（有时也用行星轮减速箱）传递运动的，如图 2-40 所示，适用所有轧机；优点：移动距离可达较大的数值，速度和加速度可达一定的要求，压下能力较大。缺点：结构复杂、反应时间较长、效率较低。

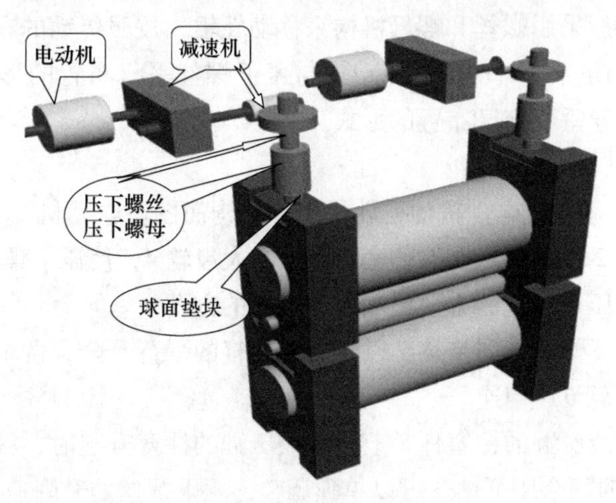

图 2-40　电动压下装置

轧辊调整装置的结构在很大程度上与轧辊的调整速度、调整距离、调整频率和调整精度有关，各种轧机上轧辊的移动（调整）速度见表 2-15。根据压下速度的大小，电动压下装置可分为快速压下装置和慢速压下装置两种类型。

表 2-15　各种轧机上轧辊的移动（调整）速度

轧机类型	上辊移动速度/mm · s^{-1}
1000~1470 初轧机	80~200
800~900 初轧机	40~80
1150 板坯轧机	50~120
中厚板轧机	12~25（粗轧机座）
	5~12（精轧机座）
型钢轧机	2~5
钢管穿孔机	1~2
四辊热轧薄板轧机	0.1~0.2
薄板带钢冷轧机	0.05~0.1

A　电动快速压下装置（v>1 mm/s）

它是由电动机传动压下螺丝来调整上轧辗的，主要用于在轧制过程中上轧辗要快速、大行程并且每道次都要上下移动的轧机，如初轧机、中厚板轧机和万能轧机等。

为了在频繁起动与制动的情况下实现快速调整，就要求其传动系统的惯性小、行程大；在繁重的载荷条件下工作，又要求有较高的传动效率和工作的可靠性。为了适应以上要求，轧钢机的快速压下装置几乎都采用电动的螺丝螺母机构，其特点包括：大行程，快速和频繁地升降轧辊；不“带钢”压下；有回松装置；压下螺丝采用多头螺丝（螺距大，便于快速行程）；采用双电机同时驱动，功率相等。

快速压下装置一般采用螺丝和螺母机构来移动轧辊，按照传动的布置形式，快速压下装置有两种类型：采用立式电动机，传动轴与压下螺丝平行布置的形式和采用卧式电动机，传动轴与压下螺丝垂直交叉布置的形式。

a　采用立式电动机

图 2-41 所示为采用立式电动机的初轧机压下机构简图。电动机 11 通过与其同轴的小齿轮 1 和中间大惰轮 2 带动固定在方孔套筒 3 上的大齿轮 4，使压下螺丝 5 在螺母 12 中旋转并实现升降运动，压下螺丝的方形尾端穿在套筒的方孔中。

为了实现两个压下螺丝的同步移动以保持上轧辊的平行升降，两个中间大惰轮之间用一个小惰轮（离合齿轮 6）相连。

离合齿轮 6 装在液压缸的柱塞杆 8 上，当液压缸的柱塞升起时，两个中间大惰轮之间的联系即被切断，此时两个压下螺丝可以单独调整。压下螺丝的升降速度为 90~180 mm/s。其中较高的速度是在大行程移动时使用（如在翻钢道次及换辊时）。

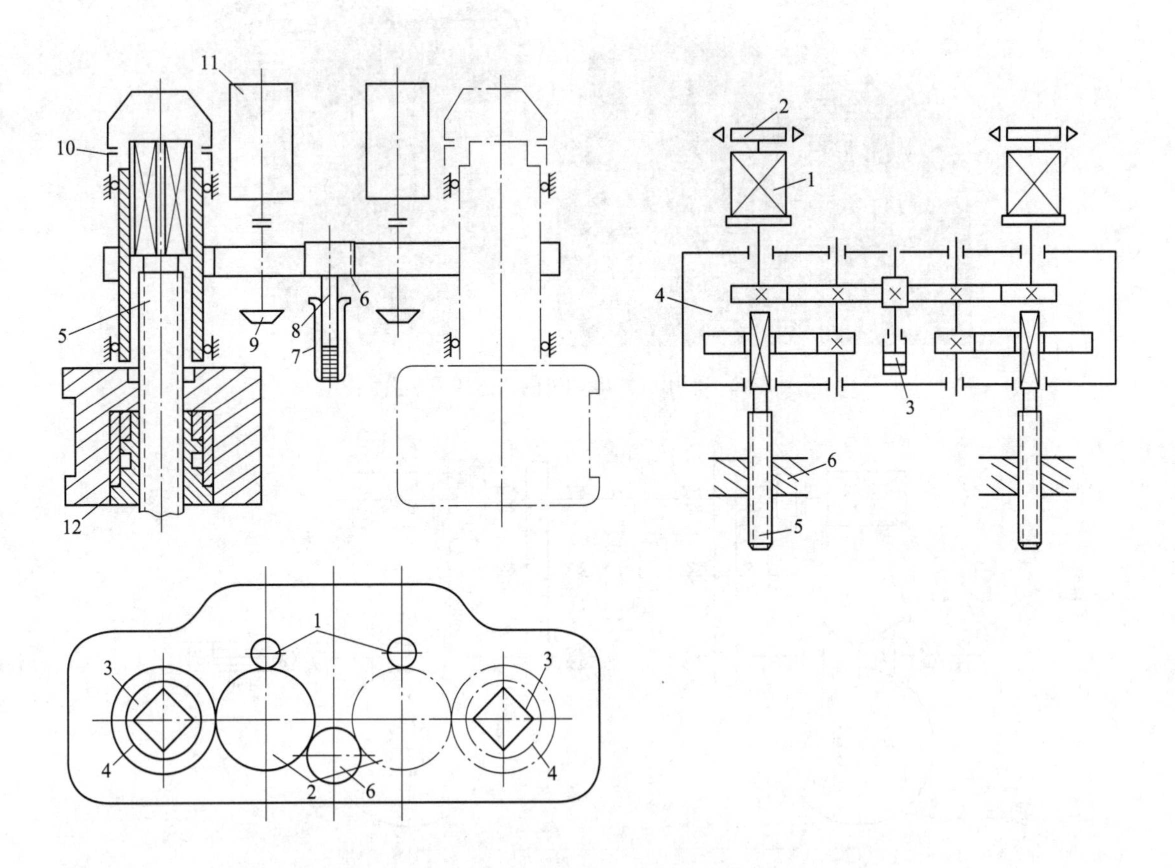

图 2-41　采用立式电动机的初轧机压下机构及传动

1—小齿轮；2—大惰轮；3—方孔套筒；4—大齿轮；5—压下螺丝；6—离合齿轮；7—液压缸；8—柱塞杆；9—伞齿轮；10—喷油环；11—压下电机；12—压下螺母

压下螺丝的移动距离通过与中间大惰轮 2 同轴的伞齿轮 9 以及单独的齿轮传动系统反映在指针盘上，反映压下螺丝移动距离的机构成为轧辊开度指示器。轧辊开度指示器主要采用了一种行星齿轮减速机构。在这种机构中，指针既可随压下螺丝而转动，亦可由专设的小电动机单独驱动。这样就可以实现指针的自由调零操作。指针的自由调零是轧辊磨损以后以及更换轧辊或轴承后所必需的操作。

立式电动机传动的压下装置由于使用了圆柱齿轮，因此传动效率高，零件寿命长，又节约了有色金属，近年来新设计的初轧机已普遍采用这种传动形式。

b　采用卧式电动机

图 2-42 所示为采用卧式电动机的快速压下装置，压下螺丝用两个 490 r/min 的电动机通过圆柱齿轮箱和两对涡轮传动来带动。压下螺丝的方形尾部装在涡轮轮毂中。装在蜗杆轴上的两个离合器可保证在调整轧机时，两个上轧辊的轴承座可以单独移动，传动结构紧凑。图 2-43 和图 2-44 所示为 1700 热连轧机组四辊可逆式粗轧机座的压下装置传动。

图 2-42　采用卧式电动机的快速压下装置

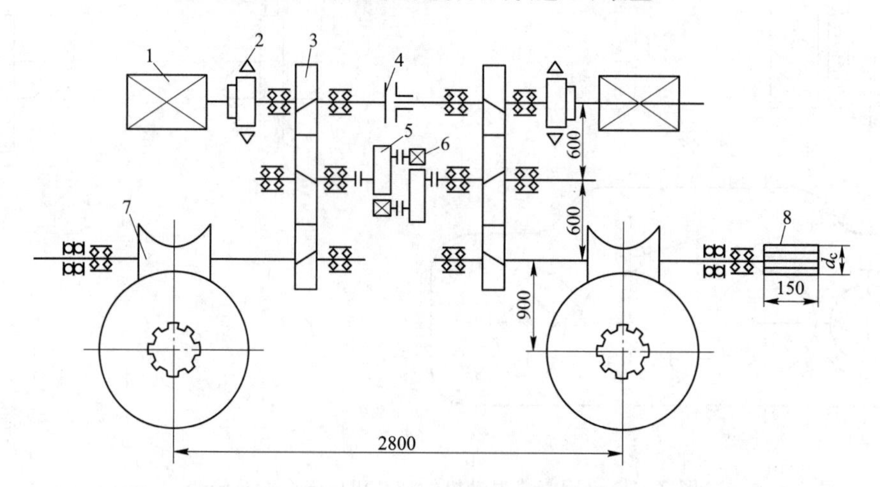

图 2-43　1700 热连轧机组四辊可逆式粗轧机座的压下装置传动

1—压下电动机；2—制动器；3—圆柱齿轮减速器；4—电磁联轴节；5—传动箱；6—自整角机；7—球面蜗轮副；8—伸出端

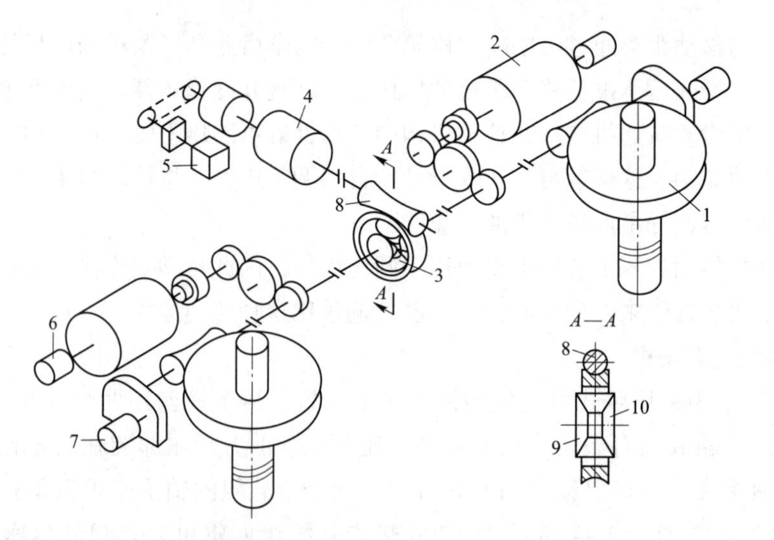

图 2-44　1700 热连轧机组 2 号四辊可逆式粗轧机座的压下装置传动

1—压下蜗轮副；2—压下电动机；3—差动机构；4—差动机构电动机；5—极限开关；6—测速发电机；7—自整角机；8—差动机构螺杆；9—左侧太阳轮；10—右侧太阳轮

轧辊开度指示器的指针由装在某一压下螺丝上的伞齿轮通过齿轮传动来带动，在齿轮传动装置中装有差动减速机，它可以使指针不依靠压下螺丝而由 0.15 kW 的电动机单独带动，以实现调零操作。

需要指出，在快速调整机构的压下螺丝的传动中被迫采用蜗轮带动，常不是由于需要大的速比（例如在 1000 初轧机上仅等于 6.85），而仅仅由于电动机和压下螺丝的轴线是交叉配置的。

快速电动压下装置由于其压下行程大，压下速度高而且不带钢压下，故在生产中易发生压下螺丝的阻塞事故，这通常是由于卡钢，或由于误操作使两辊过分压靠或上辊超限提升造成的，此时压下螺丝上的载荷超过了压下电机允许的能力，电动机无法启动，上辊不能提升。

为处理阻塞事故，在许多轧机上装有专门的压下螺丝回松装置，图 2-45 所示为 4200 厚板轧机回松装置。当发生卡钢事故时，可将上半离合器 2 上的两个液压钢柱塞 5 升起，带动托盘 6 与压盖 7 以及下半离合器 8 升起，并与上半离合器 2 相咬合。接着开动两个工作缸 3，通过双臂托盘 2 驱动带有花键内孔的下半离合器 8，强使压下螺丝松动。工作缸柱塞靠回程缸 4 返回。工作缸柱塞的最大行程为 300 mm，往复数次即可使螺丝回松。液压缸的工作压力为 19.6 MPa(200 kg/cm^2)，工作缸单缸推力为 56.6 t，它是根据卡钢时最大压力 6720 t(相当于最大轧制压力的 1.6 倍）设计的。这种装置能较快地处理柱塞事故。

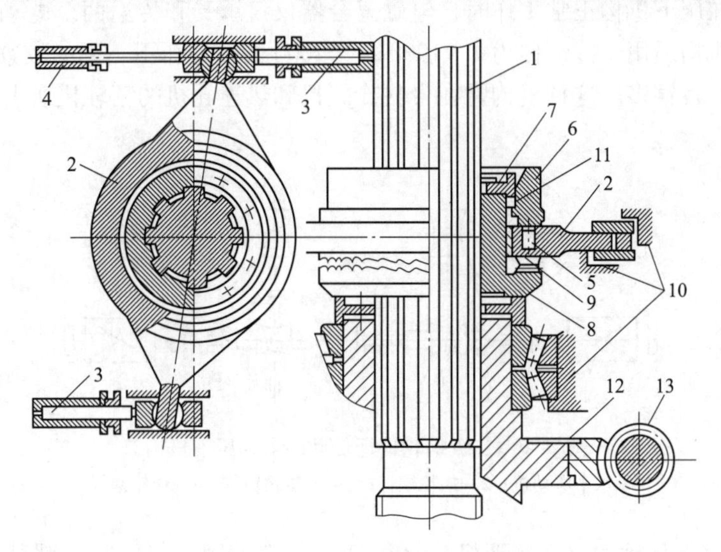

图 2-45 4200 厚板轧机回松装置

1—压下螺丝；2—双臂托盘（上半离合器）；3—工作缸；4—回程缸；5—升降缸；6—托盘；7—压盖；8—花键套（下半离合器）；9—铜套；10—支架；11—钢球；12—蜗轮；13—蜗杆

B 慢速压下装置（v<1 mm/s）

这类压下装置通常用在热轧或冷轧薄板和带钢轧机上。这类轧机的轧制速度很高，其轧制精度要求较高，这些工艺特征使这类压下装置具有以下特点：

(1) 较小的轧辊调整量与较高的调整精度。这类轧机上辊的提升高度一般为 100~200 mm,在换辊操作时稍大些，在轧制过程中轧辊的调整行程更小，最大为 10~25 mm，最小时仅为几个微米，另外为保证带钢的厚度公差，要求调整精度高，这类压下装置的压下速度一般为 0.02～1 mm/s。

（2）带钢压下。在轧制过程中为保证轧制精度，消除厚度不均，压下装置必须随时在轧制负荷下调整辊缝。此外，在开轧之前进行零位调整，还需进行工作辊的压靠操作。在轧制较薄规格的带钢时，最后几道也是在工作辊压靠的情况下工作的。因此带钢轧机的压下装置必须按照带钢压下的条件来设计。

（3）必须动作快，灵敏度高。为了在很高的轧制速度下修正带钢的厚度偏差，压下装置必须反应灵敏，这是板带轧机压下装置的主要技术特性，对压下装置本身来说，其传动零件应有较小的惯性，以便得到较大的加速度。

（4）轧辊平行度的调整要求严格。由于带钢的宽厚比很大，故要求轧辊严格地保持平行，压下机构除应保持严格同步外，还应便于每个压下螺丝单独调整。为了实现单独压下，压下螺丝采用两台电动机分别驱动，而用离合器保证两个压下螺丝的同步压下。

采用双电动机驱动的优点是：在功率相同的情况下，减少了电动机的飞轮惯性矩，有利于加速启动和制动过程。

二级蜗轮蜗杆传动的电动慢速压下机构（图 2-46）它是由两台水平电动机，通过二级蜗轮蜗杆传动压下螺丝，两台电动机间用电磁离合器连接，脱开它就可实现单独调整。用两台电动机是为降低飞轮力矩和减小电磁离合器上的负荷。因为电磁离合器装在两个电动机之间，因此在压下机构正常工作时，电磁离合器仅仅承受和传送两个电动机所发出的力矩之差。这种机构适用于传动比为 1∶1000～1∶2000 的慢速压下，结构较紧凑。缺点是传动效率低，消耗青铜多。这种机构常在带材冷轧机和热连轧机的精轧机座上采用。

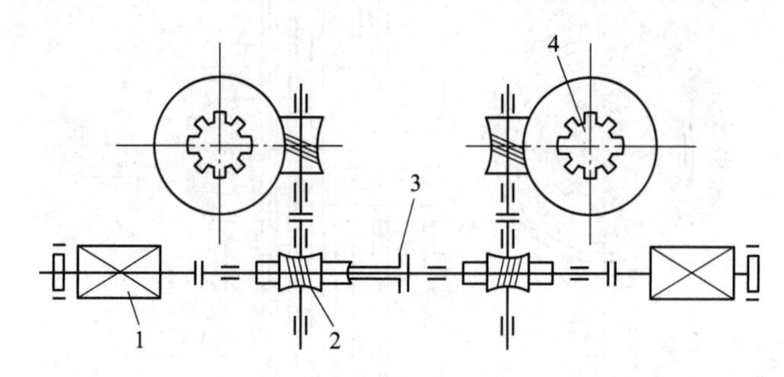

图 2-46　二级蜗轮蜗杆传动的电动压下机构

1—水平电动机；2—蜗轮蜗杆；3—电磁联轴节；4—蜗轮蜗杆

圆柱齿轮-蜗轮传动的电动压下机构（图 2-47）它是用一级或二级圆柱齿轮和一级蜗

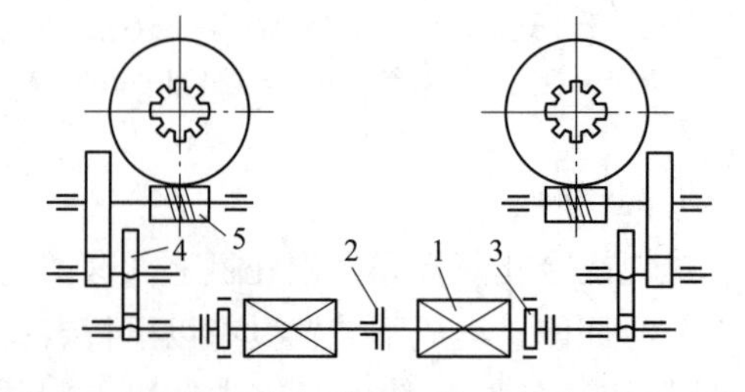

图 2-47　圆柱齿轮-蜗轮蜗杆传动的电动压下机构

1—电动机；2—电磁联轴节；3—制动器；4—圆柱齿轮；5—蜗轮蜗杆

轮蜗杆传动压下螺丝的。两电动机轴之间也是用电磁联轴器进行连接，可实行单独调整。通常把圆柱齿轮和蜗轮蜗杆安放在一个箱体内。这种传动形式机械效率高，工作可靠，常用于大、中型板、带热轧机。

行星齿轮传动的电动压下机构（图 2-48）它是由立式电动机通过三级行星齿轮传动压下螺丝的。电动机与压下螺丝配置在同一轴线上，整个传动装置扁立式电动机与压下螺丝一起上下移动。这种压下机构传动效率高，结构紧凑，转动惯量小，加速时间短，调整灵敏，适用于板带连轧机的精轧机。但是，这种压下机构的结构复杂，制造与安装精度要求高，造价也高，维护较困难，目前只在一些小轧机上使用。

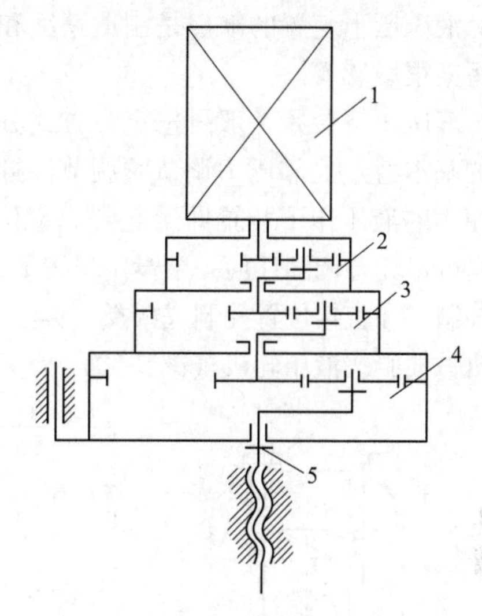

图 2-48　行星齿轮传动的电动压下机构
1—立式电动机；2~4—一、二、三级行星齿轮；5—压下螺丝

2.3.1.3　液压压下装置

液压压下装置是用液压缸代替传统的压下螺丝、螺母来调整轧辊辊缝的。液压缸是将液压能转变为机械能的、做直线往复运动（或摆动运动）的液压执行元件，具有以下特点：

（1）响应速度快。液压压下有很高的辗缝调整速度和加速度。在高速轧制的情况下，轧机的辗缝能够根据所测得的板带材厚度偏差得到及时调整。

在电动压下装置中，由于扣除压下螺丝、齿轮传动中的摩擦力矩后，可用于产生压下系统加速度的力矩较小；并且电动压下装置中转动的零部件较多，转动惯量很大，影响了加速度的提高，因此电动压下装置的压下加速度较小。液压压下是用液压缸取代压下螺丝、螺母来调整轧辗间辊缝的，采用了液压缸的往复直线运动，而取消了压下螺丝和螺母、齿轮减速器等一系列零部件，大大减少了运动件的惯量，从而获得极高的响应速度。一般情况下，液压压下装置比电动压下装置压下速度提高 10~20 倍，加速度提高了 40~60 倍。例如在 160 MN 轧制力的负荷下，电动压下的加速度为 1.75 mm/s^2，辊缝调整速度为 0.5 mm/s；液压压下的加速度为 30 mm/s^2（最大可 100 mm/s^2），辊缝调整速度为 2~3.5 mm/s。

（2）控制精度高。由于液压压下具有极小的惯性，并且有很大的刚性（液体的不可压缩性），因而在负载下运动时，速度的降落极小，从而获得较高的定位精度，此外，液压压下传动不存在电动压下中的螺纹、齿轮等零件装配的间隙。液压压下可控制的最小距离可达 0.0025 mm，电动压下为 0.01 mm。因此，采用液压压下，成品的厚度偏差可大大缩小。

（3）可以改变和控制轧机工作机座的刚度。不同的轧制阶段，对轧机工作机座的刚度有不同的要求。在冷轧机的粗轧阶段，要求工作机座具有尽可能大的刚度，以保证获得最小的带材纵向厚度差；而在精轧和平整阶段，要求机座具有较小的刚度，以获得带材成品较好的板型。因而在近代冷连轧机上，要求对各机座的刚度进行控制。只有采用液压压下才能实现轧机的刚度可控。

（4）可保证轧机的安全操作。在液压压下系统中，设有自动快速卸压装置。在轧制过程中出现故障，或轧制力超过了调定数值时，轧辗上的载荷可迅速消除，从而防止工作机座各主要承载零件的损坏，保证轧机的正常工作。

液压压下装置的缺点是制造精度和操作、维护要求都较高，技术上比较复杂，对油液的污染很敏感等。

液压压下装置一般可按定位方式分为定位式与不定位式两大类。不定位式液压压下装置的基本特点是靠压力调节阀调节油缸中的压力，实现恒压轧制。箔材轧机或平整机上早期使用的液压压下装置即属此类。定位式液压压下装置是对进入油缸中的油量进行控制，因而可将轧辊调到任何一个设定位置上，获得所需的辊缝。这种型式的轧机又可分为间接位置控制式和直接位置控制式两类。典型的间接位置控制式轧机有液压预应力轧机（图 2-49）和机械伺服式液压轧机（图 2-50）。

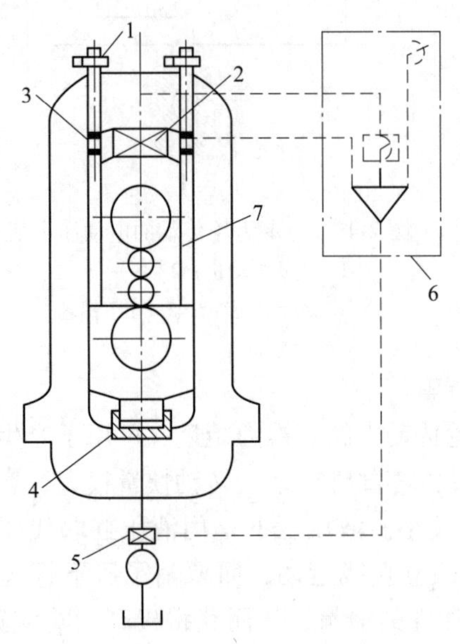

图 2-49　压缩杆式液压预应力轧机控制方式

1—定位杆的压下装置；2—测压仪；3—定位（压缩）杆测压仪；4—上推油缸；5—电液伺服阀；6—控制装置；7—压缩杆

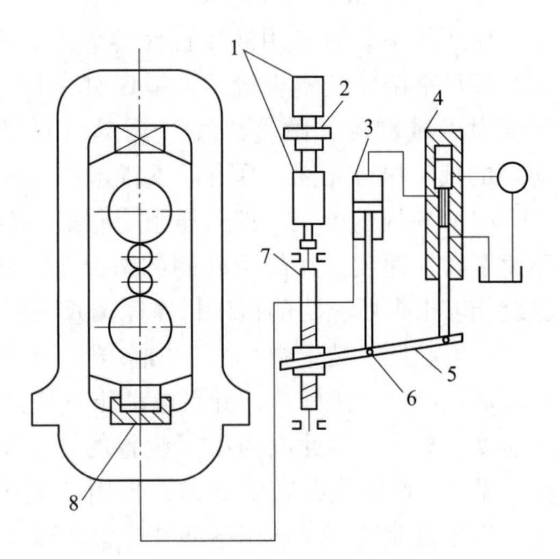

图 2-50　机械伺服式液压轧机控制方式

1—油压马达；2—电磁离合器；3—中间油缸；4—先导阀；5—杠杆；6—支点；7—刻尺；8—压下油缸

液压压下装置的结构液压压下调整，是由液压缸柱塞实现的。装在左右两个牌坊中的两个液压缸既可同时调整，也可分别调整。液压缸按其本身的结构形式采用两种类型：活塞式液压缸和柱塞式液压缸。这两种形式在轧机上都有应用，它们在功能上无本质的差别。但是活塞式液压缸可以在压力油的作用下作双向运动，从实现厚度自动控制的要求来看，比柱塞式液压缸工作更为可靠与迅速。因此，活塞式液压缸使用更为普遍。

液压压下的液压缸按其在轧机上的安放位置又可分为压下式液压缸和推上式液压缸两种方式，如图 2-51 所示。压下式液压缸是将液压缸安放在上支撑辊轴承座和机架上横梁之间；推上式液压缸是将液压缸安放在下支撑辗轴承座和机架下横梁之间。采用压下式液压缸，便于维护检修，液压缸工作条件较好，尤其在热轧情况下，可避免氧化铁皮和水的侵袭。它最主要的优点是电液伺服阀可装在液压缸附近，从而能提高液压缸的响应频率。

这种配置的缺点是要增设更换上支撑辊时悬挂液压缸用的吊挂装置，因而使压下装置的结构较为复杂。压下式液压缸大多采用活塞式，其返回动作靠活塞杆腔的压力油来实现。液压缸安放在下部时，结构处理上比较简单，但不便于维护，工作环境较差。当采用上推式液压缸时，返回动作可借助于下支撑辊及其轴承座的质量或靠自重和小回程缸的双重作用实现，因此上推式液压缸可采用柱塞式。冷连轧机的液压压下大多采用压下式的布置形式，以获得尽可能高的响应频率。

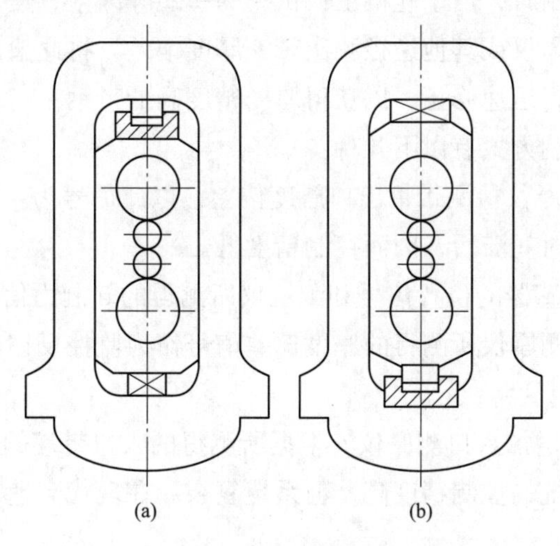

图 2-51　液压压下的液压缸布置形式

（a）压下式；（b）推上式

图 2-52 所示为 1700 热连轧机精轧机成品机座的液压辊缝控制系统。该机座的特点是

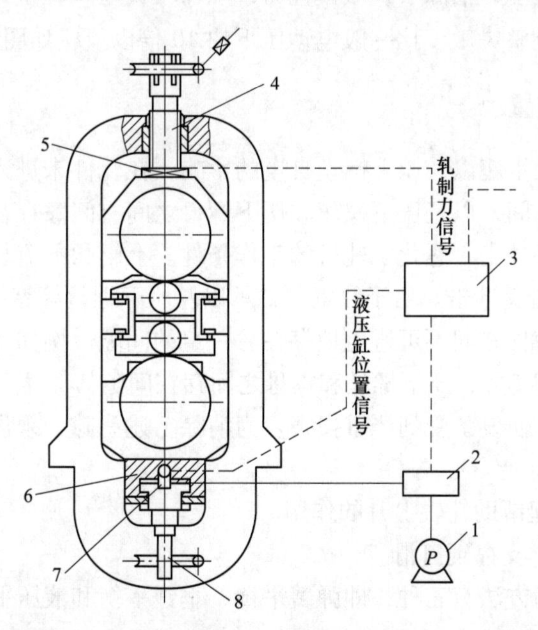

图 2-52　1700 热连轧机精轧成品机座的液压辊缝控制系统

1—液压站；2—液压伺服阀；3—控制装置；4—电动压下装置；

5—测压仪；6—上推油缸；7—位移传感器；8—电动上推装置

既有电动压下又有液压上推，可以单独使用。液压上推装置的控制方式与一般液压轧机相同。除电动压下外，还有置于油腔下部的电动上推装置，以便在轧辊磨损后对轧制中心线进行调整。

液压压下装置的控制方式近代轧机的液压压下装置一般都配备有带钢厚度自动控制系统，可以在轧制过程中实现对带钢厚度的闭环控制。在开始轧制前，液压压下装置先给定轧机的原始辊缝。在轧制时，由于轧机工作机座的弹跳等因素，使辊缝增加，带钢的厚度偏离原给定值。通过测厚仪或其他途径测出带钢厚度偏差，将此值反馈到液压压下装置的控制系统中，对辊缝进行迅速修正，以获得厚度精度高的带钢。

液压压下装置的控制方式有以下几种：

（1）用轧机出口测厚仪检测带钢出口厚度偏差，以此信号为主反馈量来控制液压压下装置。这种控制方式有时间滞后，因而控制精度低。

（2）用辊缝位移传感器的位置信号和测压仪所测得的轧制力信号为主反馈量来控制液压压下装置，再以出口测厚仪所测得的厚度偏差信号作为监控反馈量，对辊缝进行必要的修正。

（3）在上述系统上增加入口测厚仪，根据所测得的入口带坯的厚度偏差信号，对轧机进行预控。这种控制系统的控制精度高，但系统复杂。在现代高速轧机上，这种控制方式应用较广。

电-液压下机构粗调为电动压下，而精调是用液压缸直接代替了压下螺丝与螺母，通常液压缸放在粗调压下螺丝与上轴承座之间或横梁与下轴承座之间。该装置的特点是，粗调装置的结构简单而紧凑，消除了机械惯性力，从而大大地减轻了调节讯号滞后现象，提高了精调的效率，其调整灵敏度比一般电动压下快 10 倍以上，如图 2-53 所示。

2.3.2　上辊的平衡装置

由于上轧辊及其轴承座以及压下螺丝自重的影响，在轧件未进入轧辗之前，上轧辗及其轴承座与压下螺丝之间，以及压下螺丝和压下螺母之间有间隙存在。这些间隙使轧件在进入轧辊时产生很大的冲击，恶化了轧机的工作条件。上辊的平衡装置具有以下作用：

（1）消除间隙，避免冲击。由于轧辊、轴承以及压下螺丝等零件自重的影响，在轧件进入轧机之前，这些零件之间不可避免地存在着一定的间隙。例如上辊轴承座和压下螺丝之间存在间隙 Δ_1（图 2-54），压下螺丝和螺母之间存在间隙 Δ_2。若不消除这些间隙，则喂钢时将产生冲击现象，使设备受到严重损害。为消除上述间隙，须设上辊平衡装置，它是压下装置的组成部分。

（2）抬起轧辊时起帮助轧辊上升的作用。

（3）防止工作辊、支撑辊打滑。

采用最广泛的平衡方法有三种，即弹簧平衡、垂锤平衡和液压平衡。

2.3.2.1　弹簧平衡

弹簧平衡主要用在上辊调整量很小的轧机上，型钢轧机、线材轧机一般都用这种平衡装置（图 2-55）。弹簧置于机架盖上部，上辊的下瓦座通过拉杆吊挂在平衡弹簧上。当上

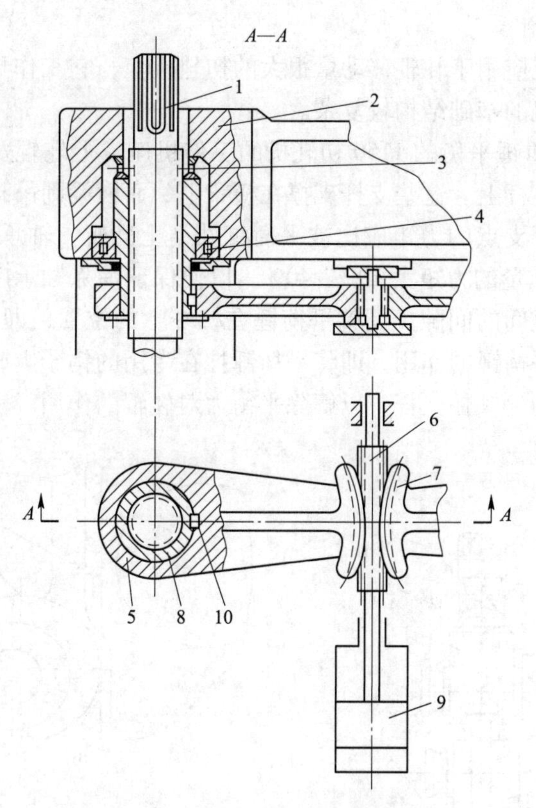

图 2-53　电-液双压下装置

1—压下螺丝；2—机架；3—止推轴承；4—径向滚子轴承；5，7—扇形齿轮；
6—齿条；8—压下螺母；9—液压缸；10—键

辊上升时，弹簧放松，当上辊下降时，弹簧逐步压缩，弹簧力随弹簧变形相应的轧辊位置而变化的。弹簧平衡的优点是简单可靠；缺点是换辊时要人工拆装弹簧，费力、费时。

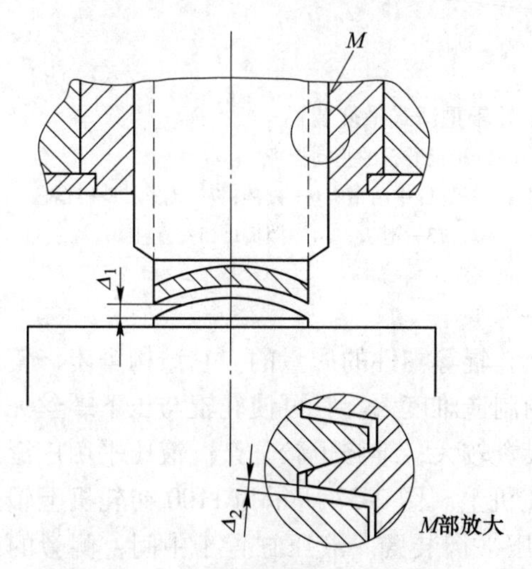

图 2-54　上辊轴承座和压下螺丝之间及压下螺丝和螺母之间存在间隙

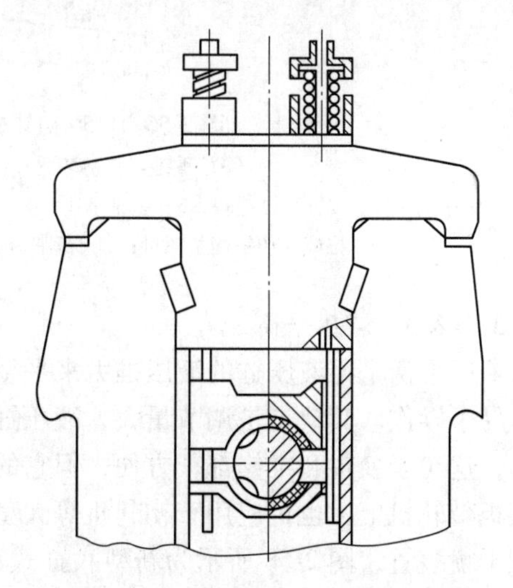

图 2-55　650 型钢轧机的弹簧平衡装置

2.3.2.2　重锤平衡

重锤平衡方式广泛应用于轧辊移动量很大的初轧机上，它工作可靠，维修方便。其缺点是设备质量大，轧机的基础结构较复杂。

图 2-56 所示为用重锤平衡的 1150 初轧机的工作机座，上轧辊及轴承座通过吊架支撑在位于机架内的四根支杆上。这些支杆支撑在横梁上，而横梁则吊挂在平衡锤杠杆的拉杆上。平衡锤相对于杠杆支点的力矩应比被平衡机件（上轧辊、轴承座、轴承、压下螺丝、支杆、横梁及拉杆）质量的力矩大 20%~40%，以便保证消除轴承座和压下螺丝联结处的间隙以及压下螺丝螺纹间的间隙。调整平衡锤在杠杆上的位置，即可调节平衡力的大小。换辊时，务必先解除平衡锤的作用，即将平衡锤挂在专用的钩子上，或用专门的栓销横插在机架立柱内的纵槽内，锁住支杆，以解除平衡力对轧辊的作用。

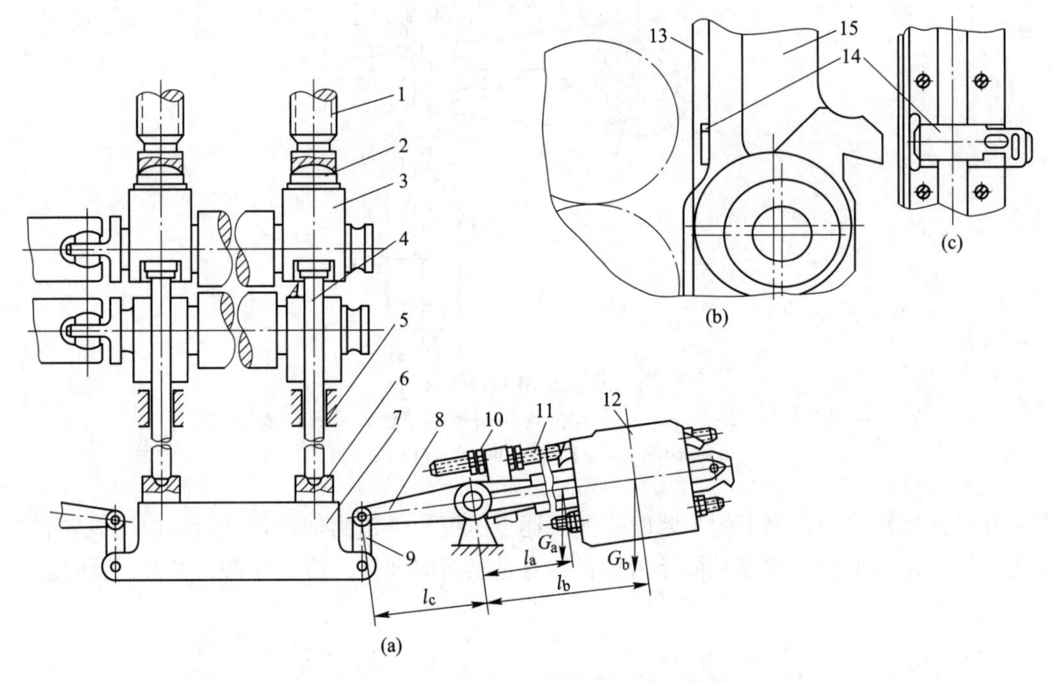

图 2-56　1150 初轧机上轧辊重锤式平衡装置

（a）重锤式平衡装置；（b）（c）平衡装置的止动挡板

1—压下螺丝；2—止推垫块；3—上轴承座；4—支杆；5—立柱中滑槽；6—铰链；7—支梁；8—杠杆；9—拉杆；10—调整螺母；11—螺杆；12—重锤；13—滑板；14—挡板；15—立柱

2.3.2.3　液压平衡

液压平衡是用液压缸的液压推力来平衡上轧辊等零件的质量的。它结构紧凑，使用方便，易于操作。其缺点是调节量大、液压缸的制造难度大。它可使轧辊与压下螺丝无关地移动，这对于换辊和维修都很方便，但它的投资较大，维修也较复杂。液压平衡广泛用在四辊板带轧机上，也可应用于初轧机等大型轧机上。图 2-57 所示为 1100 初轧机上辊采用液压平衡装置，图 2-58 所示为新型八缸式液压平衡装置。液压缸置于中间，侧旁的小缸是平衡上辊万向接轴用的。上辊轴承座通过拉杆和横梁吊挂在液压缸的柱塞上。

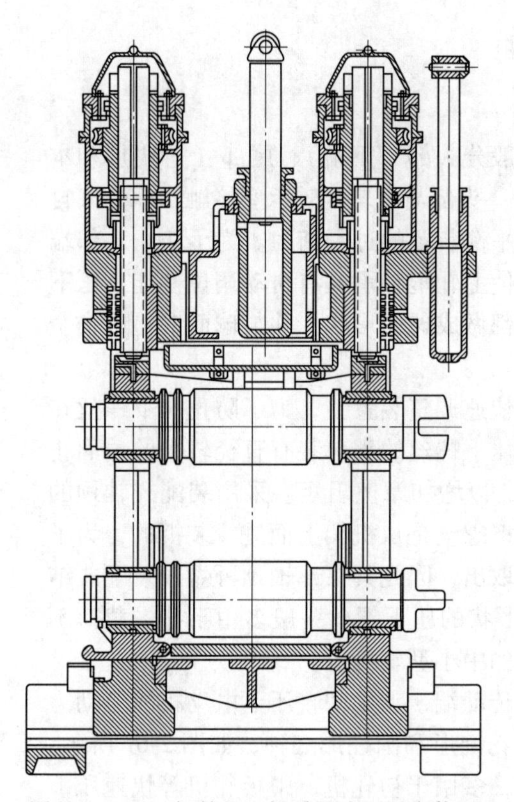

图 2-57　1100 初轧机上辊采用液压平衡装置

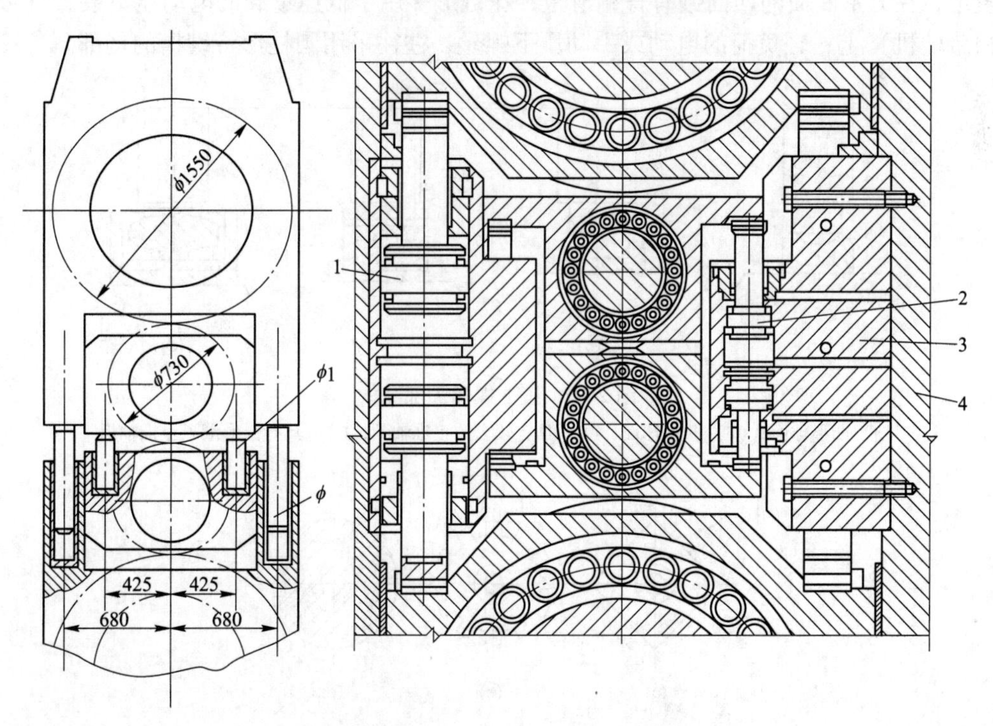

图 2-58　新型八缸式液压平衡装置

1—支撑辊平衡缸；2—工作辊平衡缸；3—支架；4—工作机架

2.3.3　压下螺丝与螺母

2.3.3.1　压下螺丝

压下螺丝的结构一般分头部（下端）、尾部（上端）和本体（中间部分）三部分。头部与上轧辊轴承座接触，承受来自轧辊辊颈的压力和上辊平衡装置的过平衡力。为了防止头部端面在旋转中被磨损，并使上轧辊轴承具有自动调位性能，压下螺丝的头部端面，一般都做成球面形状，并与球面铜垫或安全臼接触（图 2-59）。

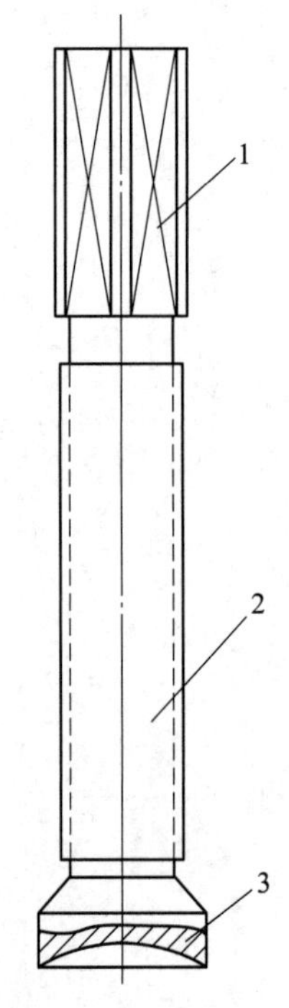

图 2-59　压下螺丝的结构
1—尾部；2—本体；3—头部

在带有冲击载荷的快速调整装置上，为了防止压下螺丝在轧制过程中自动旋松，压下螺丝的头部装有直径较大的球面止推轴颈（图 2-60（c）），以增加摩擦阻矩。采用装配式轴颈的另一个原因，是由于压下螺丝是从机架上面进行装拆的，为了便于将压下螺丝装入或取出，因此其头部轴颈可做成装配式结构。图 2-60（d）所示形状的压下螺丝一般多用于冲击载荷不太大，或调整速度不快的中小型轧机上。

压下螺丝的尾部是传动端，承受来自压下电动机的驱动力矩。尾部一般有方形、花键形和圆柱形三种，如图 2-61 所示。尾部为方形的压下螺丝，多用于初轧机、中板轧机等快速压下装置上，在方形断面的四面镶有青铜滑板；花键形多用于低速重载的电动压下装置（如四辊板带轧机）上；轻负荷的电动或手动压下螺丝，往往采用圆柱形带键槽的尾部。

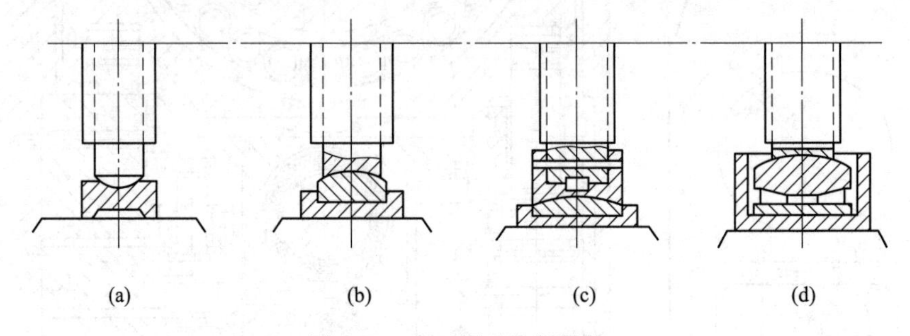

图 2-60　压下螺丝头部结构
（a）凸形球面；（b）凹形球面；（c）具有较大的止推轴颈；（d）具有锥形滚子止推轴承

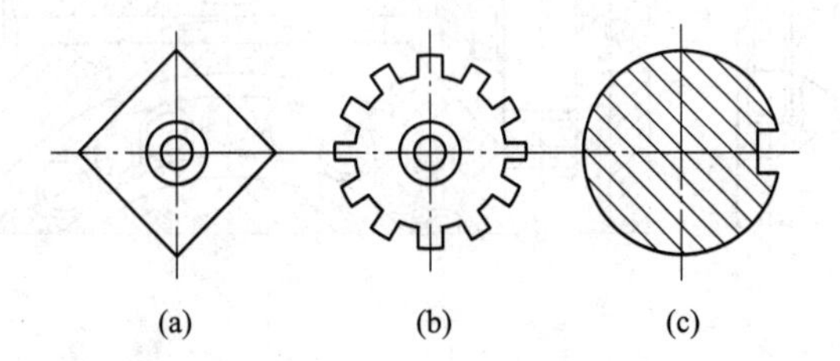

图 2-61　压下螺丝尾部形状
（a）方形（镶有青铜滑板条）；（b）花键形；（c）带键圆柱形

压下螺丝的本体带有螺纹，它与压下螺母的内螺纹相配合，用以传递载荷和运动。压下螺丝的螺纹断面有锯齿形和梯形两种（图 2-62）。锯齿形螺纹的传动效率较高，主要用于初轧机等快速压下装置；梯形螺纹的强度较大，主要用于轧制力较大的轧机。压下螺纹多用单线螺纹，只有在初轧机等的快速压下装置中才采用双线螺纹。

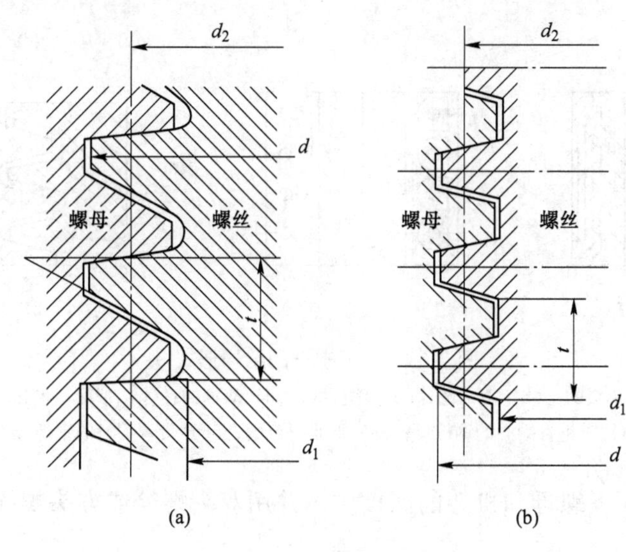

图 2-62　压下螺丝的螺纹
（a）锯齿形；（b）梯形

压下螺丝的基本参数是螺纹部分的外径 d_Q 和螺距可参照有关国家标准选取。

2.3.3.2　压下螺母

压下螺母是轧钢机上除轧辊以外最大的易损零件之一。压下螺母一般都用高强度青铜（ZQA19-4 等）或高强度黄铜（ZHA166-6-3-2 等）铸成。采用合理的结构，对节约青铜等有色金属，保证压下装置有效地工作，都具有重要意义。

压下螺母的结构有整体式和组合式两类，如图 2-63 所示。

整体螺母（图 2-63（a）、（b））制造简单，工作可靠，但耗费青铜较多，多用于中小型轧机。其中双级的比单级的省铜，但往往不能保证两个阶梯端面同时与机架接触，因而很少应用。

为了节约铜，在某些初轧机、中厚板轧机等巨型轧钢机上，已采用组合式螺母。加箍螺母（图 2-63（c）、（d））比较经济，工作性能不亚于整体铜螺母。箍圈采用 ZG35 铸钢制成。从理论上讲，箍圈应采用弹性模数与青铜相近的材料，以保证在受压时箍圈及螺母本体有均匀的变形。但是 ZG35 的塑性比青铜高，装配时不易破裂。箍圈不允许热装，因为在冷却过程中，箍圈与螺母台阶端面之间会产生间隙。如果工艺上需要热装，则冷却后应再进行压实。

采用循环水冷却的加箍螺母（图 2-63（e）），可以有效地延长螺母使用寿命。

压下螺母的主要尺寸是其外径 D 和高度 H。压下螺母安装在机架中。为了便于更换，一般采用转动配合。为了防止压下螺母从机、架中脱出和转动，通常用压板将压下螺母加

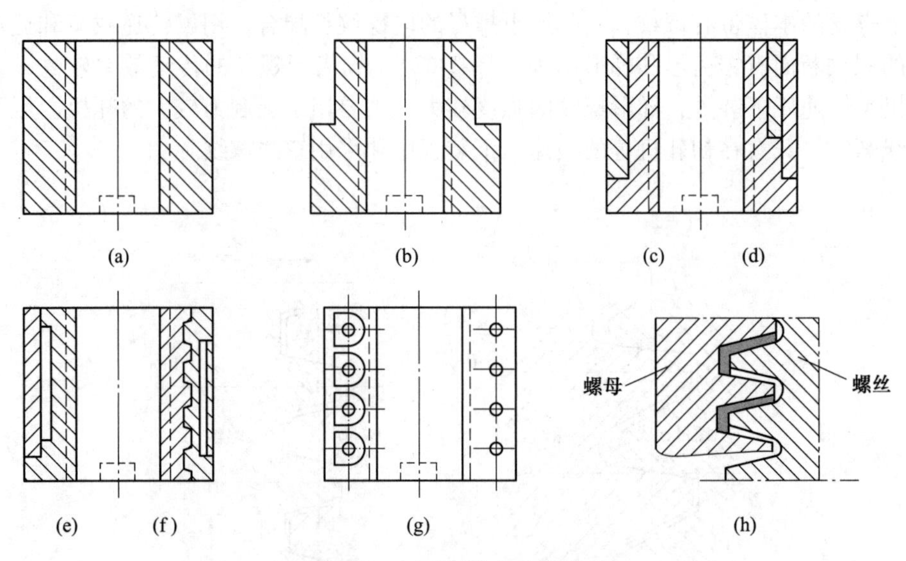

图 2-63　压下螺母的结构形式

（a）单级的；（b）双级的；（c）单箍的；（d）双箍的；（e）带冷却水套的；（f）带铸青铜心的钢螺母；（g）两半拼合的；（h）带青铜衬的钢螺母

以固定。压板嵌在压下螺母和机架的凹槽中，并用双头螺栓或方头螺栓固定，如图 2-64 所示。

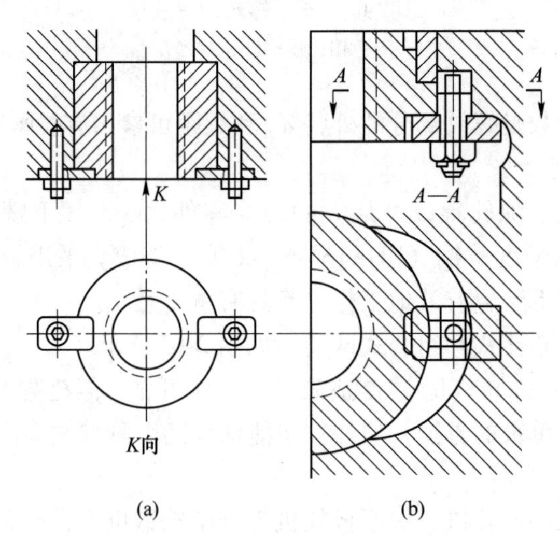

图 2-64　压下螺母的固定方式

（a）用双头螺栓和压板固定；（b）用 T 形螺栓和压板固定

模块 2.4　机　　架

机架：俗称牌坊，是轧钢机工作机座的骨架，承受经轴承传来的全部轧制力，每座轧机有两个机架。用来安装轧辊、轧辊轴承座、轧辊调整装置、导卫装置、换辊及冷却润滑装置等。轧制生产要求机架具有足够的强度和刚度，且其结构要适应轧辊调节和快速换辊的需要，如图 2-65 所示。

(a)　　　　(b)

图 2-65　常用轧辊机架

（a）单向不可逆四辊冷轧机；（b）六辊轧机牌坊

2.4.1　机架类型

根据轧钢机的型式和生产工艺的工作要求，一般轧钢机机架分为闭口式和开口式两种。闭口式机架的牌坊，为整体的框架，如图 2-66（a）所示。其特点是有较好的强度和刚度，常用于轧制压力较大或对轧件尺寸要求严格的轧钢机上，如初轧机、开坯机、钢板轧机、钢管轧机和冷轧机等，有时也用于型钢轧机。

开口式机架的上盖（上横梁）是可拆装的，如图 2-66（b）所示。其强度与刚度较闭口机架差，而且加工面多，造价高。但其突出优点是换辊方便，故仅用于经常换辊的横列式型钢轧机上。特别是大中型横列式型钢轧机，几乎全部采用开口式机架。

开口式机架上盖（上横梁）与立柱的连接方式有多种，常用的有：

（1）螺栓连接（图 2-65（b）），机架上盖（上横梁）用两个螺栓与机架立柱连接。这种连接方式结构简单，但因螺栓较长，变形较大，所以机架刚度较低。此外，换辊时拆装螺母较费时间。

（2）套环连接（图 2-67（a））。这种连接取消了立柱与上盖上的垂直螺孔。套环下端用横销铰接在立柱上，套环上端用斜楔把上盖和立柱连接起来。这种结构换辊较为方便。由于套环的断面可大于螺栓或圆柱销，轧机刚性有所改善。

（3）圆销连接（图 2-67（b））。这种连接是将上盖与立柱用圆销连接后，再用斜楔楔紧。其优点是结构简单，连接件变形较小。但是，在楔紧力和冲击力作用下，当圆销沿剪切断面发生变形后，拆装较为困难，使换辊时间延长。

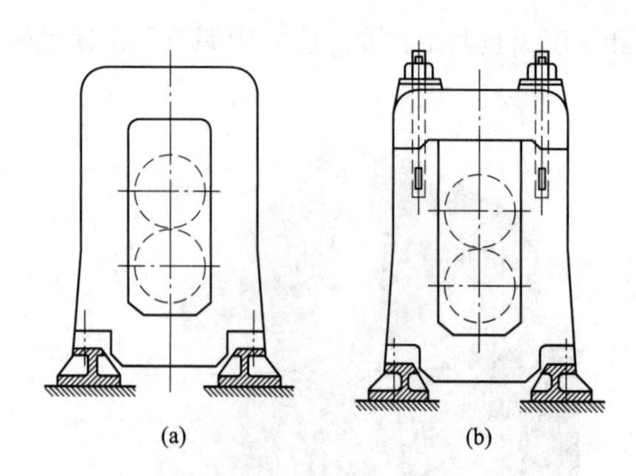

图 2-66　轧辊机工作机架
（a）闭口式机架；（b）开口式机架

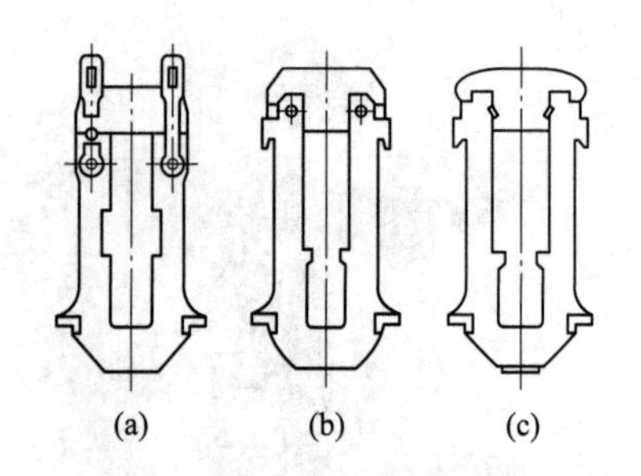

图 2-67　常用开式机架的连接形式
（a）套环连接；（b）圆销连接；（c）斜楔连接

（4）斜楔连接（图 2-67（c））。上盖与立柱由斜楔连接，换辊方便，有较高的刚度，故称为半闭口机架。这种机架使用效果较好，得到了广泛的应用。

2.4.2　机架参数与结构

机架的主要参数（图 2-68），包括：窗口高度 H；窗口宽度 B；立柱的断面积 F。

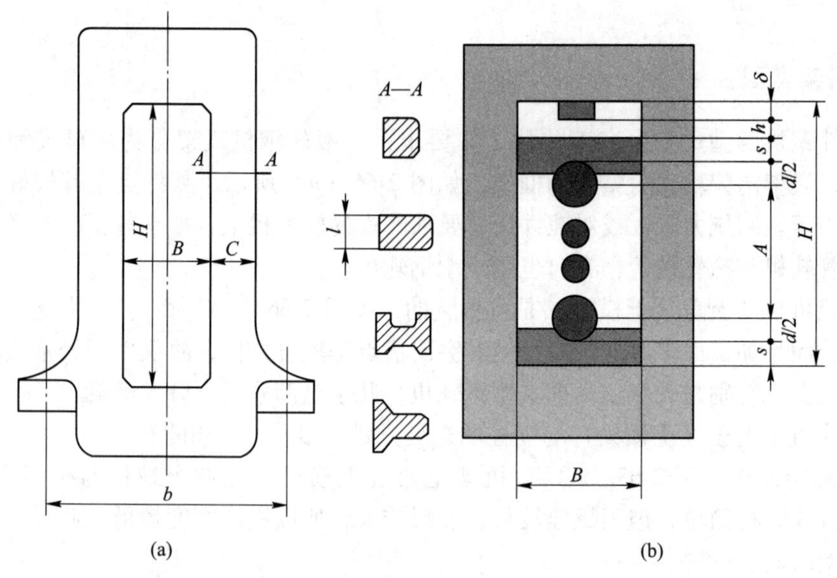

图 2-68　机架的主要参数
（a）闭口式机架主要参数；（b）机架窗口高度组成

闭口式机架：窗口宽度应稍大于轧辊最大直径，便于换辊。

开口式机架：窗口宽度主要决定于轧辊轴承座宽度。

四辊轧机机架窗口宽度一般为支撑辊径的 1. 15~1. 30 倍。换辊侧的机架窗口应比传动侧窗口宽 5~10 mm。窗口高度 H 主要根据轧辊最大开口度、压下螺丝最小伸出端、以及换辊等要求确定：

$$H = A + d + 2s + h + \delta \tag{2-29}$$

式中 A——两个最远轧辊的中心距，mm；

d——辊颈直径，mm；

s——轴承座的厚度，mm；

h——压下螺丝的调整量，mm；

δ——压下螺丝伸出量，mm。

四辊轧机，可取

$$H = (2.6 \sim 3.5)(D_1 + D_2) \tag{2-30}$$

式中 D_1，D_2——分别为工作辊、支撑辊辊身直径，mm。

机架的结构包括：上横梁，中部镗有与压下螺母外径相配合的孔，为了保证上横梁有足够的强度，上横梁的中部厚度要加大；立柱，中心线与装入其中的轧辊轴承座的中心线重合；上辊经常移动的轧机，立柱的内侧面与上轧辊轴承座相接触部，位应镶上铜滑板，避免立柱磨损；带有 H 形架的型钢轧机，立柱内侧有凸缘（牛角腿），用以固定中辊之轴承座。柱断面形状包括：正方形，惯性矩小，适用窄而高的闭式机架和水平力不大的四辊轧机；矩形和工字形，惯性矩大，抗弯能力大，适用于水平力较大，机架矮而宽的闭式二辊轧机。机架底脚：靠它机架坐在地脚轨上，用地脚螺丝固定。机架辊：大型轧机上特有，缩短轧辊与工作辊道之间的距离。

2.4.2.1 闭口式机架结构

图 2-69 所示为国产 1150 初轧机机架结构。它有两个质量各为 80 t 的单片机架（牌坊）4 组成，用四根 M215 的拉紧螺栓 1 和铸钢撑管 2 将这两片机架 4 连接在一起。机架的材料为 ZG35。整个机架通过 8 个 M175 的螺栓 7 固定在铸钢轨座 8 上，轨座 8 的两端支撑在上辊平衡装置的支架 10 上，两轨座的中间部分则直接放在地基上，并用 12 个 M130 的螺栓固定。轨座在平衡支座上的位置可用斜楔 11 进行调整。在整个机架窗口高度上都镶有 40Cr 合金钢耐磨滑板 3 和 6（下轴承虽不经常上下移动，但在可逆轧制中存在较大的水平冲击力。并且在配合间隙内，轴承要反复摆动，这样，对立柱仍有相对运动，故机架窗口的下部在安放轴承座处，也镶有耐磨滑板 6），保护立柱内表面。在有的初轧机上，由于下辊轴承座处没有镶耐磨滑板，立柱有较严重的磨损。这一轧机的机架立柱断面为矩形，对于滑板的固定来说，不如工字形断面方便。在机架上装有下辊轴承座轴向固定压板 12。

为了换辊需要，在机架下部两片牌坊之间，设有铸钢的连接梁 13，其上有铜滑板，连接梁两端水平地放置在机架下横梁的凸台上，并用键 14 定位。在换辊时，连接梁作为传动端的下辊轴承座的滑轨。为了防止从轧辊出来的轧件对第一个机架辊的冲击，在机架内侧下轧辊的前（机架前后）设导板梁 5。在初轧机上轧制时，前几道的轧件较短，为了便于喂钢，在机架前后都装设有一两个机架辊，机架立柱上就有安装机架辊轴承的孔和燕尾槽。由于机架辊承受较大的冲击力，燕尾槽的圆角半径不能太小，否则容易出现裂纹；又由于楔块不易牢固固定，可在初轧机在机架的第二个机架辊轴承处，做成平台形状。这对机架受力较为有力，但机架辊轴承座的固定螺栓往往因受较大的冲击力而断裂。

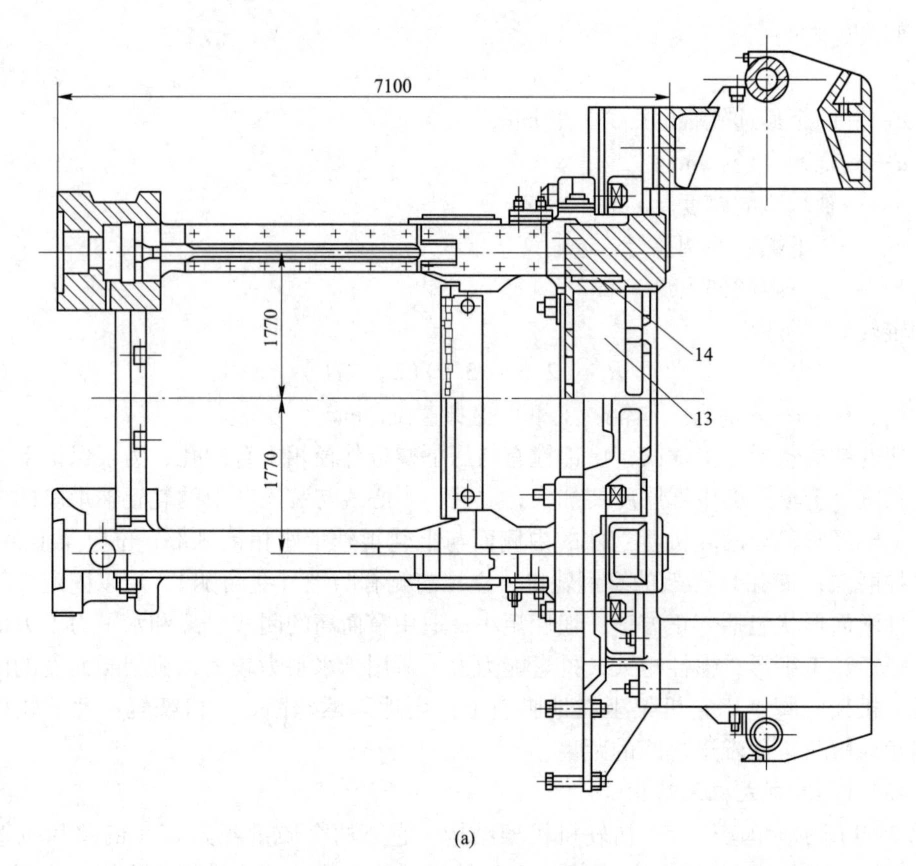

(a)

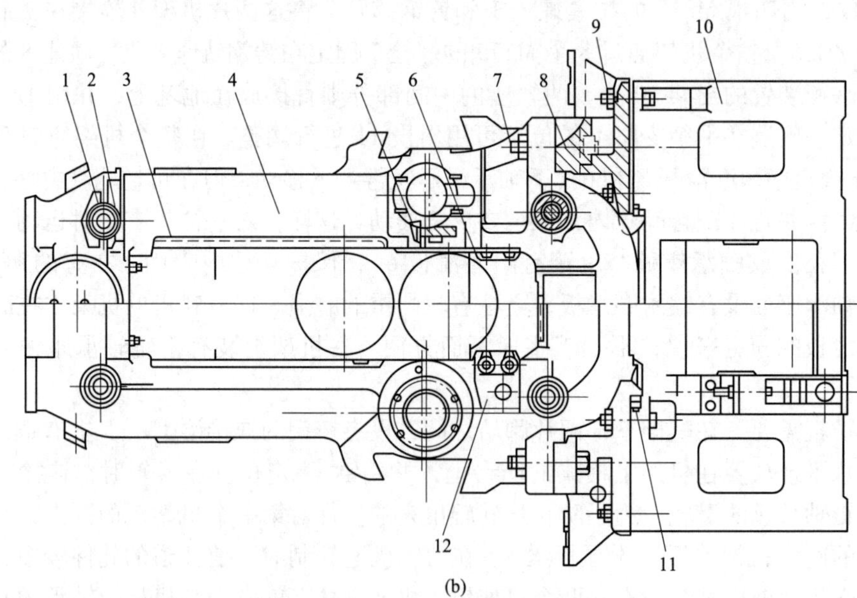

(b)

图 2-69　为国产 1150 初轧机机架结构

(a) 主视图；(b) 侧视图

1—拉紧螺栓；2—撑管；3，6—耐磨滑板；4—机架；5—导板梁；7—螺栓；8—轨座；9—地脚螺栓；10—支架；11—斜楔；12—固定压板；13—连接梁；14—定位键

图 2-70 所示为 1700 热轧带钢连轧机精轧机座的机架结构图。两片机架 2 和 12 的上部，通过箱形横梁 9，用 12 个 M64 的螺栓 10 连接，并用键 8 定位。机架的下部则通过两根横梁 15 用 16 个 M64 的螺栓 3 连接。横梁 5 是支撑辊换辊小车 4 的轨道底座，它用 16 个 M56 的螺栓与机架下部连接，并用键 6 定位。在横梁 5 中装有 4 个液压缸，在换支撑辊时，用来升降成套的轧辊组件。在小车 4 和机架下横梁之间装有测压头 14。在换辊端的机架立柱上装有支撑辊轴向压板 11。整个机架用 8 个 M150 的螺栓 3 固定在轨座 1 上，两个轨座 1 则各用 8 个 M130 的地脚螺栓固定在地基上。机架总质量约为 327 t。

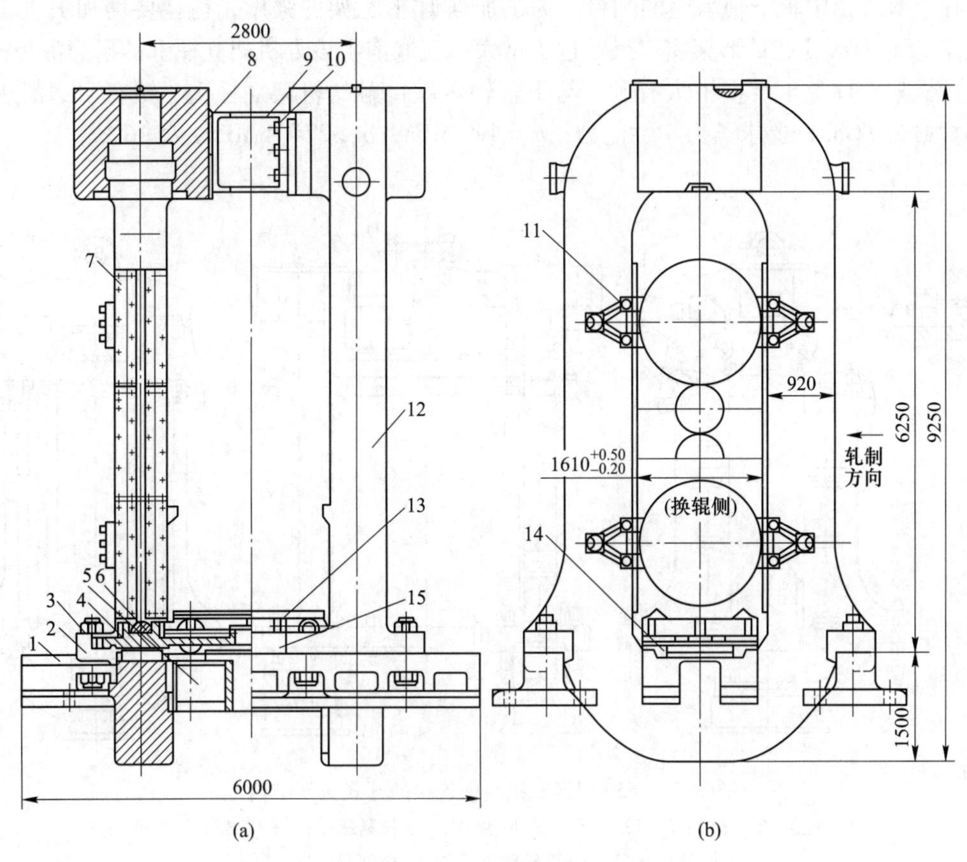

图 2-70　1700 热轧带钢连轧机精轧机座的机架结构

（a）主视图；（b）侧视图

1—轨座；2，12—机架；3，10，13—螺栓；4—支撑辊换辊小车；5—横梁；6，8—键；7—滑板；9—箱形横梁；11—支撑辊轴向压板；14—测压头；15—下横梁

此轧机的正常轧制力为 25 MN。考虑轧制不锈钢及发生卡钢事故等情况，每片机架是按承受 20 MN 的计算载荷设计的，机架的窗口高度与宽度的比值达 3.75，比一般轧机大得多。为了节省金属，机架立柱采用近似方形断面。立柱断面宽度为 920 mm，厚度为 700 mm，断面积为 6440 mm^2 为了防止立柱内表面磨损，装有 45 号钢制成的滑板 7。为了换辊方便，换辊端窗口宽度比传动端大 20 mm。机架高度为 9250 mm，总宽度为 3510 mm。机架材料为 ZG35，其力学性能为：强度限 $\sigma_b = 490$ MPa，屈服限 $\sigma_s = 274.4$ MPa，伸长率：$\delta>15\%$，冲击韧性 $a_K>35$ Nm/mm^2。每片机架质量约 127.5 t。

2.4.2.2　开式机架结构

目前，应用较多的开式机架是斜楔连接的开式机架。图 2-71 所示为 650 型钢轧机斜楔连接的开式机架结构图。机架由两个 U 形架 3、12 和一个上盖 1 组成。上盖与 U 形架之间用斜度为 1∶50 的斜楔 4 连接。为了简化机架楔孔的加工和防止斜楔磨损机架，楔孔做成不带斜度的长方孔，其上下两个承压面带有鞍形垫板 8 和 9，下鞍形垫板 9 也带有 1∶50 的斜度。上盖与 U 形架立柱用销钉 2 轴向定位。上盖中部实际上也是冷却轧辊的水箱，箱体下部有小型喷水瓦架，上盖下部开有燕尾槽；以便安装调整 H 形瓦架的斜楔。在 U 形架立柱上有支撑中辊下轴承座的凸台。为了加强 H 形瓦架的强度，往往要增加 H 形瓦架的腿厚，而又要不使 U 形架窗口尺寸过于增大，就取消了该处机架立柱上的耐磨滑板。这对保护机架立柱免于磨损不太有利。与下辊轴承座接触的机架立柱上、镶有耐磨滑板 7。机架材料为 ZG35，要求其力学性能为：σ_b>490 MPa，σ_s>274.4 MPa，δ>16%。

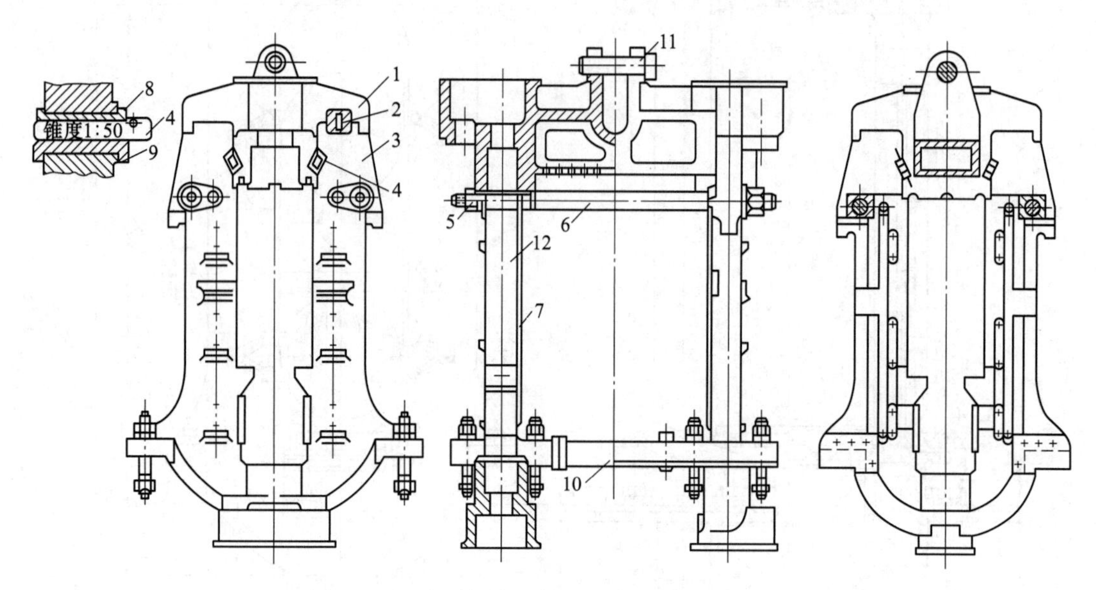

图 2-71　650 型钢轧机斜楔连接的开式机架结构

1—上盖；2—销钉；3，12—U 形架；4—斜楔；5—拉紧螺栓；6—横梁；7—滑板；
8—上鞍形垫板；9—下鞍形垫板；10—中间梁；11—销轴

为了增加机架的稳定性，除了上盖与 U 形架之间需要连接外，两片 U 形架下部和上部也要牢固地连接。U 形架下部通过中间梁 10 用螺栓连接，其上部通过两根铸造横梁 6 和拉紧螺栓 5 连接。当机架按技术要求装在地脚板上，两片 U 形架位置彼此找正后，将拉紧螺栓 5 加热，同时装好横梁 6，再紧固拉紧螺栓 5 两端的螺母。为了换辊方便，上盖是整体铸造的。上盖上的销轴 11 是按可以吊起整个工作机座来设计的。整个机架用 8 个 M72 的螺栓固定在地脚板（轨座）上，如图 2-72 所示。

工作机座是通过地脚螺栓和轨座，安装并固定在地基上的。轨座在结构上，除应使机架在它上面安装得稳固和操作方便外，还应尽可能减小工作机座对地基的单位压力。轨座的结构形式很多，主要有下列两种：

（1）梯形支撑面轨座。如图 2-73 所示，它的特点是机架位置移动方便，安装时容易对准，但轨座沟槽内容易积存氧化铁皮，而且加工比较困难。

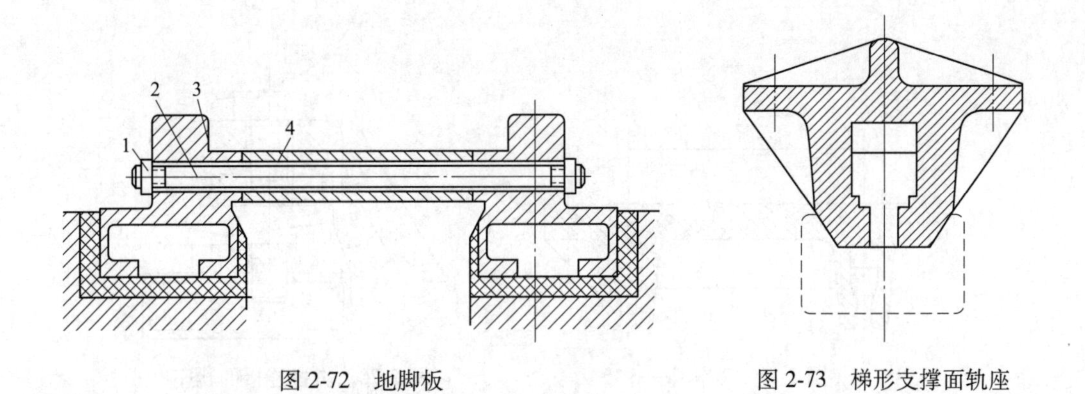

图 2-72　地脚板

1—螺帽；2—拉杆；3—地脚板；4—支撑管

图 2-73　梯形支撑面轨座

（2）直角支撑平面轨座。如图 2-74 所示，这种轨座的特点是机架固定后，不易更动位置，但清理氧化铁皮和机件加工都比较容易，应用比较广泛。机架脚下两条轨座，应紧密地连接起来，以保证轨座间的距离固定。轧钢机轨座，通常是用铸梁或用带支撑管的拉杆，将其连接在一起。在小型（400～600）轧机上，两条轨座往往铸在一起，称为双轨座（图 2-75）。

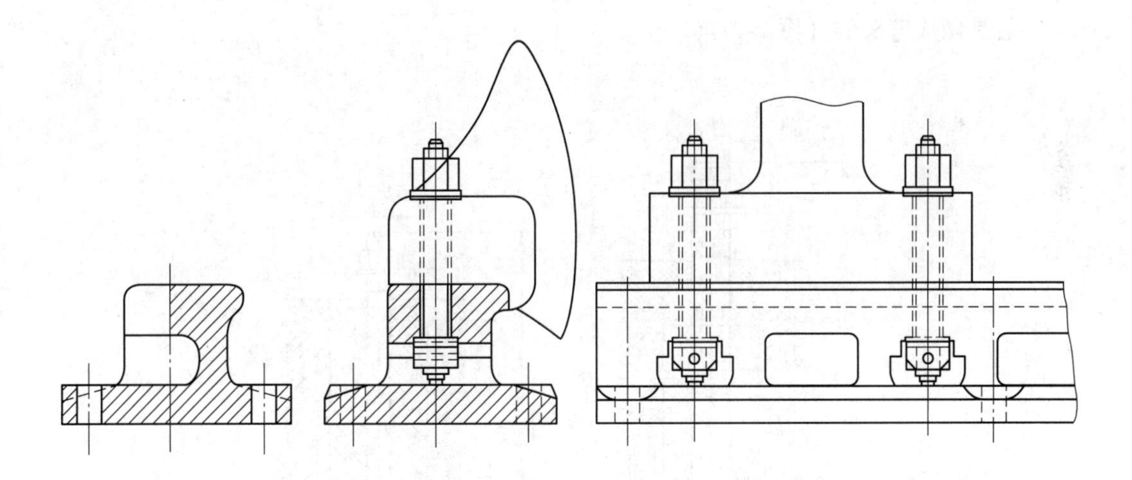

图 2-74　直角支撑平面轨座

机架与轨座的连接一般采用固定螺栓。在小型轧机上，用双头螺栓或 T 形螺栓，在常温下装配和拧紧。在大型轧机上，机架的固定螺栓往往采用热装配，即将螺栓加热到 200 ℃左右后趁热拧紧。在热装前，应先记下螺栓在常温下拧紧时的螺母位置。螺母热装时，应比常温时的螺母位置多拧一个螺栓的热膨胀量。

为了拆装方便，在某些型钢轧机上，机架底脚与轨座采用斜楔连接（图 2-76）。它是通过销子 2、斜楔 5 和 6，将机架固定在轨座上。

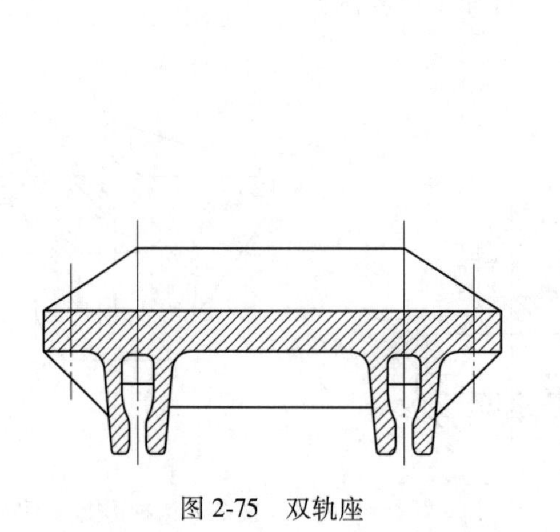

图2-75　双轨座

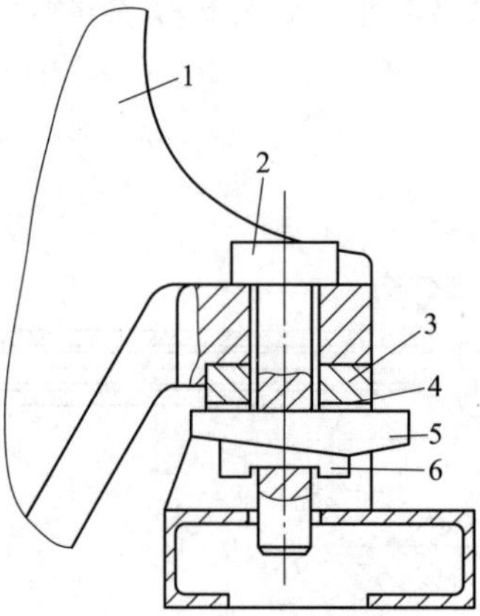

图2-76　斜楔连接的轨座

1—机架；2—销子；3—轨座，4—垫圈；
5—上斜楔；6—下斜楔

地脚螺栓在地基中固定，一般采用二次浇灌法（图2-77（a））。先将地脚螺栓的下部浇灌地基中，而在地基上部留有较大的空间，很长一段的地脚螺栓露在浇灌的地基外面。此时，如果地脚螺栓的位置有些误差，可用弯曲地脚螺栓的方法加以矫正，在轨座安装到地基上，经过找正垫平后，拧紧螺栓。最后，进行二次浇灌将地脚螺栓固定。大直径地脚螺栓下端部，一般用螺母固定在锚板上，并将螺母焊在螺栓上。小直径地脚螺栓的下端部，一般是做成弯头的（图2-77（b））。

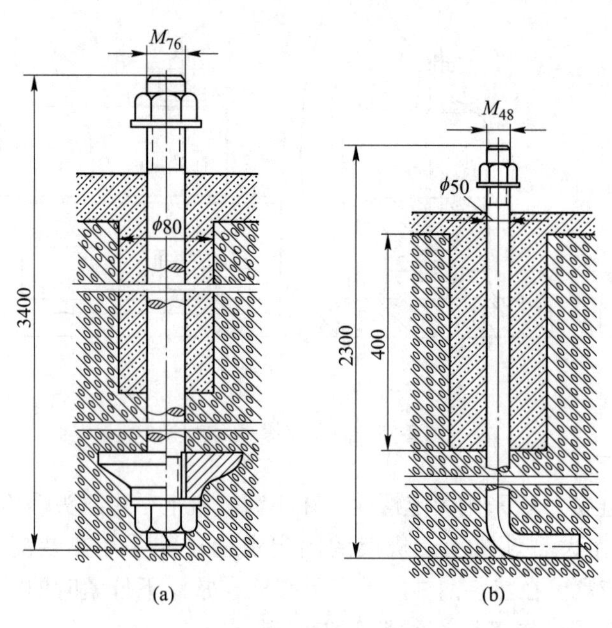

图2-77　地脚螺栓的结构

（a）大直径地脚螺栓结构；（b）小直径地脚螺栓结构

模块 2.5　连 接 装 置

轧钢机齿轮座、减速机、电动机的运动和力矩，都是通过连接轴传递给轧辊的。在横列式轧机上，一个工作机座的轧辊传动另一个工作机座的轧辊，也是通过连接轴传动的。连接装置是用来将动力由电动机或齿轮座传送到轧辊，或者是（在横列式轧机上）把动力由上一架轧机的轧辊传送到下一轧机的轧辊。目前，在轧钢机上常用的连接轴有万向接轴、梅花接轴和弧形齿式接轴三种，见表 2-16。

表 2-16　轧辊连接轴类型和用途

连接轴类型		允许倾角	主要用途
十字铰链 万向接轴	滑块式	8°~10°	初轧机、板坯轧机、厚板轧机、钢管轧机、钢球轧机、薄板和带钢轧机等
	带滚动轴承式	8°~10°	带钢轧机、钢管轧机、钢球轧机等
梅花接轴		1°~1.5°	用于横列式型钢轧机机座之间的传动连接
联合接轴		1°~1.5°	主要用于型钢轧机齿轮座和轧辊之间的传动连接，与齿轮座连接的一端为万向铰链，与轧辊连接的一端为梅花轴与梅花轴套
齿式接轴 弧形齿式接轴		约 6°一般 1°~3°	带钢轧机精轧机组以及连续式小型和线材轧机

2.5.1　梅花接轴、轴套及其平衡装置

梅花接轴由梅花轴和轴套组成，如图 2-78 所示。

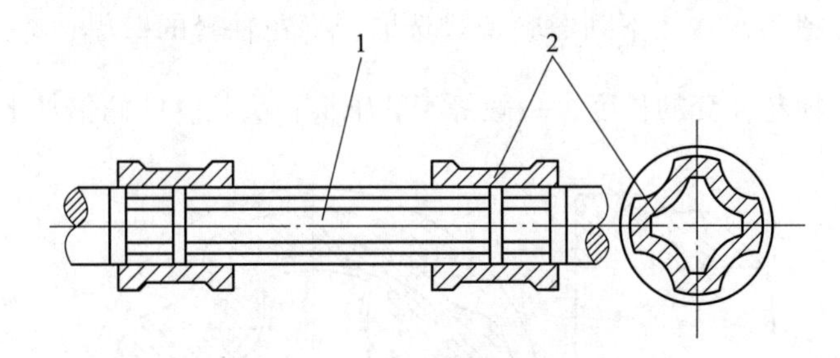

图 2-78　梅花接轴及轴套

1—接轴；2—轴套

梅花接轴的断面尺寸及断面形状，与轧辊梅花头完全一样，见表 2-17，接轴的最小长度应比二倍轴套的总长度大 40~80 mm，以便在换辊时能用钢丝绳套在梅花轴上。在运转中，为了避免轴套移动，中间用木块顶住。若连接轴有托架时，需要在轴的中部车出直径为 $0.88d_1$ 的轴径，用来安装轴承（d_1 为梅花头的外径）。

表 2-17　梅花接轴梅花头的系列尺寸　　(mm)

序号	d_1	d_2	d_3	d_4	l_1	l_2	l_3	b_1	b_2	r_1	r_2	R
1	140	88.9	135	86.7	200	90	100	50	45	22	28	405
2	150	100.9	145	95.4	210	95	110	55	50	28	30	450
3	160	109.6	155	104.3	230	105	120	60	55	30	32	550
4	180	120.0	175	116.2	250	115	130	65	60	34	38	660
5	200	135.8	195	124.9	280	130	150	75	65	36	40	840
6	220	149.9	215	138.7	310	140	160	85	70	36	48	980
7	240	160.3	230	150.3	340	155	175	90	80	40	45	600
8	260	171.5	250	159.8	370	170	200	95	85	45	48	720
9	280	184.4	270	172.7	400	185	215	100	90	52	55	855
10	300	196.4	270	172.7	420	195	225	105	100	58	55	950
11	320	207.7	310	200.0	450	210	240	110	105	63	60	1100
12	340	219.3	325	207.4	490	225	255	120	110	60	63	850
13	370	235.6	355	224.5	530	245	275	130	115	65	75	1000
14	390	251.7	375	231.6	560	260	290	140	120	65	75	1130
15	420	274.2	400	253.9	590	275	305	150	130	75	85	950
16	450	294.6	430	272.1	630	295	325	160	140	85	90	1090
梅花接轴												

梅花接轴与轴套的间隙 $\Delta = 0.015d_0$，轴套的断面形状应与梅花轴头的断面相吻合。梅花轴套的尺寸（图 2-79）按下列经验公式选取：梅花轴套的壁厚：在边上 $s_1 = 0.25d$；在中间 $s_2 = \frac{2}{3}s_1$。梅花轴套的长度，一般等于轧辊梅花头长度的两倍加上 5~10 mm。

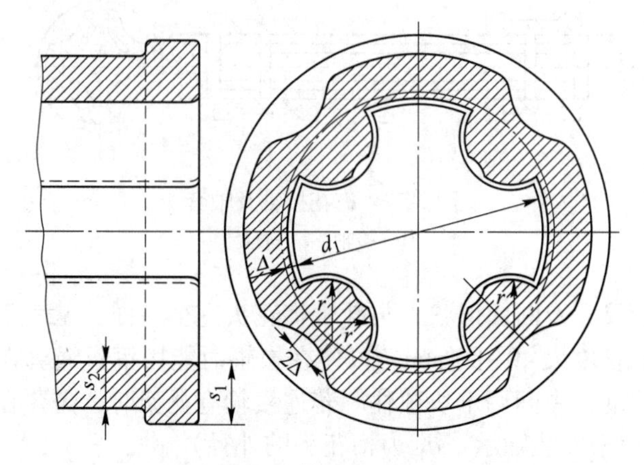

图 2-79　梅花轴套的形状和尺寸

2.5.1.1　梅花接轴的材质

梅花接轴一般是由铸钢或锻钢制成，强度极限：$\sigma_b = 500 \sim 600$ MPa。梅花接轴的尺寸，按自由尺寸公差制造，其梅花头的表面粗糙度为 $\overset{6.3}{\vee}$。

梅花轴套一般是灰口铸铁制成，其强度比接轴低，目的是当轴套断裂时，因断口间相互错动，不致造成机架地脚及其他部件的破坏，从而起到了保证整个设备安全的作用。在应力较大时，为不因频繁更换轴套而影响生产，也有用铸钢制造的。轴套一般不进行机械加工。梅花套筒的系列尺寸参见表 2-18。

表 2-18　梅花套筒的系列尺寸

(mm)

<table>
<tr><th>序号</th><th>d_5</th><th>d_6</th><th>D_1</th><th>D_2</th><th>b_3</th><th>r_3</th><th>r_4</th><th>L</th><th>l_4</th><th>l_5</th><th>h</th></tr>
<tr><td>1</td><td>144</td><td>92.9</td><td>210</td><td>190</td><td>54</td><td>20.0</td><td>15.0</td><td>210</td><td>85</td><td rowspan="2">40</td><td rowspan="3">5</td></tr>
<tr><td>2</td><td>155</td><td>105.9</td><td>220</td><td>200</td><td>60</td><td>25.5</td><td>20.5</td><td>220</td><td>90</td></tr>
<tr><td>3</td><td>165</td><td>114.6</td><td>240</td><td>220</td><td>65</td><td>27.5</td><td>22.5</td><td>240</td><td>96</td><td rowspan="3">48</td></tr>
<tr><td>4</td><td>185</td><td>125.0</td><td>270</td><td>240</td><td>70</td><td>31.5</td><td>26.5</td><td>260</td><td>106</td><td rowspan="8">10</td></tr>
<tr><td>5</td><td>206</td><td>140.8</td><td>300</td><td>270</td><td>80</td><td>33.5</td><td>23.5</td><td>290</td><td>121</td></tr>
<tr><td>6</td><td>227</td><td>154.9</td><td>320</td><td>290</td><td>90</td><td>33.5</td><td>23.5</td><td>320</td><td>135</td><td rowspan="6">50</td></tr>
<tr><td>7</td><td>247</td><td>165.3</td><td>350</td><td>320</td><td>95</td><td>37.5</td><td>27.5</td><td>350</td><td>150</td></tr>
<tr><td>8</td><td>268</td><td>178.5</td><td>380</td><td>350</td><td>102</td><td>41.5</td><td>31.5</td><td>380</td><td>165</td></tr>
<tr><td>9</td><td>290</td><td>192.4</td><td>420</td><td>380</td><td>108</td><td>48.0</td><td>38.0</td><td>410</td><td>180</td></tr>
<tr><td>10</td><td>310</td><td>206.4</td><td>450</td><td>400</td><td>115</td><td>53.0</td><td>43.0</td><td>430</td><td>190</td></tr>
<tr><td>11</td><td>330</td><td>217.7</td><td>480</td><td>430</td><td>120</td><td>58.0</td><td>48.0</td><td>460</td><td>205</td></tr>
<tr><td>12</td><td>350</td><td>229.3</td><td>520</td><td>460</td><td>130</td><td>55.0</td><td>40.0</td><td>500</td><td>220</td><td rowspan="5">60</td><td rowspan="5">15</td></tr>
<tr><td>13</td><td>380</td><td>245.6</td><td>560</td><td>500</td><td>140</td><td>60.0</td><td>45.0</td><td>540</td><td>240</td></tr>
<tr><td>14</td><td>402</td><td>261.7</td><td>600</td><td>530</td><td>150</td><td>60.0</td><td>45.0</td><td>570</td><td>255</td></tr>
<tr><td>15</td><td>432</td><td>284.2</td><td>630</td><td>560</td><td>160</td><td>70.0</td><td>55.0</td><td>600</td><td>270</td></tr>
<tr><td>16</td><td>463</td><td>304.6</td><td>670</td><td>600</td><td>170</td><td>80.0</td><td>65.0</td><td>640</td><td>290</td></tr>
<tr><td>梅花套筒</td><td colspan="11">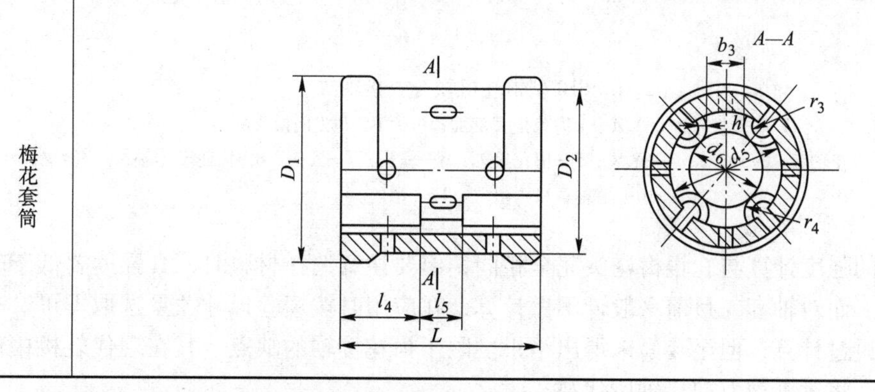</td></tr>
</table>

2.5.1.2　梅花接轴的特点及应用

梅花接轴的主要特点是构造简单，换辊方便。梅花接轴不适宜于正反转，否则将产生较大冲击。梅花接轴允许倾角较小，一般不超过 $1° \sim 2°$。如果倾斜角度过大，会引起很大磨损，使梅花接轴和轴套的寿命降低。采用球形梅花接轴可改善接轴与轴套的磨损情况（图 2-80），因此，目前广泛应用于横列式小型轧机上，而在一些大型轧钢机上，采用了复合连接轴，即在齿轮座一端采用万向接轴轴头，在轧辊一端采用梅花头和轴套来连接。这样，既可保证齿轮座一端保持较好的连接，又可以做到换辊方便，使用效果较好，如图 2-81 所示。

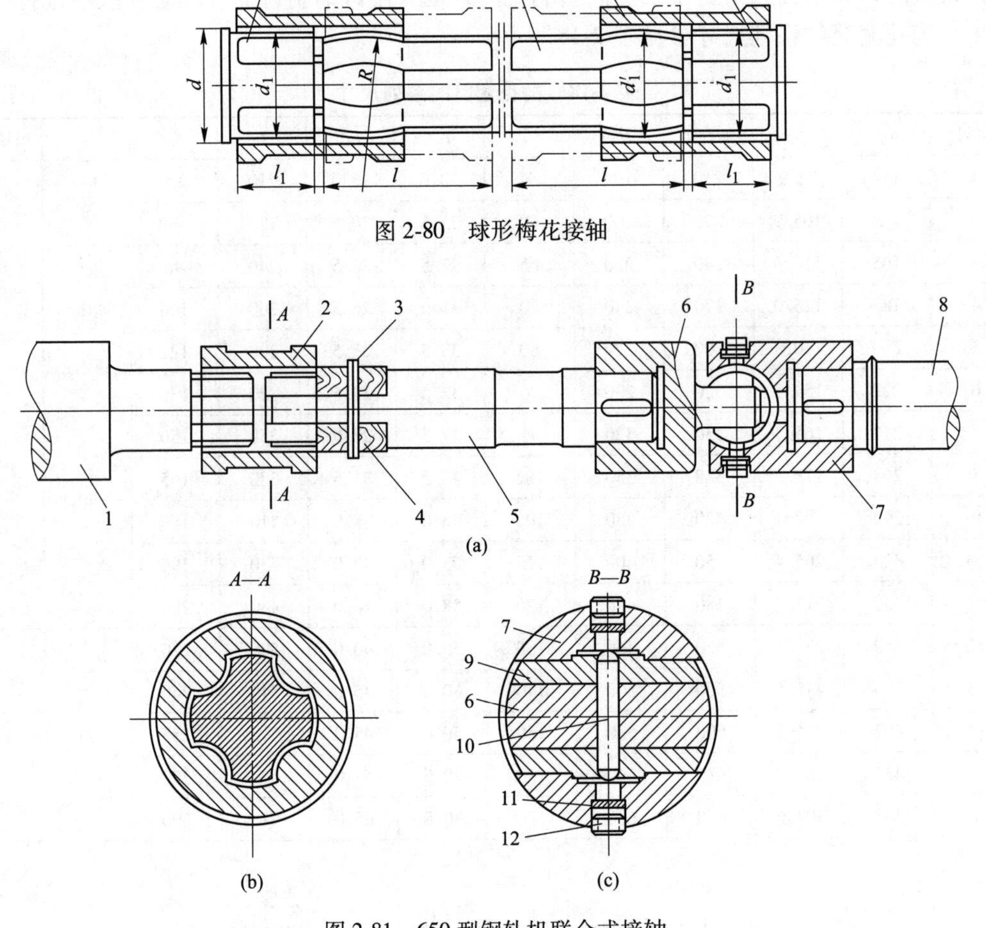

图 2-80　球形梅花接轴

图 2-81　650 型钢轧机联合式接轴

（a）联合接轴；（b）*A—A* 梅花接头剖面；（c）*B—B* 方向接头剖面

1—轧辊；2—梅花轴套；3—铁丝；4—木块；5—梅花接轴；6—扁头；7—叉头；8—齿轮轴出轴；9—滑块；10—销轴；11—垫块；12—螺丝

梅花接头的强度计算与轧辊梅花头完全相同，但要注意选择材料时，其强度要低于轧辊材质的强度。而对轴套，目前一般皆不做计算，在应用时按经验尺寸关系选取即可。有些学者也曾探讨过计算，但至今尚未得出结果。限于梅花接轴的缺点，其在现代轧机中使用的越来越少，将逐渐被万向接轴所代替。

2. 5. 1. 3　梅花接轴的平衡装置

在轧辊直径大于 450~500 mm 的轧机上，所用的接轴与轴套的质量比较大时，通常在接轴的中间装有接轴托架，以平衡接轴的质量，使接轴平稳转动。常用的接轴托架，可分为单臂式（悬臂式）和双臂式两种。

（1）双臂式托架。结构如图 2-82 所示，铸铁底座 2，用螺栓固定在两块地脚板 1 上，两根锻钢立柱 3 的下端用螺母紧固在底座上，每根立柱上有不同直径的三段螺纹，其上装有 3 个圆螺帽 4，用以支撑缓冲弹簧 5，支撑接轴 6 的轴承座 7，架在弹簧 5 上。当轧辊中心距变化时，为了改善接轴的工作条件，通过螺帽 4 调节轴承座 7 的位置，使接轴的中心距作相应的变化。

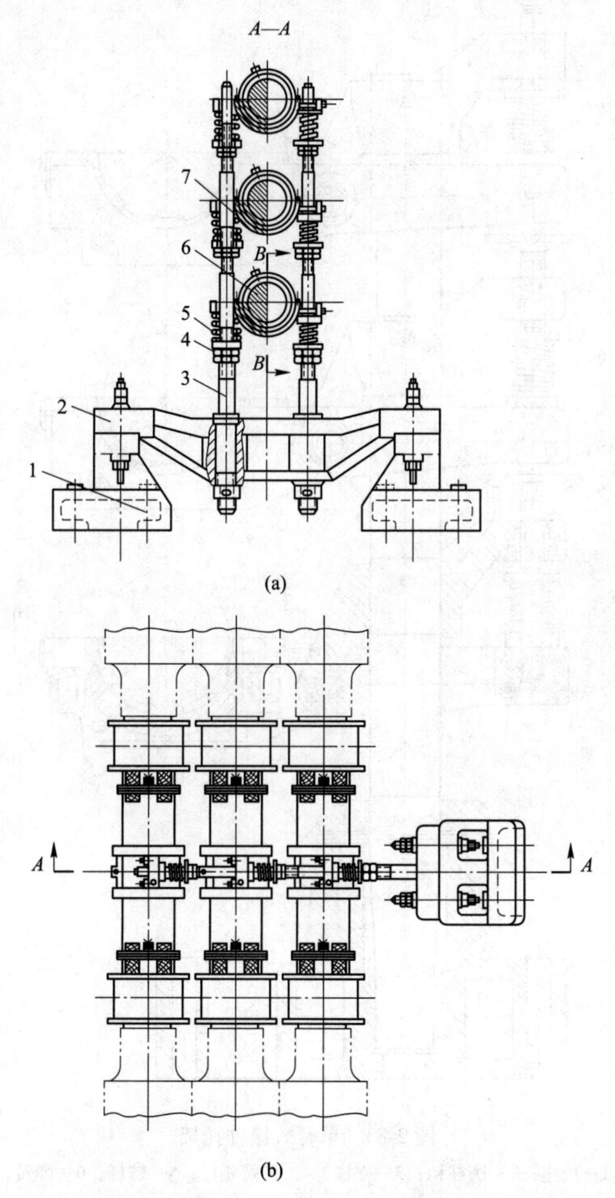

图 2-82 双臂式托架

（a）双臂式托架主视图；（b）A—A 剖面图

1—地脚板；2—底座；3—立柱；4—螺帽；5—弹簧；6—接轴；7—轴承座

这种托架结构比较紧凑，两侧都有弹簧平衡，使接轴工作平稳。因此，应用比较广泛，缺点是拆卸接轴比较复杂。

（2）单臂式托架。图 2-83 为单臂式接轴托架，一根立柱 3，竖直地装入铸钢底座 1 中，其下端用圆柱销 2 与底座联结并固定。3 个铸钢缓冲座 7 分别套在立柱的突肩上，辅以插销 8 固定。缓冲器的一端，通过销轴 9 与支撑接轴的 3 个轴承座 10 相连，另一端装入一螺母，通过螺杆 5 和装在轴承座 10 尾部的弹簧座杆 4 压缩弹簧 6，起缓冲和平衡作用。

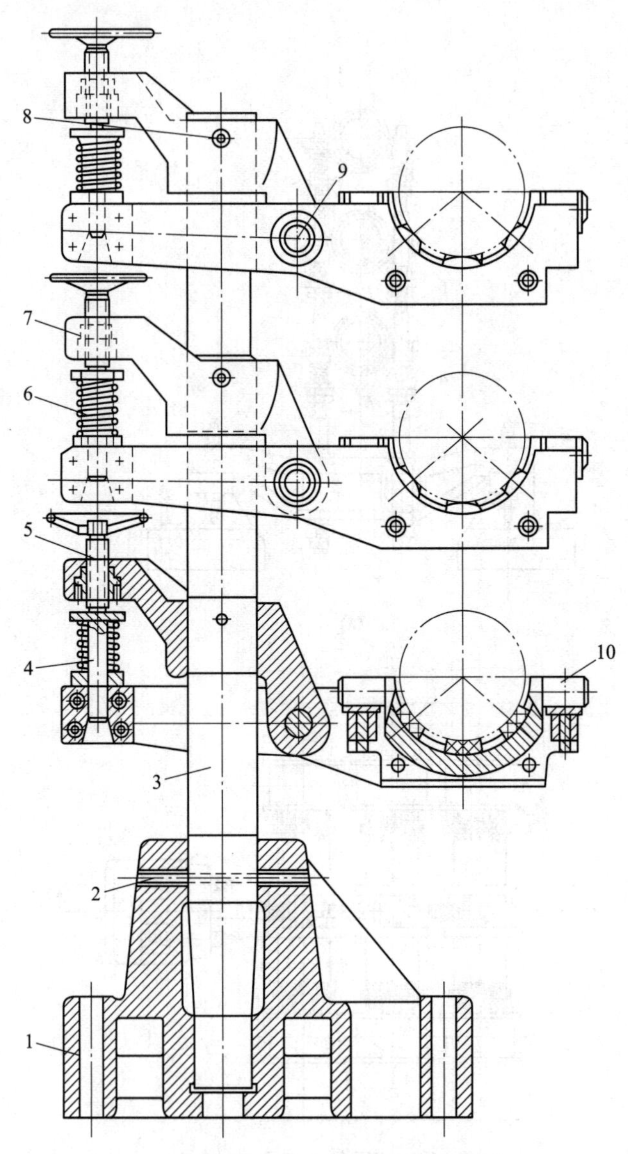

图 2-83　单臂式接轴托架

1—底座；2—圆柱销；3—立柱；4—弹簧座杆；5—螺杆；6—弹簧；
7—缓冲座；8—插销；9—销轴；10—轴承座

单臂式托架的主要优点是，从侧向拆卸接轴很方便。与双臂式相比较，单臂式的缺点是缓冲效果差，另外，支撑接轴的轴承座位置也不能随接轴中心距的改变而作相应改变，只能通过手轮微调。

2.5.2　万向接轴及其平衡装置

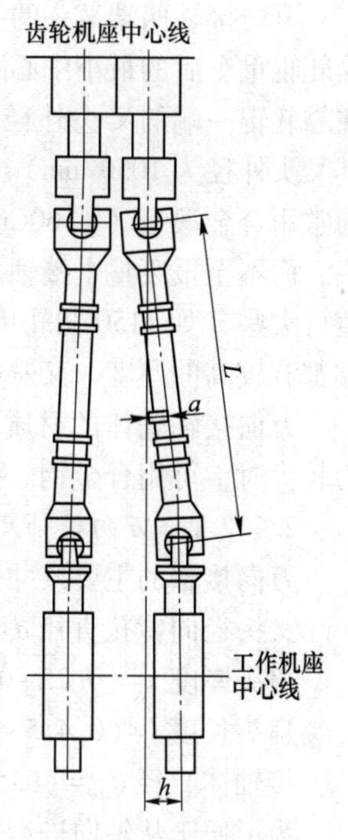

图 2-84　万向接轴

当轧辊调整量较大时，可用万向接轴来传动轧辊，如图 2-84 所示。万向接轴允许的最大倾角为 8°～10°，主要用于初轧机、板坯轧机、厚板轧机、钢管轧机、钢球轧机、薄板轧机和冷、热带钢轧机等。万向接轴的主要特点是工作比较平稳，并能传递较大的扭矩。虽然结构比较复杂，但在轧钢机上应用是比较广泛的。

2.5.2.1　万向接轴的结构

万向接轴是按虎克关节（十字关节）的原理制成的，其结构如图 2-85、图 2-86 所示。两块带有定位凸肩的月牙滑块 3 用滑动配合装在叉头 2 的径向镗孔中，并由上、下具有轴颈的方形小轴 4 固定位置。带切口的扁头 1 则插入滑块 3 与方轴 4 之间，方轴（矩形断面部分）以其表面镶的铜滑板 5 与扁头开口滑动配合。关节两端是游动的，即可在接轴中心线方向沿扁头的切口移动。叉头径向镗孔的中心线为回转轴 $x—x$，小方轴的中心线为回转轴 $y—y$，两回转轴互相垂直。这样，两轴即可按虎克关节的原理运动，使互相倾斜的两轴传递运动。

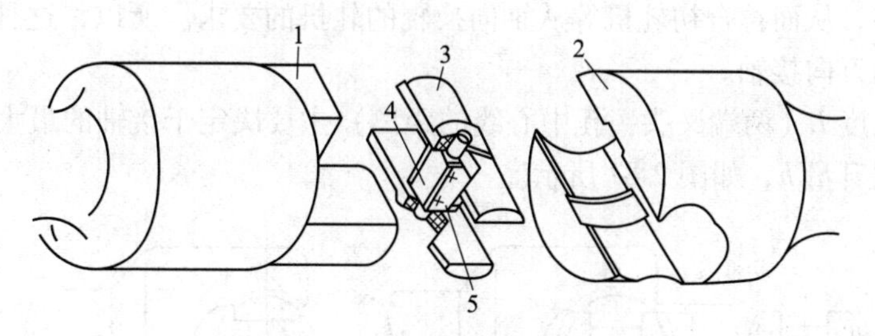

图 2-85　万向接轴的立体形状

1—开口扁头；2—叉头；3—月牙滑块；4—小方轴；5—滑板

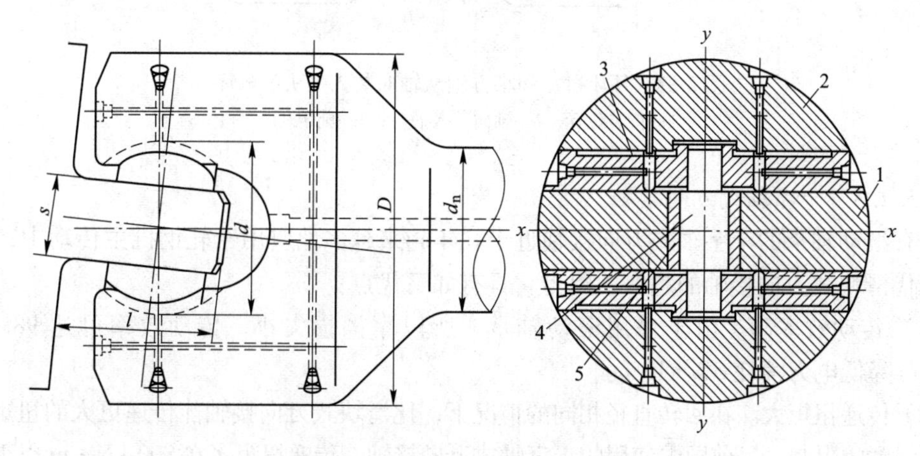

图 2-86　初轧机万向接轴的结构

1—扁头；2—叉头；3—月牙滑块；4—小方轴；5—滑板

万向接轴两端叉头的结构是一样的，但其外径的大小却不一样。靠轧辊一端的叉头因受轧辊重车后的最小中心距的限制，故其外径小于靠主电机（或齿轮机座）一端的外径。在靠轧辊一端的叉头外径，通常不大于最小辊径的95%~98%（如1150初轧机取97%，其叉头外径为1050 mm）。由于此端叉头直径较小，工作条件又恶劣，为了提高叉头强度，通常用合金锻钢（如60CrNi等）制成，装在接轴轴体上。如果此叉头损坏，可只更换叉头，而不至报废整个接轴。靠主电机（或齿轮机座）一端的叉头，由于径向间隙较大，其值可大些（如1150初轧机为1200 mm），并和接轴轴体做成一体。这样，既可保证叉头两端都有较高的厚度，又避免了整个接轴都用高级合金钢制作。

万向接轴轴体的材质一般应为50号以上的锻钢，强度极限不小于650~750 MPa。应力较大时，可用合金钢。接轴中的滑块材料一般用耐磨青铜，也可用布胶、尼龙等制作。

2.5.2.2 万向接轴尺寸确定

万向接轴的主要尺寸是叉头的外径 D，其他有关尺寸，按与 D 的比例关系确定如下：

叉头径向镗孔直径 $d=(0.48\sim0.50)D$

扁头厚度 $s=(0.25\sim0.28)D$

扁头长度 $l=(0.415\sim0.50)D$

接轴体直径 $d_0=(0.50\sim0.60)D$

为了便于从轴向进行装配，叉头端的开口尺寸 a 应稍大于月牙衬瓦的宽度 b，这样，两块月牙衬瓦和小方轴才能从轴向装入（或拆出）叉头的径向镗孔（图2-87），扁头也能从轴向进行拆装，从而符合初轧机等从轴向换辊的轧机的要求。所以，这种万向接轴也称为轴向拆装式的万向接轴。

万向接轴长度 L（两端叉头镗孔中心线的距离）主要决定于接轴的最大倾角 α 和相应的上轧辊最大提升量 h，如图2-87所示。

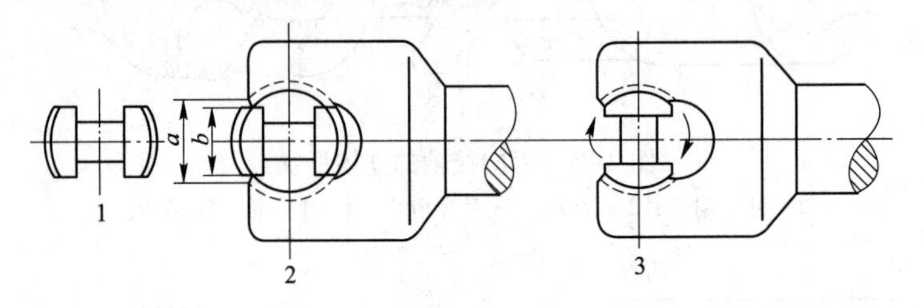

图2-87 月牙衬瓦和小方轴从轴向装入叉头的顺序

1—待装位置；2—轴向移入插头；3—旋转90°

2.5.2.3 十字轴式万向接轴

带有滚动轴承的十字轴式万向接轴近十几年越来越多地应用于轧钢机主传动中，并有逐步取代滑块式万向接轴的趋势，因为它具有如下优点：

（1）传动效率高。由于采用滚动轴承，所以摩擦损失小，传动效率可达98.7%~99%，可降低电力消耗5%~15%。

（2）传递扭矩大。在回转直径相同的情况下，比滑块式万向接轴能传递更大的扭矩。由于叉头强度的限制，目前国内使用的十字轴式万向接轴，传递扭矩多在800 kN·m以下。我国已生产了承载1500 kN·m的接轴。国外系列最大传递扭矩可高达5400~8300 kN·m。

（3）传动平稳。由于滚动轴承的间隙小，接轴的冲击和振动显著减小，为滑块式万向接轴的 1/30~1/10，提高了产品质量。

（4）润滑条件好。用润滑脂润滑，易密封，没有漏油现象，耗油量小，省去了润滑系统，改善了生产环境，节约了保养维修费用。

（5）噪声低。使用滑块式万向接轴，空车运行时，噪声高达 80~90 dB，轧制时可达 60 dB。而使用十字轴式万向接轴，噪声可降低到 30~40 dB，改善了工作环境，有利于保障操作工人的身体健康。

（6）使用寿命长。可达 1~2 年以上，可减少更换零部件的时间和费用。

（7）允许倾角大可达 100°~150°，用于立辊轧机可降低车间高度，节省投资。

（8）适用于高速运转。

轧机用大型十字轴式万向接轴的结构，根据万向节的连接固定方式的不同，可分为轴承盖固定式、卡环固定式和轴承座固定式。一般双接头万向接轴的组成包括法兰叉头，花键叉头，由花键轴及套管和套管叉头组成的中间轴，十字轴，滚针（或滚柱）轴承，挡圈（大型的用轴承盖），密封圈等组成，如图 2-88 所示。

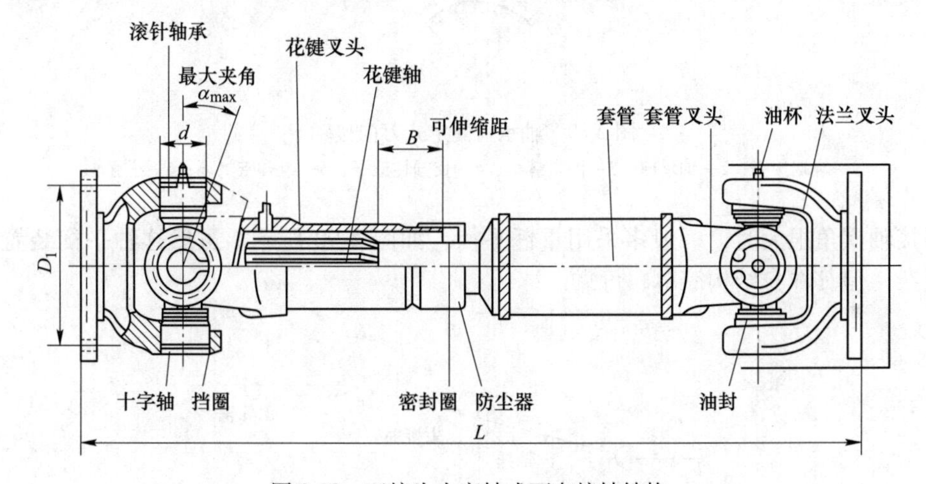

图 2-88 双接头十字轴式万向接轴结构

为轴承盖固定式万向接轴的结构。由十字轴，带内、外圈的多列短圆柱滚子轴承，止推轴承，综合式迷宫密封，轴承盖及法兰叉头等组成，如图 2-89 所示。

2.5.2.4 万向接轴的平衡

为了使接轴的质量（有时接轴质量可达几十吨或上百吨）不至全部压到轧辊和电动机（或齿轮机座）轴上，以改善轧辊传动系统的工作条件，减轻对接轴关节的冲击和磨损，故在轧辊直径大于 400~500 mm 的轧机上，连接轴均设有平衡装置。平衡力一般取被平衡零件重力的 1.1~1.3 倍。

当接轴的摆角（其上、下倾角之和）不大时，多采用弹簧平衡。其结构简单，但平衡力随着接轴的位移而变化（图 2-90）。

当接轴的摆角较大时，可采用液压平衡装置。该装置虽然较复杂，但具有良好的使用性能；平衡力稳定，而且不随接轴的位移而变化；换辊时容易调整靠轧辊一端的接轴位置。

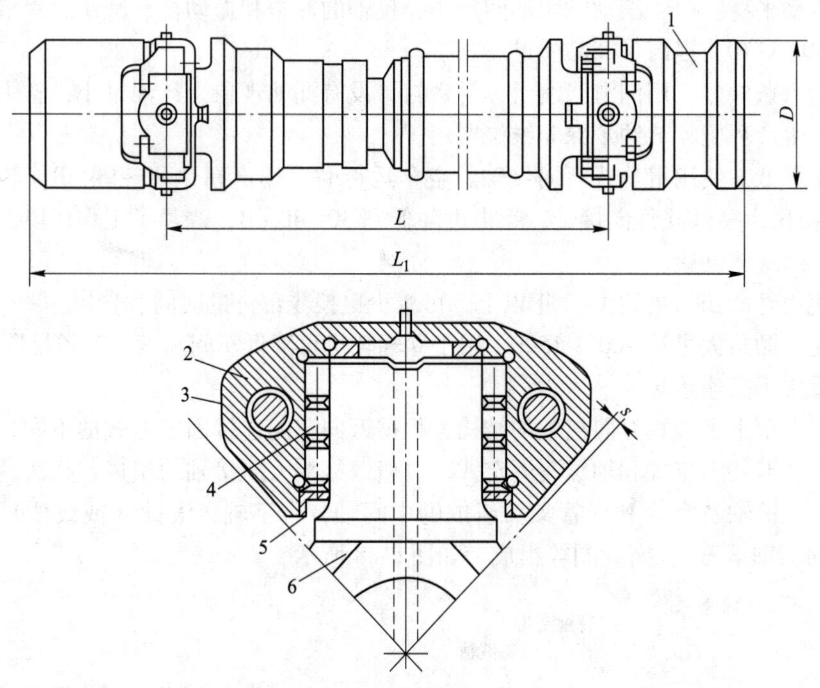

图 2-89　轴承盖固定式万向接轴

1—辊端接头；2—轴承座；3—固定螺栓；4—长圆柱滚子；5—组合密封环；6—十字轴

当接轴摆角很大时，一般多采用重锤平衡，如图 2-90 所示。虽然这种平衡装置的基础较复杂，但其本身结构简单、可靠。

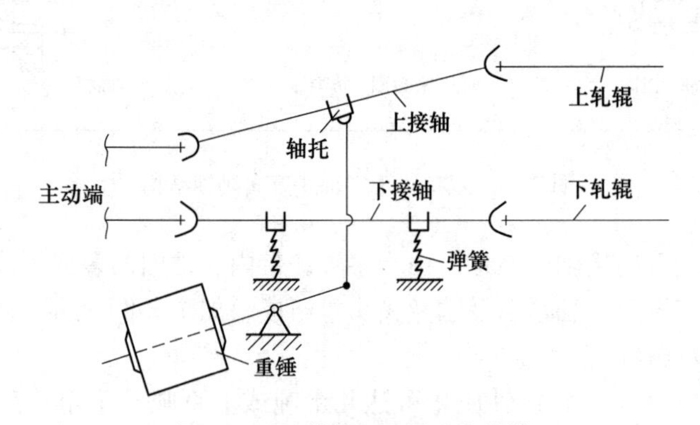

图 2-90　用弹簧和重锤平衡接轴

2.5.3　弧形齿式接轴

由于弧形齿式接轴具有很多优点，使用效果也好。在一些现代化的冷、热轧带钢连轧机和线材、棒材及管材轧机上得到了广泛的应用。

弧形齿式接轴是由一对弧形外齿轴套 5、内齿圈 6 及中间接轴 1 等主要零件构成。在运动中，这种接轴角度几乎是恒定的，接轴铰链（内、外齿套）的倾角可达 6°。但随着倾角的增大，齿面的接触应力增加，传递扭矩的能力将显著降低，如图 2-91 所示。这种接轴具有以下优点：

（1）传动平稳，噪声小，有利于提高轧机的轧制速度。精轧机组最后一架的转速由 700 r/min 提高到 1100 r/min。

（2）冲击振动和轴向串动较小，径向间隙可减少到最低限度，有利于提高产品质量。

（3）可节省大量有色金属，在 300 小型连轧机上每年可节省铜 20 t 以上。

（4）润滑条件好，便于维护，有利于提高轧机作业率。

（5）接轴质量轻，水平轧机的接轴比原有的有限元模型有滑块式万向接轴质量减少 1.5~2.1 倍，立式轧机的接轴质量减少 3 倍；此外，弧形齿式接轴加工制造方便、传动效率高、装卸方便、便于换辊、使用寿命长。

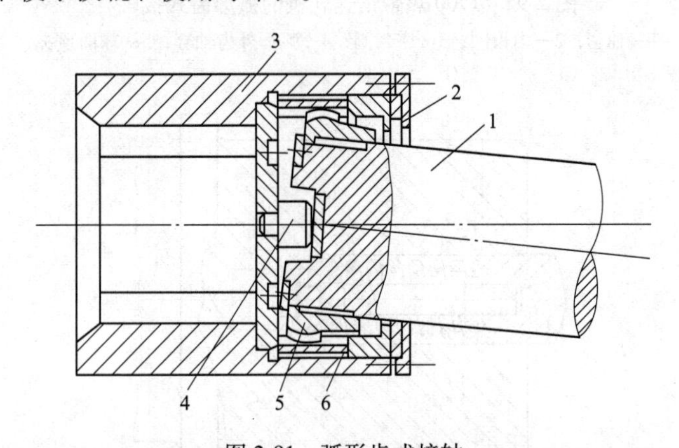

图 2-91 弧形齿式接轴

1—中间接轴；2—密封圈；3—连接套；4—球面顶头；5—弧形外齿轴套；6—内齿圈

与齿式接轴相比，弧形齿式接轴的允许倾斜角较大并起万向铰链的作用。这是由于外齿套的齿顶和齿根表面是弧面，而齿的断面两侧也是弧面，弧面外齿套与内齿圈啮合时，起着万向铰链的作用。

弧形齿式接轴的承载能力与倾斜角有很大关系，可看出，随着接轴倾角的增加，齿面接触应力加大，接轴承载能力显著下降。

与十字轴式万向接轴相比，当倾角小于 10°时，弧形齿式接轴具有较大的承载能力。图 2-92 所示为 1700 热带钢连轧机精轧机组后三架所使用的弧形齿式接轴。用带弹簧的球面顶头定位，以防止接轴轴向串动（图 2-93）。

2.5.4 连接轴平衡装置

在轧辊直径大于 450~500 mm 的轧钢机上，当连接轴质量较大时，为了不使连接轴质量全部传到连接铰链上，一般都设置了连接轴平衡装置。平衡装置的平衡力一般比连接轴质量大 10%~30%。

常用的连接轴平衡装置有弹簧平衡、重锤平衡和液压平衡三种形式，见表 2-19。当连接轴上下的移动量不大时，一般采用弹簧平衡。如果移动量较大，则可用重锤或液压平衡。由于液压平衡在换辊时易于调整连接轴位置，当车间已有液压系统时，即使连接轴移

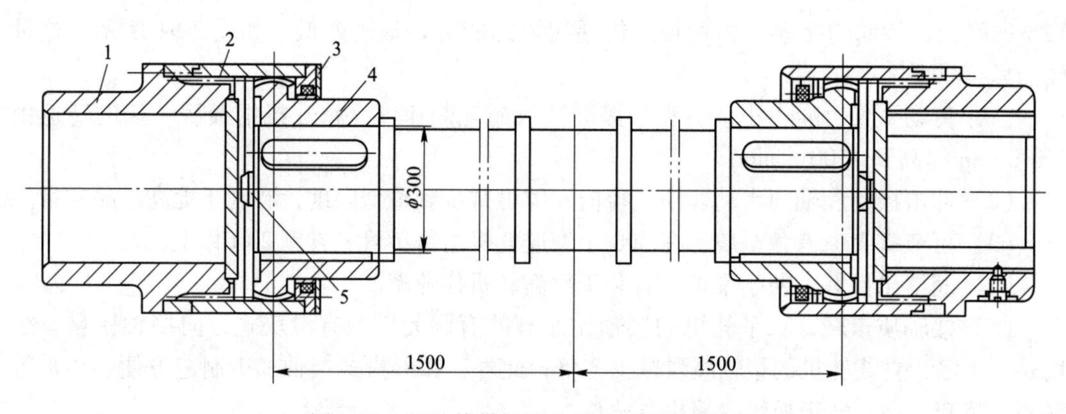

图 2-92　1700 热带钢连轧机的弧形齿式接轴

1—轴套；2—内齿圈；3—密封圈；4—弧形外齿轴套；5—球面顶头

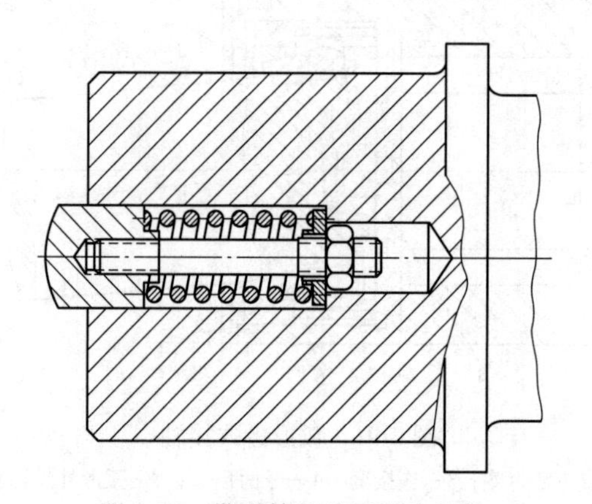

图 2-93　带弹簧的球面顶头结构

表 2-19　连接轴平衡装置类型

平衡装置型式	优缺点	使用场合
弹簧平衡	结构简单，但平衡力随连接轴的移动而变化	用于连接轴移动量小于 50～100 mm 处，例如，型钢轧机、钢板轧机以及初轧机的下连接轴等
重锤平衡	结构简单，工作可靠，但其结构复杂，设备质量大	用于连接轴移动量较大处，例如，初轧机和劳特式钢板轧机的上连接轴等
液压平衡	工作平稳，换辊时易于调整连接轴位置，但需要液压系统，占车间面积大	在现代带钢车间和钢板车间应用较广

动量不大，也常用液压平衡，如图 2-94 所示。

2.5.5　主联轴器

联轴节的用途是将主机列中的传动轴连接起来。在主机列中，一般把用于连接减速机低速轴与齿轮座主动轴的联轴节称为主联轴节；而把电动机出轴的联轴节称为电动机联轴

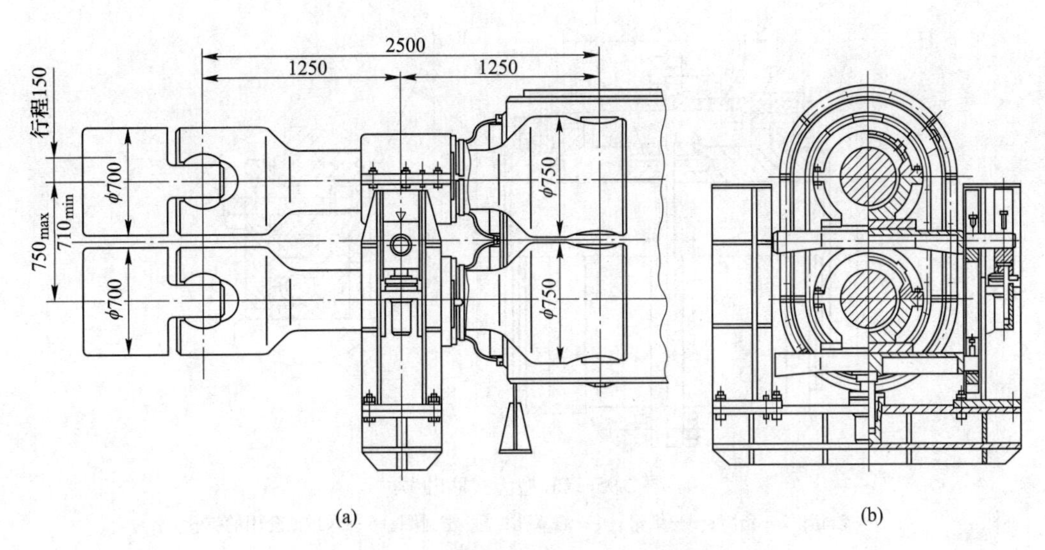

图 2-94 1700 精轧机组液压平衡装置

（a）主视图；（b）侧视图

节。根据使用要求，联轴节除应具有必要的刚度外，在结构上还必须具有能补偿两轴的中心线相互位移的能力，以防止轧钢机的冲击负荷。根据不同的工作条件及要求，常用的联轴节有：刚性联轴节、弹性联轴节、安全联轴节、补偿联轴节和离合联轴节等。目前应用于轧钢机主机列中的联轴节，主要是补偿联轴节。

2.5.5.1 刚性联轴节

刚性联轴节多为法兰盘式，一般仅在距离较远时，将几段短轴连接成一根长轴时使用。因其允许轴向偏角很小，轴承安装精度要求很高，故在轧机上很少使用。

2.5.5.2 弹性联轴节

弹性联轴节具有较大的弹性，可减轻冲击负荷对传动装置的影响，但其补偿性能较差。目前基本上已被带有一定弹性的齿式联轴节所代替。齿式联轴节具有结构紧凑、补偿性能好、摩擦损失小、传递扭矩大（3 MN · m）和一定程度的弹性等优点，所以广泛用于轧钢机的主传动轴上。齿式联轴节的结构，如图 2-95 所示，主要由两个带有外齿的外齿轴套 1 和两个带有内齿的套筒 2 所组成。两个套筒用螺栓固定，其内装有高黏度的润滑油，两端用密封圈 5 进行良好的密封。轴套端面上有螺孔 6，可以装上螺栓以便于将轴套从轴上卸下。润滑油经油塞孔 4 注入。轴与轴套间一般采用过渡配合，并带有平键连接，有时也采用花键连接。当工作条件繁重时，所用的巨型联轴节就要采用没有键的热压过盈配合。

我国齿式联轴节的标准有 CL 型（图 2-95）和 CLZ 型（图 2-96）两种。前者适用于直接连接两根轴，而后者则用于通过中间轴来连接两根轴。CLZ 型齿式联轴节是由两个相同的齿式联轴节组成的，多用于电动机与齿轮座距离较远的轧钢机上。

2.5.5.3 安全联轴节

当在装有飞轮的轧钢机上，为了防止轧钢机过载时损坏主要传动零件，往往在减速机和齿轮座之间装有安全联轴节。为了减小安全联轴节的尺寸，在结构允许时，应尽量将安

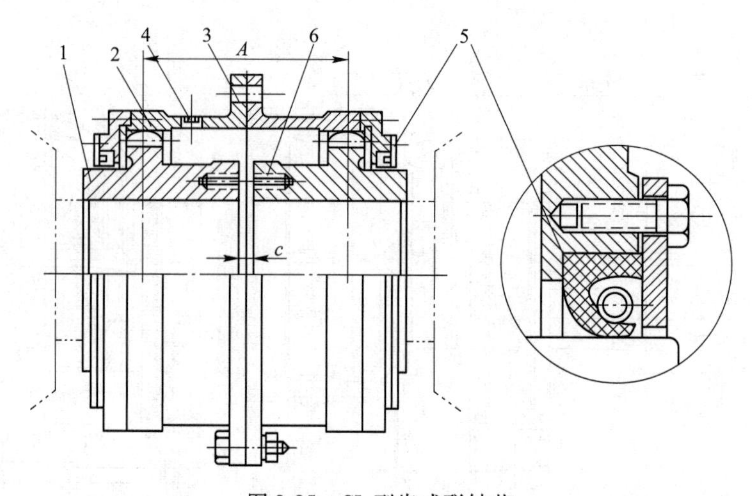

图 2-95　CL 型齿式联轴节

1—轴套；2—套筒；3—纸垫；4—油塞孔；5—密封圈；6—拆卸轴套用的螺孔

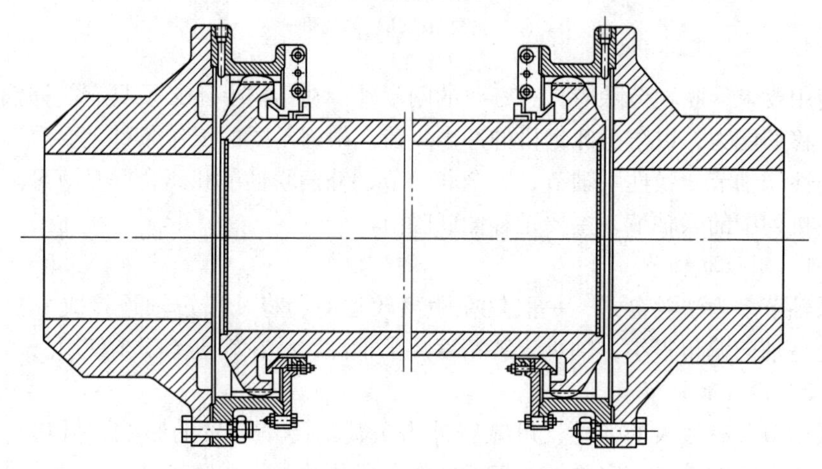

图 2-96　CLZ 型齿式联轴节

全联轴节装在减速机的高速轴上。图 2-97 为 650 型钢轧机的齿式安全联轴节，它装在减速机与齿轮座之间。法兰盘 1 装在减速机低速轴上，减速机的扭矩通过安全销螺栓 9、内齿圈 8、外齿轴套 7 传至另一个内齿圈 6，再由铰孔螺栓 5，传至热装于齿轮座主动轴上的法兰盘 4。当安全销螺栓 9 过载切断时，内齿圈 8 和外齿轴套 7 支撑在球面滚子轴承 2 上，不致下落造成事故。

另一种型式的齿式安全联轴节，如图 2-98 所示。外齿轴套 1 和 8 分别装在所连接的传动轴上，内齿圈 2 通过安全销 6 与法兰盘 4 连接。由于在安全销 6 的两端装有压板 3，当安全销切断时，可防止其飞出。

安全销或安全销螺栓材料一般采用 45 钢、50 钢，热处理后硬度为 HRC30～35。安全销轴套材料采用 40Cr 等合金钢，热处理后硬度为 HRC50～60。为了能使安全联轴节较好地起作用，应尽量减少安全销或安全销螺钉的数量，最少可到 3 个。

安全销或安全销螺栓一般带有 U 形槽缺口，过载时此 U 形槽受剪力切断。

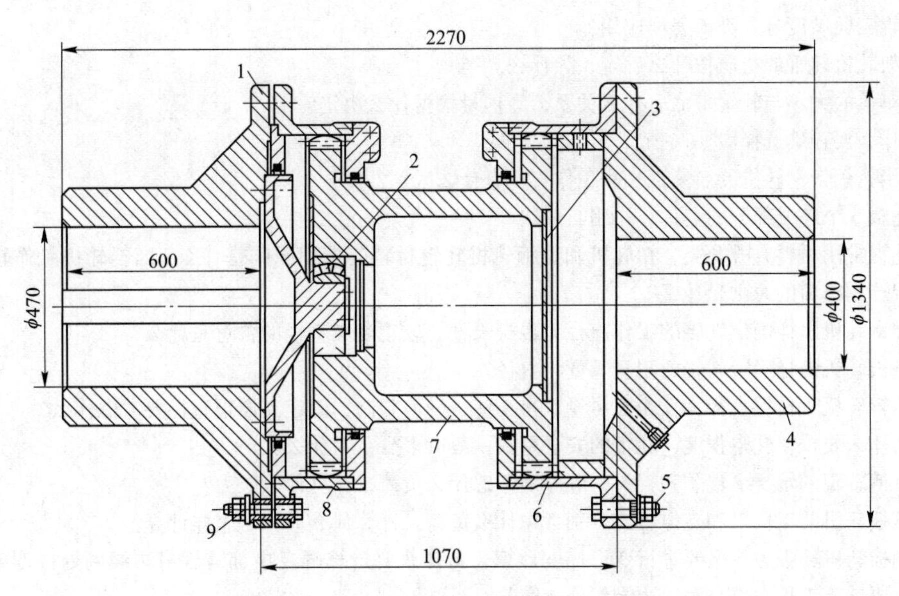

图 2-97　650 型钢轧机的齿式安全联轴节

1，4—法兰盘；2—球面滚子轴承；3—盖板；5—铰孔螺栓；6，8—内齿圈；7—外齿轴套；9—安全销螺栓

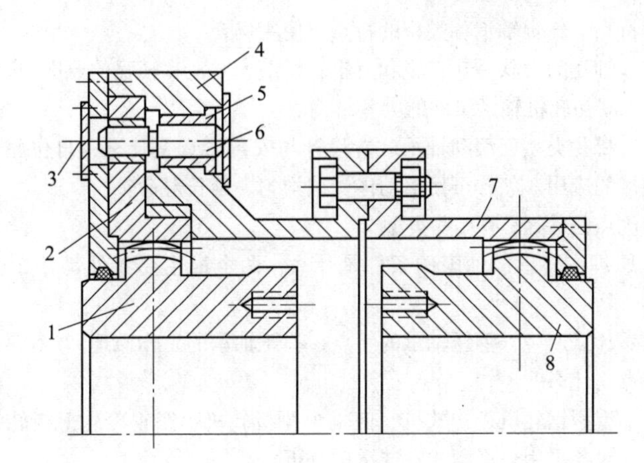

图 2-98　有安全销压板的齿式安全联轴节

1，8—外齿轴套；2，7—内齿圈；3—压板；4—法兰盘；5—安全销轴套；6—安全销

2.5.5.4　补偿联轴节

这种联轴节允许两轴之间有不大的位移和倾斜，其结构类型有十字滑块（施列曼式）、凸块式（奥特曼式）和齿式三种形式。前两种目前在某些旧式轧钢机上尚可见到，在新型轧钢机上，几乎全部使用了齿式联轴节。

2-1　轧辊由几部分组成，各部分都分几类，用在何处？

2-2　各类轧辊尺寸怎样选择计算？

2-3　分析轧辊在轧制时各部分的受力特点？

2-5　轧辊表面硬度分几类，怎样应用？
2-6　各架轧机轧辊的材质按什么确定，为什么？
2-7　重车量的大小与轧辊寿命有什么关系，磨损量根据什么决定？
2-8　为什么要正确选择 D_1/D_2 值？
2-9　型钢、板带钢轧机的名义直径和工作直径有什么区别？
2-10　轧辊 3 个组成部分的名称、作用与形状。
2-11　轧辊常用材料有哪几类，初轧机和型钢轧机轧辊材料的选用原则是什么，四辊轧机工作辊与支撑辊选用材料的原则是什么？
2-12　型钢轧机怎样确定轧辊的工作直径与辊身长度，轧辊名义直径的含意是什么？
2-13　钢板轧机怎样确定轧辊的辊身长度与直径？
2-14　四辊轧机工作辊直径为什么要尽量取得小些，受何限制，确定支撑辊直径要考虑什么？
2-15　为什么要校核轧辊强度，轧辊的安全系数一般取多少，为什么？
2-16　有槽轧辊的辊身、辊颈和辊头，应分别考虑什么负荷，计算什么应力？
2-17　钢板轧机的工作辊和支撑辊应分别考虑什么负荷，计算什么应力，怎样计算？
2-18　钢板轧机轧辊为什么要进行变形挠度计算，为什么要计算辊身中部与辊身边缘两处挠度差，为什么要计算钢板中部与钢板边缘两处挠度差？
2-19　在二辊钢板轧机轧辊变形挠度的简支梁算法中，应用了什么定理，计算的方法与步骤怎样？
2-20　轧辊弹性压扁计算的意义与方法。
2-21　轧辊轴承的工作特点。轧辊轴承各类型的特点与使用场合。
2-22　胶轴瓦的优缺点，轴瓦的形状。在二辊和三辊轧机上，主瓦和辅瓦的原则。
2-23　650 型钢轧机、1150 初轧机轴承组件的大零结构。
2-24　轧辊用滚动轴承有哪些类型，滚动轴承装置设计与安装要点是什么，自位原理。轴颈与内圈的配合要求。无键连接的应用。怎样可使滚动体受载均匀、延长寿命？
2-25　液体摩擦轴承的优点是什么，有哪些类型？
2-26　动压轴承的工作原理，其形成油膜的条件是什么，两个最主要零件是什么，对其加工精度有何要求？
2-27　静压轴承的静压靠什么产生？静压轴承的特点，静压轴承的工作原理。
2-28　静动压轴承的特点是什么？
2-29　中型型钢轧机、小型型钢轧机、初轧机、四辊中厚板轧机、四辊冷轧薄板轧机的轧辊径向调整及上辊平衡装置，一般各采用什么型式？请举例分析。
2-30　液压下装置有什么特点？
2-31　压下螺丝由哪几部分组成，各部分的结构是怎样的，如何确定压下螺丝的直径与螺距？
2-32　快速压下装置为什么容易自动旋松，应如何防止？
2-33　压下螺丝阻塞事故的原因有哪些，怎样进行处理？
2-34　轧机机架有几种类型，简述各有什么特点？
2-35　开口式机架的立柱和横梁受力情况有什么不同之处？
2-36　开口式机架的立柱和横梁应力的求法有什么不同，危险断面在何处？
2-37　机架窗口的高度和宽度是怎样确定的？
2-38　结合四辊可逆轧机说明有哪些力作用在机架上？
2-39　轧钢机的连接轴共有几种型式？各有什么特点？都应用在哪些轧机上？
2-40　梅花接轴主要参数有哪些，都是怎样确定的？
2-41　万向接轴由几部分组成，各部分参数都包括哪些，如何确定？
2-42　轧钢机所用的联轴节有哪些型式，各有什么特点？

2-43　结合图 2-83 绘出单臂式接轴弹簧平衡原理示意图。

2-44　绘出双臂式接轴弹簧平衡原理示意图。

2-45　万向接轴有几种平衡型式？试比较轧辊平衡与接轴平衡方式及目的的异同。

2-46　轧钢机所用接轴共有几种型式，如何根据工艺要求选择不同类型的接轴？

2-47　轧钢机所用联轴节共有几种型式，如何根据工艺要求选择不同类型的联轴节？

2-48　轧钢机所用联轴节的安全销或安全销螺栓材料有哪些。

项目3　辅助设备

辅助设备：在轧制过程中，除主要设备外，所有用以完成辅助工序生产任务的机械设备均为辅助设备。它包括：运输设备；如纵向运输轧材的辊道，垂直方向运输轧件的升降台，横向运输轧件的拉钢机和移钢机；加工设备，如切断轧件的剪切机和锯机，矫直轧件的矫直机，卷取轧件的卷取机；其他精整设备，如翻转轧件用的翻钢机，回转轧件用的回转台，冷却轧件用的冷床；以及收集、酸洗、打印、包装等工序所用的各种机械设备。一般来说，机械化程度越高的轧钢车间，其辅助设备质量占车间机械设备总质量的比例越大。因此，辅助设备的应用程度，也是轧制过程机械化程度高低的重要标志之一。

模块3.1　剪切机与锯机

轧钢车间所生产的产品，除带钢卷和线材盘外，一般都要切成定尺长度。钢材的定尺长度，一般按部颁标准确定，也可以按订户要求确定。根据轧件断面形状及端面质量要求的不同，所采取的切断方法也不同。剪切机通常用来切断方坯、扁坯、钢板和一些条形钢材，其生产率一般应大于轧钢机的生产率，以确保正常生产。

3.1.1　剪切机

剪切机是轧钢车间的辅助机械设备，用来剪切钢坯、型材和带材，也用来纵剪切钢板及带钢。剪切机的型式很多，根据其结构及工艺特点可分以下类型：

（1）平行刀片剪切机。这种剪切机的两个刀片是彼此平行的（图3-1（a）），通常用于横向热剪初轧坯（方、板坯）和其他方形、矩形断面的钢坯，故又称为钢坯剪切机。这类剪切机有时也用两个成形刀片冷剪轧件（例如圆管坯及小型圆钢等），此时刀刃的形状与被剪轧件的断面形状应相适应。

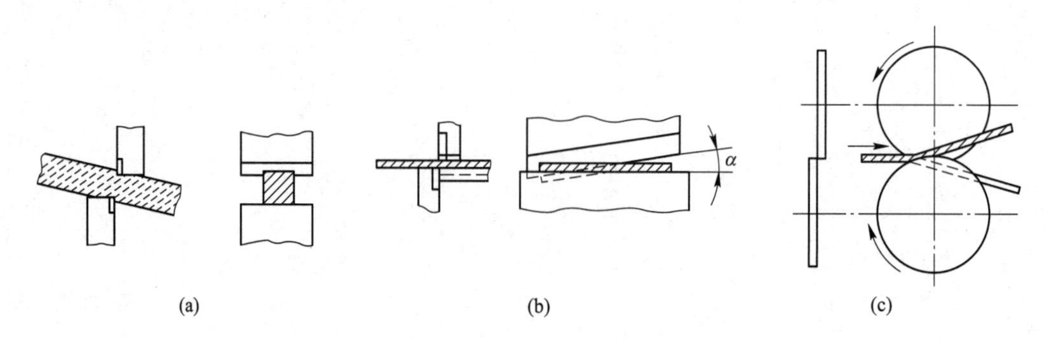

图3-1　剪切机刀片配置

（a）平行刀片剪切机；（b）斜刀片剪切机；（c）圆盘式剪切机

（2）斜刀片剪切机。这种剪切机的两个刀片，一个水平另一个倾斜，相互成一定角度（图 3-1（b））。上刀片一般是倾斜的，其斜角为 1°~6°，此类剪切机常用于冷剪和热剪钢板、带钢、薄板坯及焊管坯等，有时亦用来剪切成束的小型钢材。

（3）圆盘式剪切机。这种剪切机的两个刀片均为圆盘状（图 3-1（c）），主要用于纵向剪切钢板及带钢的边，或者将板和带钢纵向剪切成几部分。

（4）飞剪。这种剪切机用于横向剪切运动着的轧件，即刀片在轧件移动的同时将轧件切断（图 3-2）。此类剪切机一般安装在半连续式和连续式轧机作业线上，用来剪切轧件的头、尾和切定尺。

3.1.1.1　平行刀片剪切机

剪刃平行放置的剪切机简称为平刃剪。这种剪切机通常用于剪切热状态下的轧件，如板坯轧机和开坯轧机轧后的方坯、板坯和矩形截面轧件。有时也用于剪切冷态下的中、小型成品型材。

根据剪切方式，平刃剪可分为三种：一是上切式剪切机，其下剪刃固定不动，上剪刃上下运动进行剪切；二是下切式剪切机，这种剪切机的两个剪刃都运动，剪切过程是通过下剪刃的上升来实现的；三是水平方向剪切的剪切机。

（1）上切式剪切机。上切式剪切机的下剪刃固定不动，上剪刃向下运动进行剪切。它通常采用曲柄连杆机构，其特点是运动和结构简单。其主要缺点是被剪切轧件易弯曲，剪切断面不垂直，以致影响剪切后轧件在辊道上的顺利运行；当剪切厚度大于 3~60 mm 的钢材时，需要在剪切机后增设摆动辊道，如图 3-3 所示。由于摆动辊道比较笨重，在剪切厚度大的钢材时，一般已经不采用这种剪切机了。

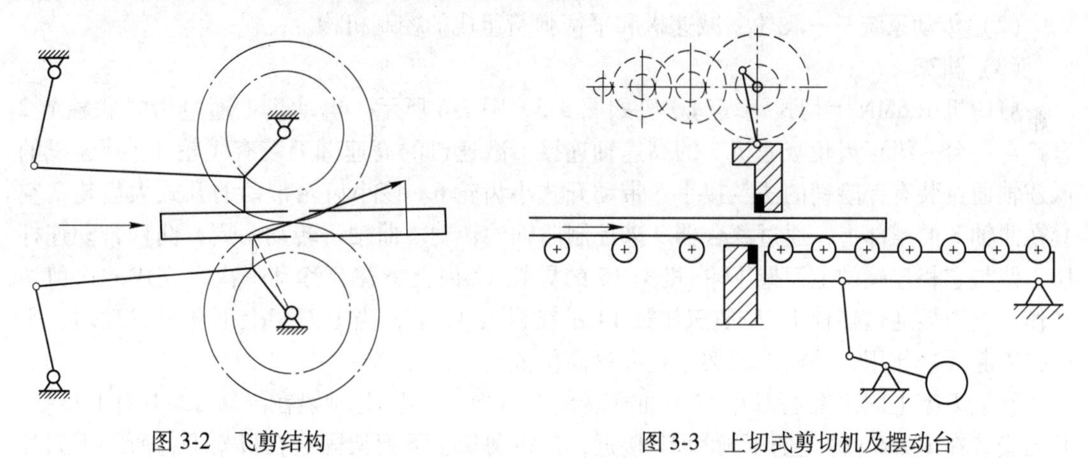

图 3-2　飞剪结构　　图 3-3　上切式剪切机及摆动台

（2）下切式剪切机。广泛地运用于剪切断面厚度大于 30~60 mm 的初轧钢坯和其他类型的钢坯，如图 3-4 所示。剪切过程的特点：在剪切开始，上剪刃首先下降，当压板压住钢坯并达到预定的压力后，即行停止，其后是下剪刃上升进行剪切。剪切后，下剪刃首先下降回到原来位置，接着上剪刃上升恢复原位。这种剪切金属的方法，具有下面的一些优点：

1）剪切时钢材高于辊道面，因此，不需要剪机后面的摆动升降辊道；

2）剪切长轧件时，上剪刃一侧的钢材不会弯曲；

3）下切式剪切机机架不承受剪切力的负荷；

4）装设有活动压板，保证剪切时钢坯处于正确的位置，以获得整齐的切面。

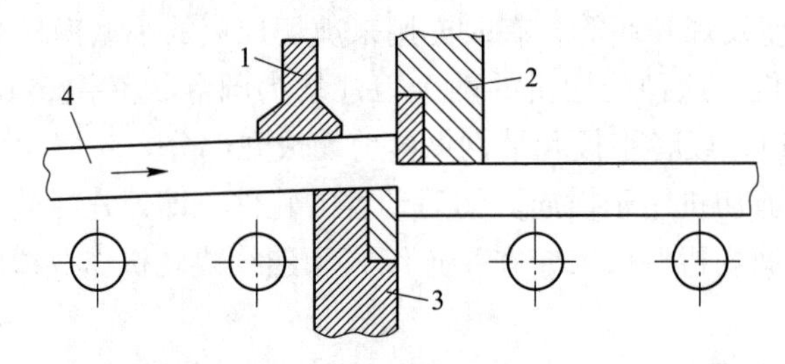

图 3-4 下切式剪切机

1—下刀刃；2—上刀刃；3—上刀架；4—下刀架

(3) 平行剪刃剪切机。还可分为：闭式剪切机，机架位于剪刃的两侧（一般是吨位比较大的剪切机）；开式剪切机，机架位于剪刃的一侧（一般是吨位比较小的剪切机）。闭式机架通常做成门型的，刚性好，剪切断面大。但是操作人员不易观察剪切情况，不便于设备维修和事故处理。而开式机架通常做成悬臂式的，刚性较差，剪切断面小，但是便于检修维护和事故处理。

3.1.1.2 平行刀片剪切机结构

A 1.6MN 曲柄式剪切机

1.6MN 上切开式钢坯剪切机由以下几部分组成：

(1) 使刀片完成剪切动作的工作机构——曲柄连杆滑块机构。

(2) 传动系统——飞轮、减速机和平衡弹簧组成的控制机构。

(3) 机架。

剪切机 1.6MN 上切式钢坯剪切机如图 3-5、图 3-6 所示。电动机 1 通过齿式联轴节 2 直接与一台一级正齿轮减速机 3 的高速轴连接。减速机的高速轴上装有飞轮 4。减速机的低速轴通过装有保险销的法兰接手 5 带动开式小齿轮 6。该小齿轮带动的开式大齿轮 7 空套在曲轴 8 的尾部上，通过离合器 9 来控制曲轴的转动。曲轴每转动一周，曲柄带动连杆 10，使与它相连接的上刀架 11 在机架 15 的导轨 12 内上下往复移动一次，完成一次剪切动作。上刀架通过螺栓 13 和平衡弹簧 14 吊在机架 15 上，当上刀架上下往复移动时，平衡弹簧起缓冲作用，并使上刀架停止在最高位置上。

在上刀架上固定有上刀片 16，曲柄转动时，上刀片随上刀架在导轨 12 中向下移动，并与安装在下刀架 18 上的下刀片 17 接近，进行剪切。下刀架固定在机架上，所以下刀片是不动的。

剪切力小于 9 MN 的中、小型剪切机，往往采用离合器控制的连续运转的异步电动机驱动，在传动系统中一般都装有飞轮。在曲轴旋转一圈，刀架往复运动一次的过程中，刀片剪切轧件的一般行程时间，只占转一圈时间的 1/4。在两次剪切轧件中间还有间隙时间。在一个剪切周期中，剪切机剪切轧件的时间很短。因此，剪切机的载荷特点是，短时高峰负荷与长时间空载相交替。所以，若按短时负荷较大的功率选用电动机，电动机的功率会很大，电动机的利用就很不合理。为此，在减速机轴上，装设一个飞轮。利用异步电动机的特性，在剪切机空载时，提高飞轮转速以增加动能。当剪切时，电动机转速下降，飞轮

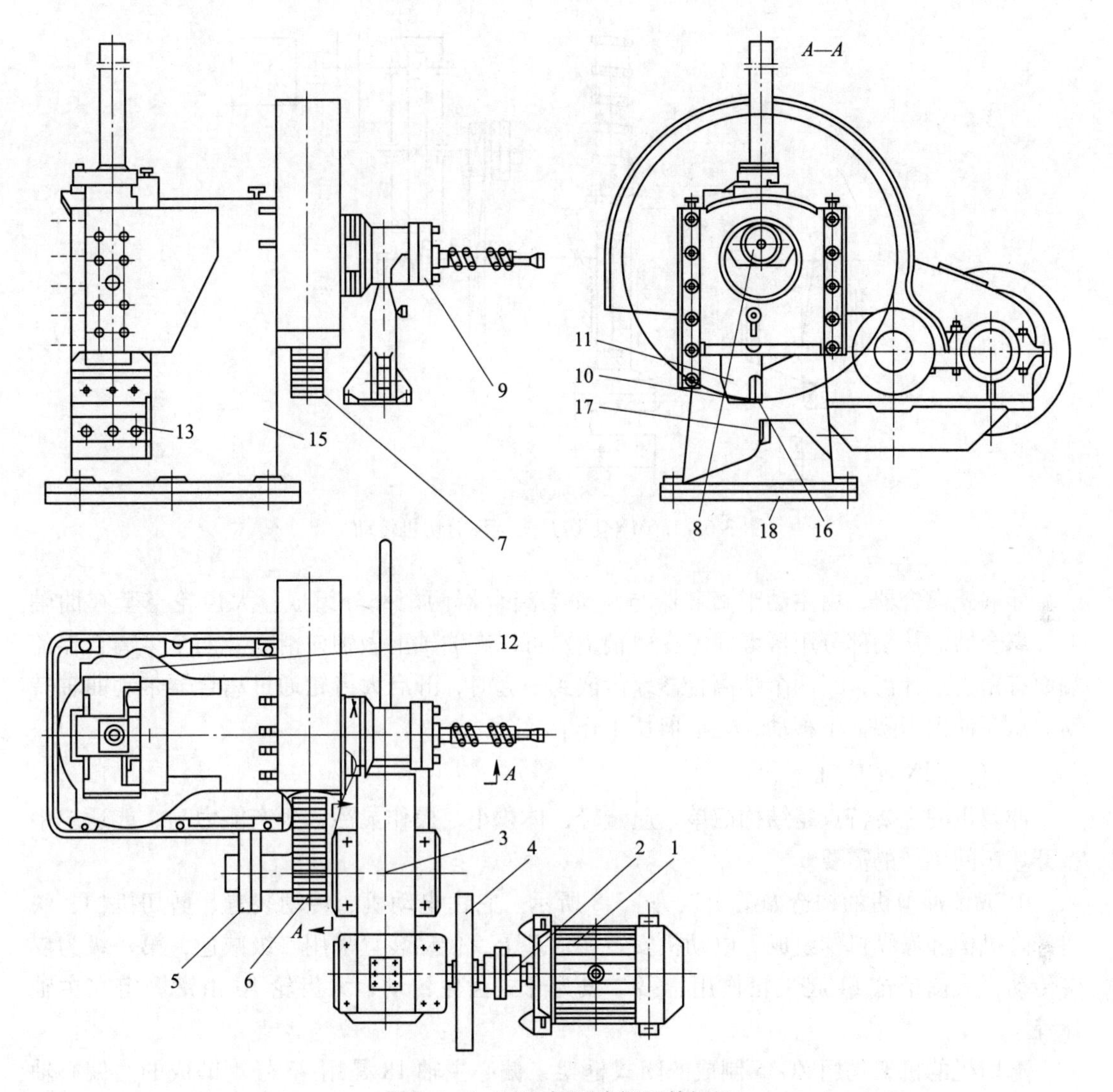

图 3-5　1.6MN±切开式钢坯剪切机

1—电动机；2—齿式联轴节；3—减速机；4—飞轮；5—法兰接手；6—小齿轮；
7—大齿轮；8—曲轴；9—离合器；10—连杆；11—上刀架；12—导轨；
13—螺栓；14—平衡弹簧；15—机架；16—上刀片；17—下刀片；18—下刀架

放出能量，协助电动机工作。这样，就可以减小所选电动机的功率。

传动系统中，在中速轴上装有超载保险装置。它是利用装在闭式减速机输出轴上的法兰中的安全销来实现超载保险的。当超负荷时，安全销被剪断，从而保护机件不被损坏。

为了使剪切机达到最大的开口度，上刀架能够停在上孔点位置，以便使轧件顺利进入刀片之间。所以，除启动工作制的大型剪切机外；一般中、小型剪切机都在曲轴上或中速轴上装有离合器和制动器的控制机构。

控制机构是由装在曲轴一端的牙嵌式离合器 9 和装在剪切机上部的平衡弹簧 14 组成。平衡弹簧既起着平衡上刀架下落时引起的冲击作用，又起着离合器脱开后使上刀架停止运动的作用。

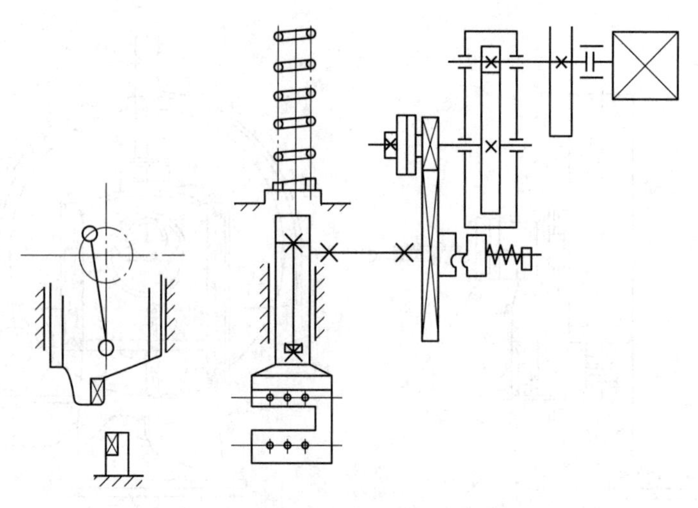

图 3-6　1.6MN 上切开式钢坯剪切机传动

牙嵌式离合器，由主动半离合器与从动半离合器两个部分组成。大齿轮空套在曲轴上。离合器的从动部分用幕键固定在曲轴上，可以在曲轴上做轴向滑动。两个半离合器的端面有锯齿形牙齿，当两个半离合器牙齿嵌到一起时，开启大齿轮通过离合器带动曲轴转动。从而使上刀架上下移动，完成剪切工作。

B　0.7MN 冲剪机

冲剪机的主要特点是结构简单，质量轻，体积小，操作灵活，生产能力高，能适应中型开坯车间生产的需要。

0.7MN 冲剪机的构造如图 3-7、图 3-8 所示。它由电动机、传动装置、剪切机构、快速升降机构和操纵机构组成。电动机安装在地基上，传动装置采用二级减速，第一级为皮带传动，大皮带轮 14 起飞轮作用，第二级为开式齿轮传动，大齿轮 16 由键固定在主轴 18 上。

剪切机的机架是用 ZG35 制成的闭式框架，偏心主轴 18 是用 45 号钢锻成的。偏心轴装在两个滑动轴承中，右侧的轴承是整体的，用螺栓固定在机架的上横梁上；左侧轴承是对开的。在主轴的偏心上装有连杆 6，它们之间装有轴套。连杆的下端为圆顶（或称连杆头），它不与上刀架 7 连接在一起，而是空垂在上刀架凹槽中。上刀架装在机架导轨中，可上下垂直移动。上刀架的形状较复杂（图 3-8），在刀架中部留有凹槽和一个凸台 A，下部固定有刀片，所以不能使上刀架向下移动。下刀架 11 是固定在机架上不动的。

由于改变了离合机构，用气缸操纵连杆代替一般牙嵌离合器或摩擦离合器，因此操作速度快，有效剪切次数高，生产能力大大提高。它通过小气缸 9 和杠杆 10，操纵连杆 6，当需要剪切时，将连杆推至上刀架凸台上，使上刀架随连杆一起向下移动。此外，上刀架有一套快速升降机构，通过吊杆 17 与横梁 19 连接。当气缸 1 的活塞上下移动时，通过横梁和吊杆使上刀架快速升降。在横梁的两端，通过链轮 2 上的链条各挂一个重锤 5，以平衡上刀架的质量。横梁与机架之间也装有缓冲弹簧 4。有了这一套快速升降机构，在剪切机一定开口度条件下，可减小曲轴的偏心距，所需的驱动力矩也减小了。因此，剪切机构结构简单，质量轻 0.7MN 冲剪机的剪切。在剪切机的后面没有摆动台。同时，由于没有

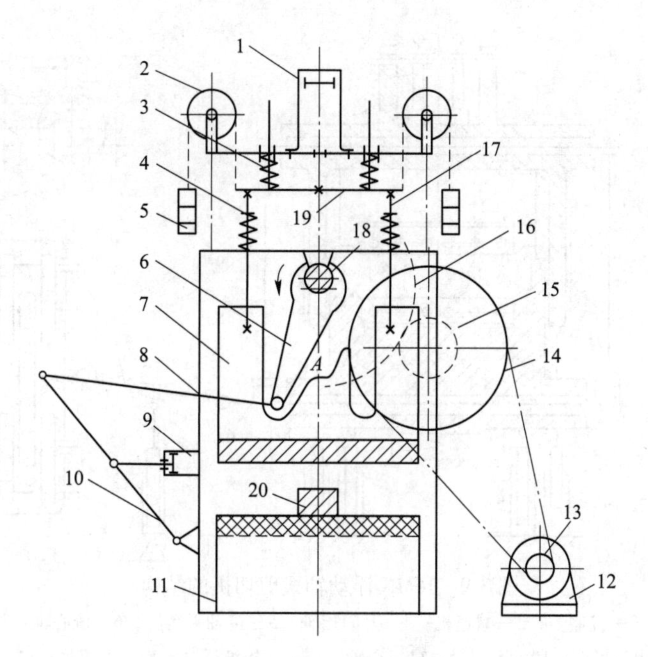

图 3-7　0.7 MN 冲剪机

1—气缸；2—链轮；3，4—缓冲弹簧；5—平衡重锤；6—连杆；7—上刀架；8—机架；9—小气缸；10—杠杆；11—下刀架；12—电动机；13—小皮带轮；14—大皮带轮；15—小齿轮；16—大齿轮；17—吊杆；18—偏心主轴；19—横梁；20—轧件

压板装置，剪切断面的平直性较差。这种冲剪机由于存在着冲击力，以及与上刀架凸台接触的偏心活动连杆相对摩擦频繁，因此零件磨损较快，寿命较低。

C　浮动轴式剪切机

浮动轴式剪切机是一种下切式的平行刀片剪切机，广泛应用于初轧车间，主要用于热剪 350 mm×350 mm 大型方坯和 200 mm×900 mm 板坯。

图 3-9 所示为 16MN 浮动轴式剪切机的结构。它由机架与机盖、浮动偏心轴、上刀架、下刀架、压板、平衡重、下轴和连杆等组成。

浮动轴式剪切机的工作原理图（图 3-10）剪切过程是按以下顺序进行的：

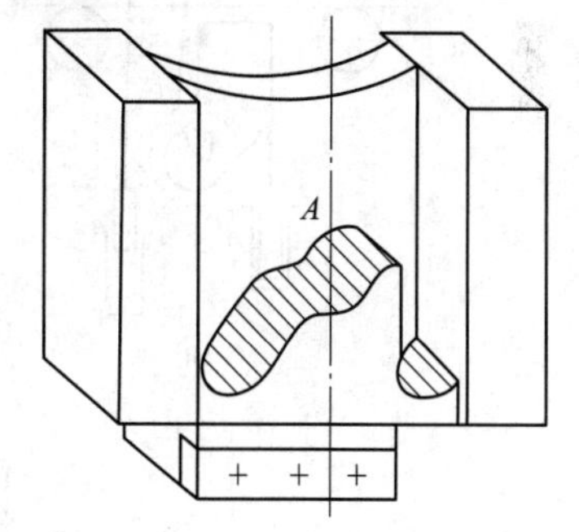

图 3-8　0.7MN 冲剪机上刀架

（1）准备剪切，如图 3-10（a）所示。偏心轴停止的位置为上刀架和压板处于最高位置。下刀架处于最低位置，使刀片有最大的开口度，以便轧件能顺利进入剪切机中。这时剪切机准备剪切轧件。

（2）上刀架与压板同时下降，如图 3-10（b）所示。开始剪切时，电动机经万向接轴驱动偏心轴顺时针转动。因下刀架的自重作用，迫使偏心轴以 *A* 为中心回转，使上刀架和压板下降，上刀架与压板是以同一速度下降的，直到压板与轧件接触并将其压在辊道上。因压板装得比上刀刃低 35 mm，所以上刀刃不接触轧件。下刀刃比辊道面低 6 mm。

（3）上刀架与下刀架同时压向轧件，如图 3-10（c）所示。压板压住轧件后，压板就

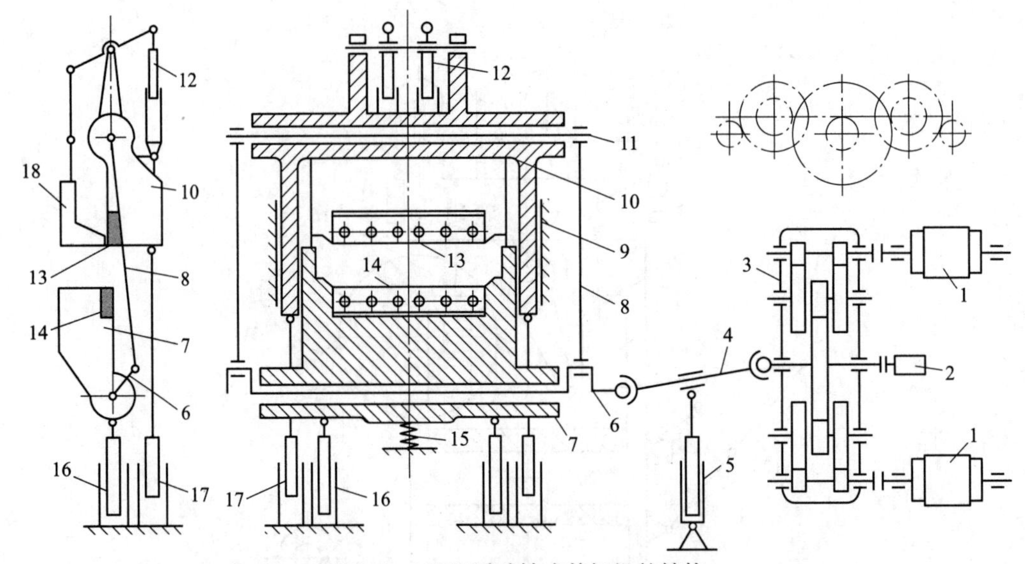

图 3-9　16MN 浮动轴式剪切机的结构

1—电动机；2—控制器；3—减速机；4—万向接轴；5—接轴平衡缸；6—偏心轴；7—下刀台；8—连杆；9—机架；10—上刀台；11—心轴；12—压板液压缸；13—上刀片；14—下刀片；15—弹簧；16—下刀台平衡缸；17—上刀台平衡缸；18—压板

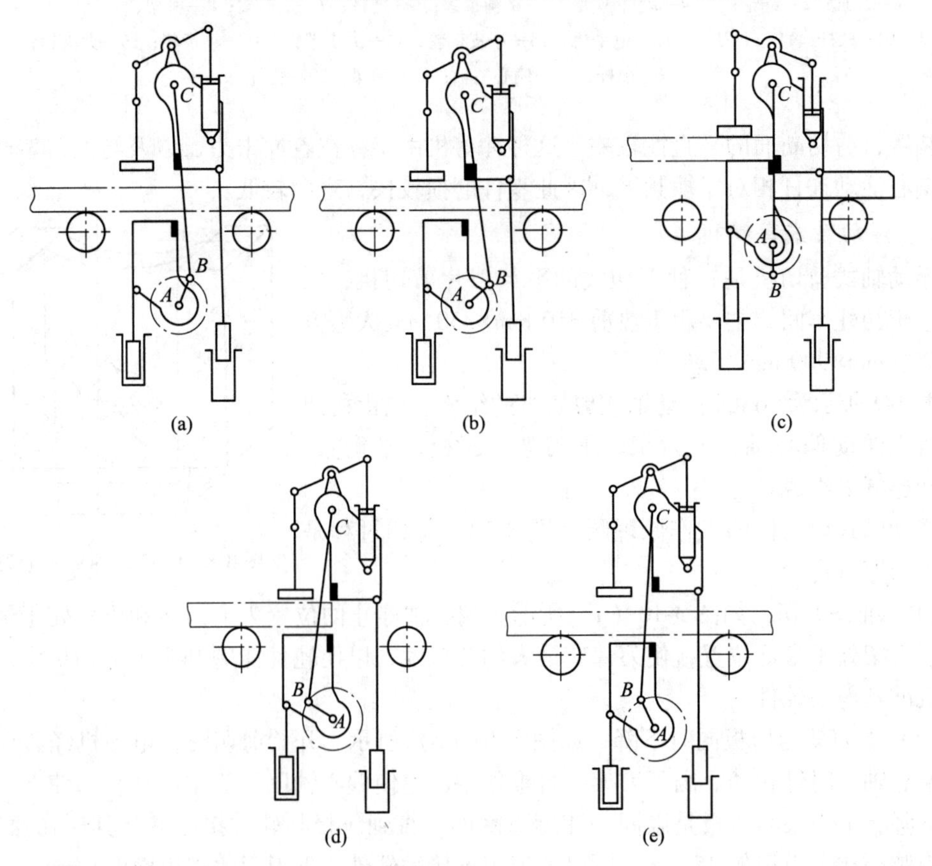

图 3-10　剪切过程

（a）原始位置；（b）上刀下降；（c）上刀停止，下刀上升至最高位置；（d）下刀下降至最低位置；（e）上刀复原停止运动，这是以 B 点为中心回转的。这样就使上刀架继续下降，但下降的速度比前阶段减小一半，而下刀架以同样的速度开始上升，直至下刀架接触轧件。

（4）上刀架与压板同时上升，如图 3-10（d）所示。当下刀架与轧件接触时，轧件被压板与下刀架夹紧，迫使偏心轴以 C 点为中心回转。上刀架不动，下刀架与压板夹住轧件以同一速度上升，直到轧件与上刀架接触，其运动的速度与第二阶段压板下降速度相等。

（5）剪切轧件，如图 3-10（e）所示。当轧件接触上刀架后，偏心轴继续以 C 点为中心回转。下刀架与压板夹紧轧件继续上升，开始剪切轧件，直至下刀架上升行程达到最大。此时上、下刀片有一定重合量，将轧件剪断。

轧件被剪断后，上、下刀架和压板都要恢复到原来的位置，即恢复到如图 3-10（a）所示的位置。恢复原来位置有两种方法：一种方法是偏心轴继续顺时针转动，下刀架、压板和被剪断的轧件下降。下刀架先恢复到原来的位置后，上刀架和压板同时上升回到原来的位置。这样偏心轴需要回转一个圆周，故称“周工作制”。剪切大断面轧件时要用“周工作制”。另一种方法是在剪切小断面轧件时，剪切机剪断轧件后，立即停车并反转，使上、下刀架和压板恢复到原来位置。因偏心轴需要正反转，而且转动不到一周，故称摆动工作制。这种工作制用的时间少，可增加单位时间内的剪切次数。

D　步进式剪切机

图 3-11 所示的楔铁式步进剪，其步进机构由斜铁 4 和气缸 5 组成。上刀片的原始位置，随着剪切过程的进行而不断下降，它是靠气缸 5 推动斜铁 4 来实现的。偏心轴的支撑位置不变。具有较小的偏心距 R 的偏心轴，当从 0°开始旋转至 180°时，上刀架下降距离为 $2R$；从 180°转至 360°时，上刀架上部 3 与斜铁 4 之间就形成 $2R$ 的空隙；此时气缸 5 推动斜铁 4 前进一段距离，以补偿 $2R$ 的空隙，这样上刀架的长度相当于增长了 $2R$；如此不断循环，直至把轧件切断为止。轧件切断后，斜铁 4 在气缸 5 的作用下，退至最右边的原始位置。上刀架下部 6 在平衡机构（图中未表示）的作用下回复到原始位置，以便进行下一次剪切。

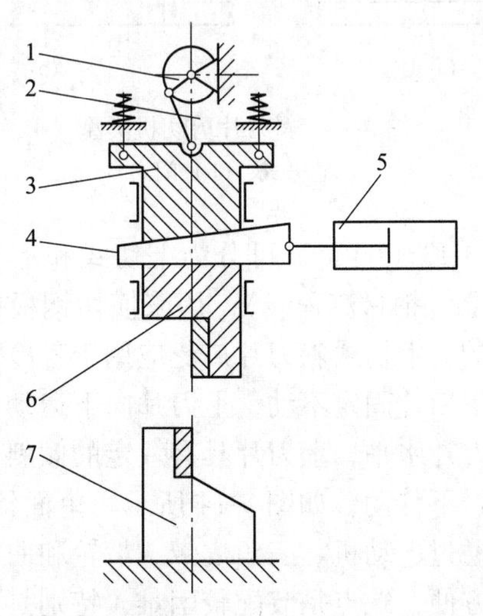

图 3-11　楔铁式步进剪

1—偏心轴；2—连杆；3—上刀架上部；4—斜铁；5—气缸；6—上刀架下部；7—下刀架

3.1.1.3　斜刀片剪切机

斜刀片剪切机主要用于纵向、横向剪切钢板。为了减少剪切时的负荷，通常将上刀片做成一定的倾斜角度，如图 3-12 所示。

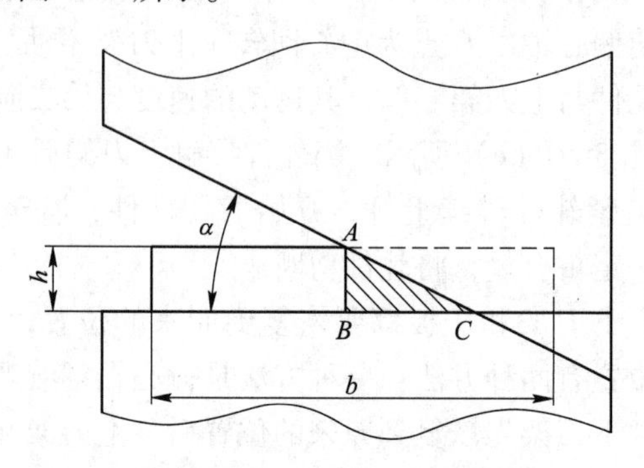

图 3-12　斜刀片剪切机结构

斜刀片剪切机按结构可分为开式和闭式两种：开式斜刀片剪切机有一侧部开口机架，被剪轧件从开口处横向进入，如图 3-13（a）所示。这种剪切机用于冷剪薄板坯和小型钢材。闭式斜刀片剪切机有两个机架，在两个机架之间装有上刀架。这种剪切机被广泛用于轧钢车间，用来剪切钢板和带钢等。

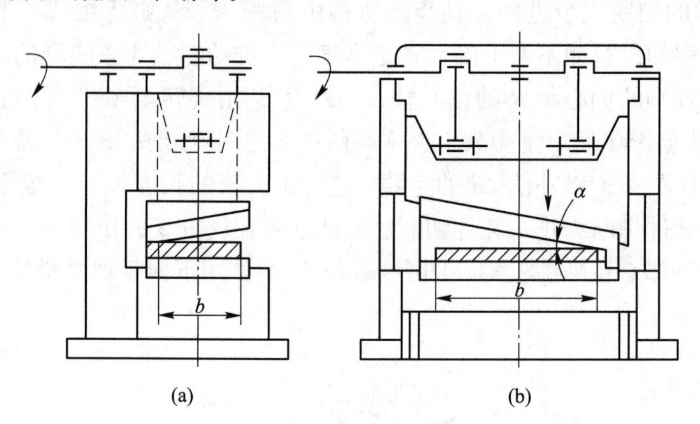

图 3-13　斜刀片剪切机类型
（a）开式；（b）闭式

闭式斜刀片剪切机（图 3-13（b））又可分为上切式和下切式两种。前者独立安装在车间内，后者被装在辊道线上（钢材流程线），用来横切钢板或长带钢的端部。这两种剪切机都是将上刀片做成倾斜的。上切式斜刀片广泛应用于各冷、热轧钢板车间。

上切式斜刀片剪切机，下刀片固定不动，上刀片向下运动剪切轧件。单独设置或组成独立的剪切机组。一般是下刀片水平，上刀片具有一定的倾斜角。电动机驱动较多，传动可分为单面传动、双面传动、下传动，如图 3-14 所示。单面传动，结构简单，制造方便，应用较为广泛，上刃运动是通过电动机、三角皮带、齿轮和曲柄连杆机构实现的；双面传动，曲轴短，受力好，制造方便，缺点是装配较困难，特别是两对齿轮的同步问题，多用于大型钢板剪切。下传动，高度低、质量轻。

上切式剪切机，图 3-15 所示为 25×2000 钢板剪切机。这种剪切机可冷剪厚度达

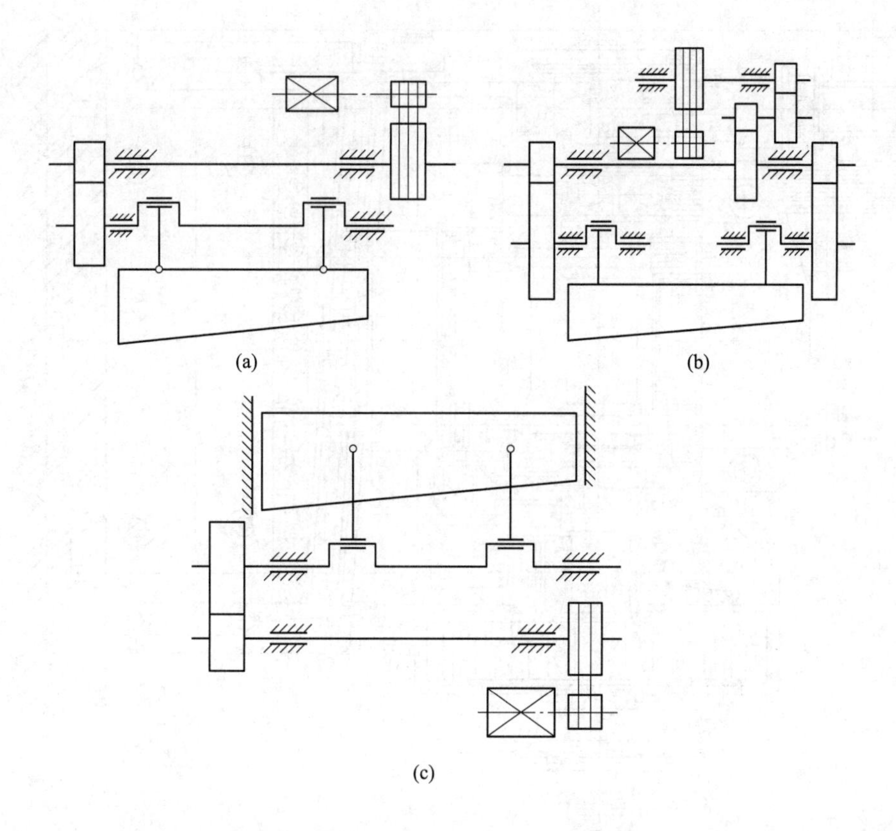

图 3-14　上切式斜刀片剪切机类型
（a）单面传动；（b）双面传动；（c）下传动

25 mm，宽度达 2000 mm 的钢板，最大剪切力为 1.3MN。该机为上刀片倾斜的上切闭式剪切机。

剪切机的主要部件：机架 1、剪切机构 2、传动装置 3、压板装置 4、挡板 5。

剪切机有两个立柱，上面与横臂相连，下面与下刀片的横梁相连。两个立柱、横臂和横梁都是铸钢的。传动上刀片的曲轴装设在机架立柱的两个轴承内。上刀架悬置在两个连杆的曲轴上。这两个连杆可使上刀架做往复运动。刀架可在机架立柱的导板内上下移动，剪切机由一个电动机（功率 84.5 kW，转速为 1440 r/min）通过三角皮带和三级齿轮传动装置来带动。传动装置最后一个齿轮自由地安装在曲轴的一端。在剪切轧件时，这个齿轮借摩擦离合器与曲轴连接。摩擦离合器由按钮控制的电磁铁推动与曲轴连接。

剪切时，钢板被剪切机的压板压住。压板由弹簧缓冲器和安装在上刀架上的 4 个压头组成。上刀架由曲柄传动。为了得到一定长度的钢板，在剪切机后面设置有挡板，被剪切钢板的前端顶在此挡板上。挡板可以由手轮转动螺旋传动装置来调整。

下切式斜刀片剪切机（图 3-16），特点：上刀片固定不动，由下刀片向上运动。用途：剪切板带的头部、尾部、分卷等。改进：在有的平整机组中，为了适应能调整板带剪切位置的需要，出现了上、下刀片都运动的下切式斜刀片剪切机。驱动：电动机驱动或液压传动。传动：一般采用偏心轴使下刀台做往复直线运动。

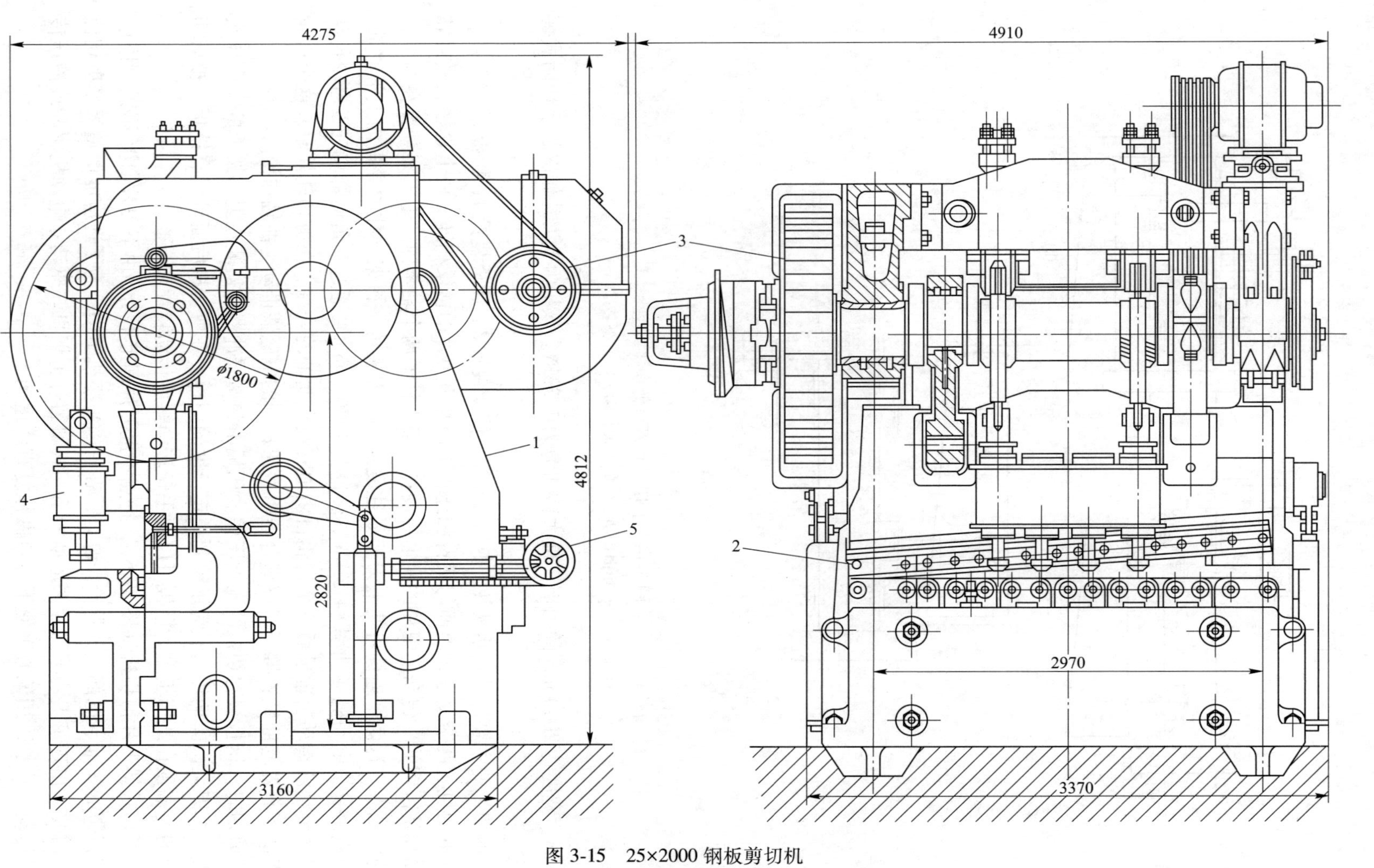

图 3-15　25×2000 钢板剪切机

1—机架；2—剪切机构；3—传动装置；4—压板装置；5—挡板

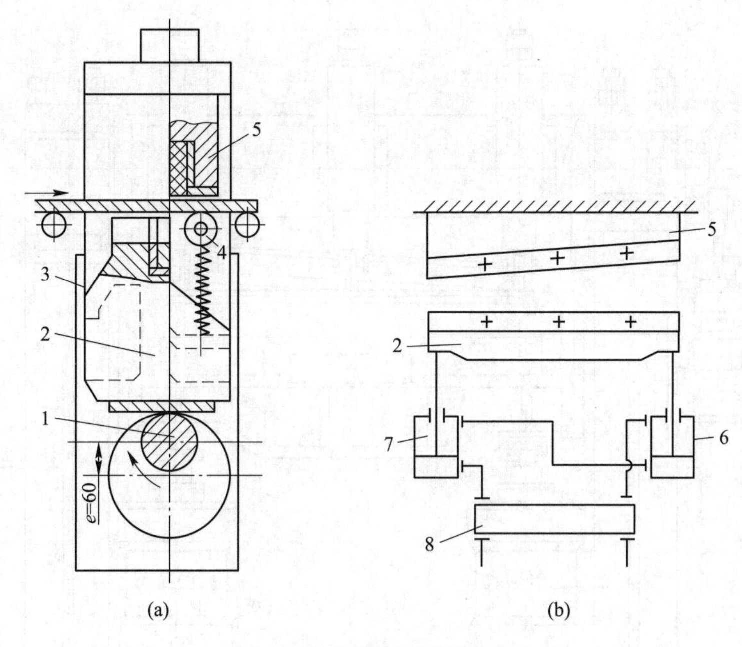

图 3-16　切式斜刀片剪切机

（a）电动机驱动；（b）液压驱动

1—偏心轴；2—下刀台；3—机架及导槽；4—弹簧压紧辊子；5—上刀台；6，7—液压缸；8—换向阀

斜刀片液压剪切机具有结构简单，剪切平稳，设备质量轻等优点，其主要技术性能见表 3-1。

表 3-1　斜刀片液压剪切机主要性能

剪切钢板			剪刃斜度	最大剪切力/MN	下刀架			上刀架最大开口度/mm	压板压力/kN	液体单位压力/MPa
最大厚度/mm	宽度/mm	长度/mm			最大行程/mm	工作行程/mm	上升速度/$m \cdot s^{-1}$			
34(900 ℃)	750~1550	1200	2″	2	270	180	50	700	9	1~2
40(1000 ℃)										

图 3-17 所示为用于 1700 热轧带钢连轧机的斜刀片液压剪切机。它设置在粗轧机和精轧机组间的辊道上。为了防止精轧机组或卷取机发生事故，在轧制线上设置了一台下切式液压剪切机，将不能继续轧制的钢板切成定尺，并收集到轧制线侧面的台架上。这种剪切机的特点是轧机停轧时才工作。因此在正常轧制时，要求它不影响轧件通过。设备中采用了上刀架摆起机构。上刀架摆起后，剪刃与辊道上表面间有 700 mm 的开口度，为避免剪切过程中轧件压辗道，因而采用了下切式，并使下剪刃在剪切前低于辗道面 100 mm。这样就保证了轧制时正常过钢。

由图 3-17 可知，下切式液压剪切机由下刀架、上刀架、液压缸和机架四部分组成。工作时由固定液压缸 5 使斜销插紧，固定上刀架，保持剪切时的正确位置。剪切完了，固定液压缸将斜销抽回。上刀架 3 在摆动缸 1 推动下，通过曲柄 2 摆起 90°达到最大开口度，从而保证正常过钢，同时减少了辊射热对压板弹簧的影响。上刀架上装有弹簧压板 4。剪

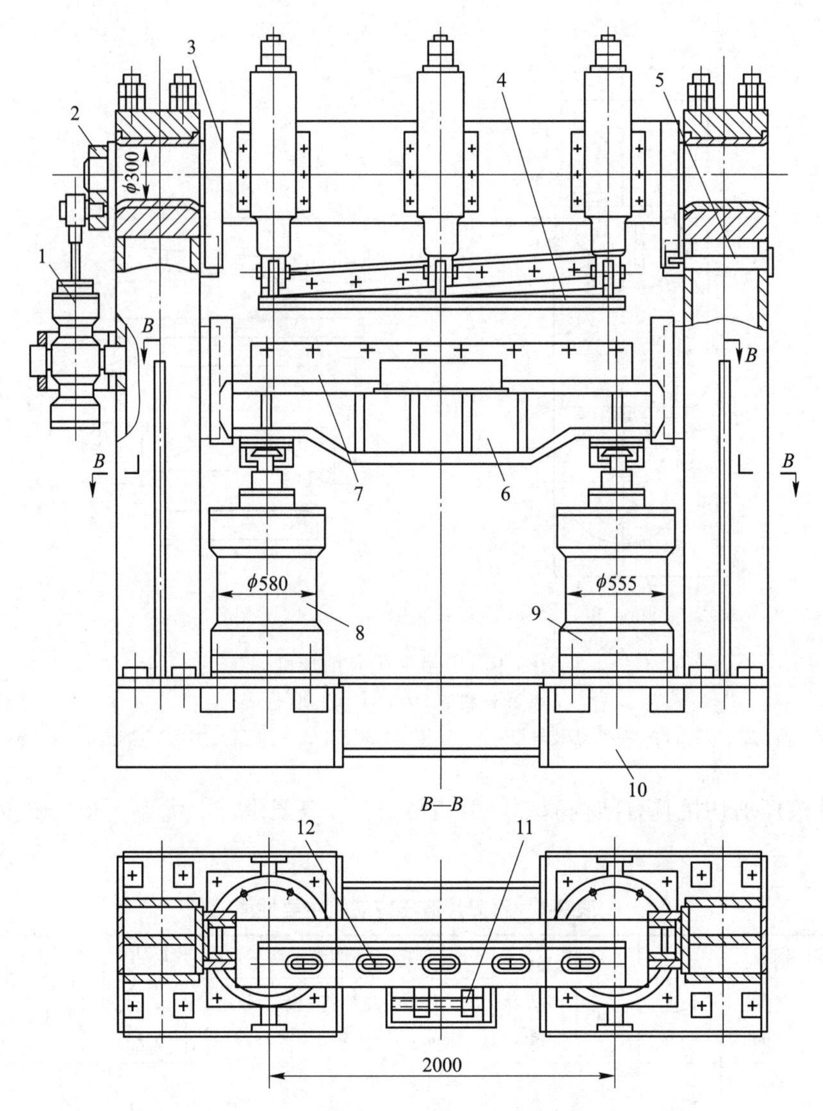

图 3-17　1700 热轧带钢连轧机的斜刀片液压剪切机

1—摆动缸；2—曲柄；3—上刀架；4—压板；5—固定液压缸；6—下刀架；7—下刀座；8—主动缸；9—从动缸；10—机架；11，12—螺栓

切时下刀架 6 托起轧件上移，先与压板接触。下刀架继续上升，弹簧被压缩后，产生压板力。这样，既防止剪切时钢板旋转，也避免剪切完了轧件砸辊道。

下刀架 6 靠液压缸活塞的推力，在机架的导向槽中，向上滑动来完成剪切。一般来说，液压缸的行程就是剪切机的工作行程。但由于剪刃停在辊道下 100 mm 处，因此下刀架的全部行程中，有 100 mm 的空引程。在下刀架滑道上，有固定刀片的刀座 7。刀座和下刀架间用螺栓紧固。当需要更换剪刃或调正剪刃间隙时，松开螺栓 12，转动螺栓 11，使刀座沿下刀架的滑道滑动。由于滑道间有斜度，所以刀座移动时，下剪刃相对上剪刃的横向位置发生变化，从而可调整剪刃间隙。剪刃间隙最大变化量是 1 mm。这种剪刃间隙的调正机构，结构简单，调整方便，但加长了剪刃长度，使机架变宽。

液压缸是液压剪的原动件。两个液压缸推动下刀架完成剪切。一个主动缸 8 和另一个从动缸 9 相串联，并靠补油回路来保证同步。油液首先进入主动缸下腔，推动主动缸活塞上移，上腔油排出后，进入从动缸下腔，从动缸活塞上移时，从动缸上腔的油液排回油箱。在不漏油的情况下，只要两串联腔截面积相等，主动缸和从动缸就能实现同步剪切。采用串联回路的两个缸作用力相等，主动缸按剪切机最大剪切力设计。

3.1.1.4　圆盘式剪切机

圆盘式剪切机通常设置在精整作业线上，用来纵向剪切运动着的钢板，将钢板边缘切齐或切成窄的带钢。根据用途和结构，可分为两对刀片的圆盘剪和多对刀片的圆盘剪。两对刀片的圆盘剪一般用于剪切钢板的侧边，每个圆盘刀片是悬臂地固定在单独的传动轴上。这种圆盘剪用于中厚板的精整加工线、板卷的横切机组和连续酸洗等作业线上。多对刀片的圆盘剪是剪切带钢的，用于板卷的纵切机组、连续退火和镀锌等作业线上，将板卷切成窄带钢，作为焊管坯料等。其多对刀片一般固定在两根公用的传动轴上，也有少数的圆盘剪刀片固定在单独的传动轴上。为了使已切掉板边的钢板在出圆盘剪时能够保持水平位置，往往将上刀片轴相对下刀片轴错开一个不大的距离，如图 3-18（a）所示，或者将上刀片直径做得比下刀片直径小些，如图 3-18（b）所示。为使已切去的钢板从圆盘剪出来时处于水平位置，防止钢板向上翘曲，通常在圆盘剪前面靠近刀片的地方，安设有压辊。

图 3-19 所示为两对圆盘剪的结构。它用来冷剪厚为 4 ~ 25 mm，宽为 900 ~ 2300 mm 钢板的侧边。刀片 1 是由功率为 138 kW、转速为 375 r/min 的电动机，通过减速机、齿轮座和万向连接轴 2 来传动的。为了剪切不同宽度的钢板，左右两对刀片的距离是可以调整的。它是由一台功率 5 kW、转速为 905 r/min 的电动机，通过蜗轮减速机和丝杠使其中一对刀片的机架移动进行调整的。上下刀片径向间隙的调整，是由功率 0.7 kW、转速为 905 r/min 的电动机经蜗杆蜗轮传动 4，使偏心套筒 3（其中安装着刀片轴）转动实现的。刀片的侧向间隙由手轮通过蜗杆蜗轮传动 5，使刀片轴轴向移动来调整。上刀片轴相对下刀片轴移动一个不大的距离，是由手轮通过蜗轮传动机构 6，使装有刀片轴的机架绕下刀片轴作摆动来实现的。为了减少钢板与圆盘刀刃间的摩擦；每对刀片与钢板中心成一个不大的角度 $\beta=0°22'$（图 3-20）。

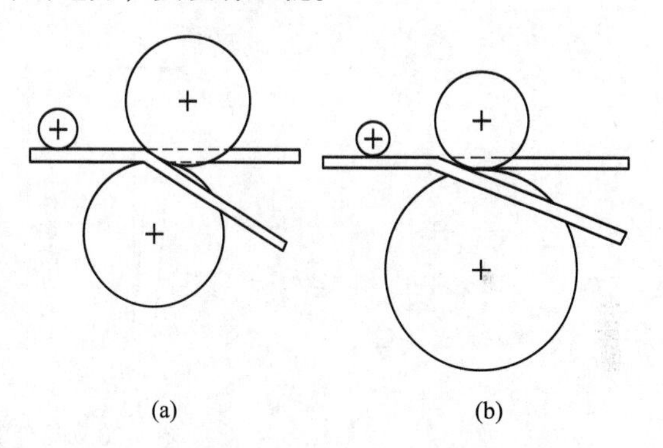

图 3-18　使钢板保持水平位置的方法
（a）上刀下刀片轴错开；（b）上刀片直径不同

剪切带钢的圆盘剪用于板卷的纵切机组、连续退火和镀锌等作业线上。这种圆盘剪的刀片数目是多对的，一般刀片都固定在两根公用的传动轴上，也有少数的圆盘剪刀片固定在单独的传动轴上，如图 3-21 所示。

圆盘剪在连续剪切钢板的同时，对其切下的板边要进行处理。在圆盘剪后面设置有碎边机，将板边剪成碎段，然后滑到专用的槽中。此外，对于薄板板边，也有用废品卷取机处理的，其缺点是需要一定的手工操作，卸卷时停止剪切等。

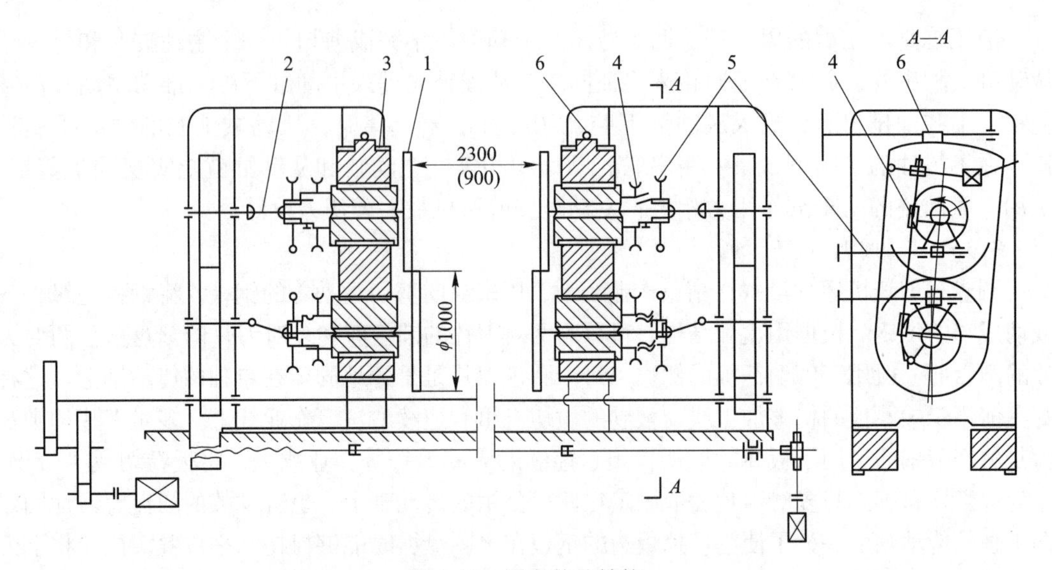

图 3-19　圆盘剪的结构

1—刀片；2—万向连接轴；3—偏心套筒；4—改变刀片间距离的结构；
5—刀片侧向间隙结构；6—上刀片轴的移动结构

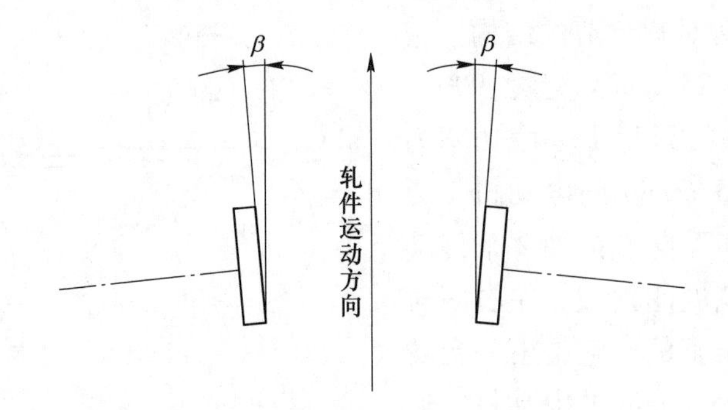

图 3-20　圆盘剪刀片倾斜

图 3-21　圆剪切机组（大纵剪）

利用碎边机处理切边，可以保证圆盘剪的连续操作。图 3-22、图 3-23 所示为圆盘剪切机后面的碎边剪结构和剖视图。碎边剪由两个摆动式飞剪组成，它在板边运动过程中进

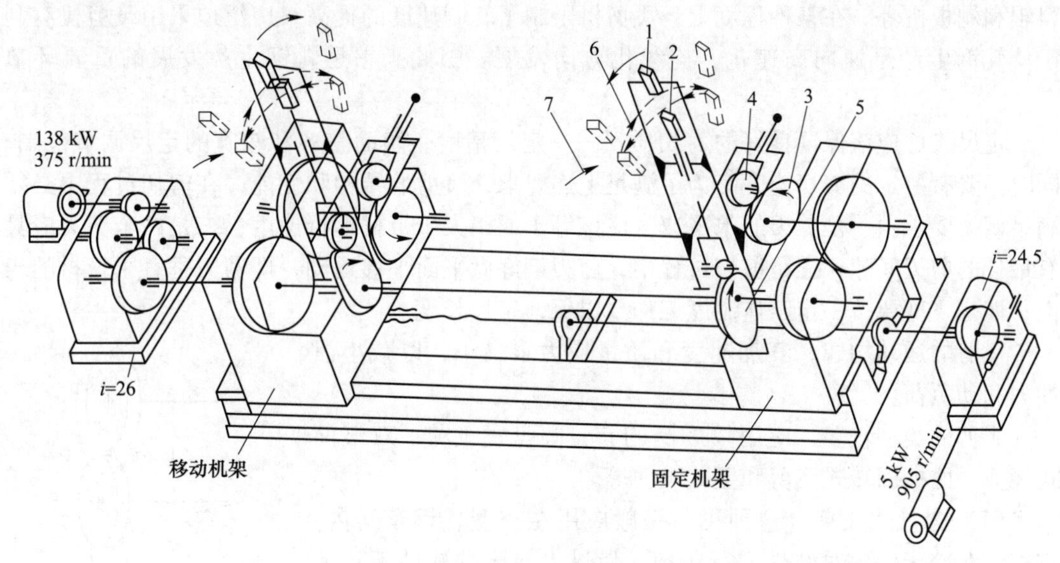

图 3-22 碎边剪结构

1—上刀片；2—下刀片；3—碎边剪机架摆动凸轮；4—摆动速度调整辊；5—下刀片移动凸轮；6—下刀片剪刃运动轨迹；7—切边运动轨迹

行剪切。为了不使传动负荷过大，左右两个摆动式飞剪是交替进行剪切的。而位于圆盘剪移动机架一侧的碎边剪可以用 5 kW 的电动机来移动。每个碎边机的上刀片 1 只沿着半径为 1500 mm 的圆弧作摆动，其运动速度与板边的运动速度相同。下刀片（斜刀片）2 除了作摆动外，还作剪切必需的直线往返运动。碎边剪的摆动和剪切运动是由凸轮 3 和凸轮 5 来实现的。碎边剪机架是靠自重通过滚子 4 压在凸轮 3 上，改变滚子 4 的位置，可以调整其摆动速度。两个凸轮机构由一个功率为 138 kW、转速 375 r/min 的电动机传动。圆盘剪的剪切速度为 0.25 m/s，每个碎边剪刀片每分钟的行程次数为 15 次。

应当指出，此种大型的圆盘剪的剪切速度的提高（目前达 0.4 m/s）受到质量较大的碎边剪摆动速度的限制。目前，有的碎边剪采用滚筒回转式，且刀片与滚筒母线成倾斜布置。

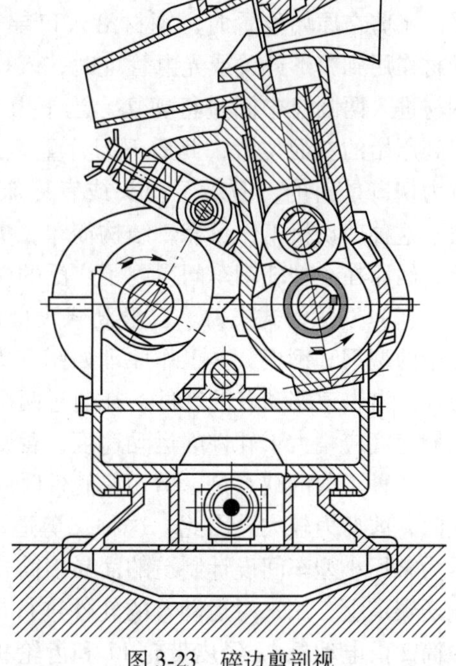

图 3-23 碎边剪剖视

3.1.1.5 飞剪机

横向剪切运行中的轧件的剪切机称为飞剪机，简称飞剪。在连轧钢坯车间或小型型钢车间里，它安放在轧制线的后部，将轧件切成定尺寸或仅切头切尾。在冷、热带钢车间的

横剪机组、重剪机组、镀锌机组和镀锡机组里，都配置有各种不同类型的飞剪机，将带钢剪成定尺寸或裁成规定质量的钢卷。在这些机组中还有其他设备，如开卷机、矫直机、送料辊和剁板机等。在某种程度上，飞剪机限制了轧制速度的提高。广泛地采用飞剪机有利于使轧钢生产迅速向高速化、连续化方向发展。因此，它是轧钢生产发展的重要环节之一。

定尺飞剪应该保证良好的剪切质量——定尺精度、切面整齐和较宽的定尺调节范围。同时还要有一定的剪切速度。为了满足上述要求，飞剪的结构和性能，在剪切过程中必须满足四个要求：一是剪刃的水平速度应该等于或稍大于带材运行速度；二是两个剪刃应具有最佳的剪刃间隙；三是剪切过程中，剪刃最好做平面平移运动，即剪刃垂直于带材的表面；四是飞剪要按一定工作制度工作，以保证定尺长度。

飞剪的运动构建，其加速度和质量应力求最小，以减小惯性力和动负荷。

飞剪的类型较多，应用较广泛的有：圆盘式飞剪、双滚筒式飞剪、曲柄回转式飞剪和摆式飞剪等。

（1）圆盘式飞剪。这种飞剪一般应用在小型轧钢车间内。它安装在冷床前，对轧件进行粗剪，使进入冷床的轧件不致太长；或者安装在精轧机组前，对轧件进行切头，以保证精轧机组的轧制过程顺利进行。飞剪由两对或多对圆盘形刀片组成，圆盘的轴线与钢材运动方向约成 60°，如图 3-24 所示。飞剪圆周速度的选取，应使钢材运动方向的分速度与钢材运动速度相等。飞剪在原始位置时，钢材沿入口导管在飞剪左方前进。当钢材作用到旗形开关或光电管上时，入口导管与钢材向右偏斜，钢材进入两圆盘中间进行剪切。当下刀片下降后，导管使钢材回到原始的左面位置，此后下刀片重新又上升。此类飞剪的缺点为切口是斜的，但对于切头或者冷床前粗剪轧件影响不大。由于这种剪切机工作可靠，结构简单，剪切速度可达 10 m/s 以上，因而在小型轧钢车间得到了广泛的应用。

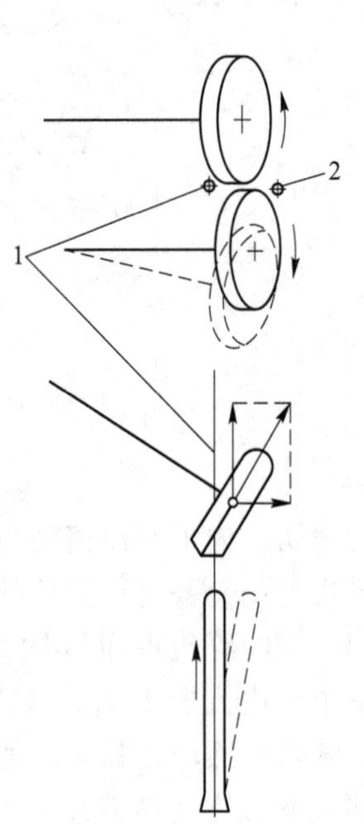

图 3-24　圆盘式飞剪
1—剪切前钢材位置；
2—剪切后钢材位置

（2）双滚筒式飞剪。双滚筒式飞剪广泛地应用于剪切在运动中的型钢和钢板，其工作原理如图 3-25 所示。在两个转动的滚筒上，径向固定着两个刀片。沿辊道移动着的轧件，在通过两个滚筒中间时，即被相遇的两个刀片剪切。刀片的圆周速度应稍大于轧件的运动速度，否则剪切时，轧件在进口处要发生弯曲。

这种飞剪的缺点是，剪切厚轧件时端面不平整（对剪切薄轧件影响不大）；剪切宽钢板时，剪切力较大。因此，这种飞剪适用于剪切高速轧件的小型型钢和薄板。图 3-26 所示为某厂小型车间设计制造的简易滚筒式飞剪结构。它安装于 320 机列与 250 机列之间的输送辊道上，用来对运动着的轧件进行切头或切除有缺陷的部分。刀片 1 装在滚筒 2 上，滚筒 2 由电动机 12 经皮带轮 11 和齿轮 9 传动。为了减少电动机容量，在减速齿轮的高速轴上装有飞轮 10。刀片 1 的线速度等于或略大于轧件 4 的运动速度。轧件进入滚筒之间是通过回转喇叭口 5 实现的。轧件不剪切时，它由输送辊道经回转喇叭口送向轧机。当轧件需要切头可剪切有缺陷部分时，可扳动手柄 3，通过拉杆 6，回转喇叭口 5 以立轴 13 为中心，向飞剪的滚筒方向回转，使轧件进入滚筒剪切。松开手柄，在弹簧 7 的作用下，回转喇叭口恢复原位。此类飞剪由于剪切区刀片不是作手行移动，因而在剪切厚轧件时，剪后轧件端面不平。若作为成品定尺飞剪，以剪切小型型钢和薄板为宜。

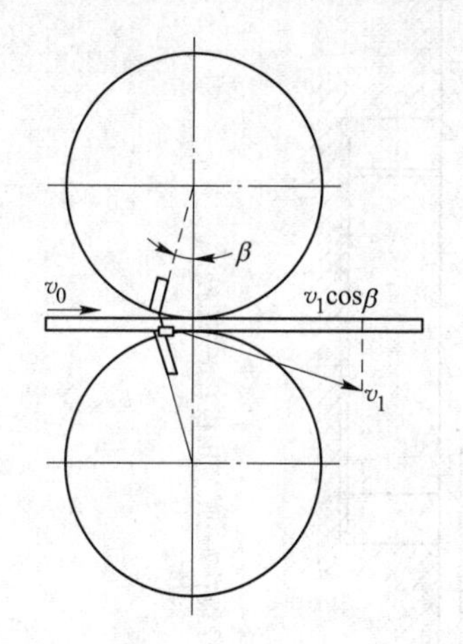

图 3-25　双滚筒式飞剪

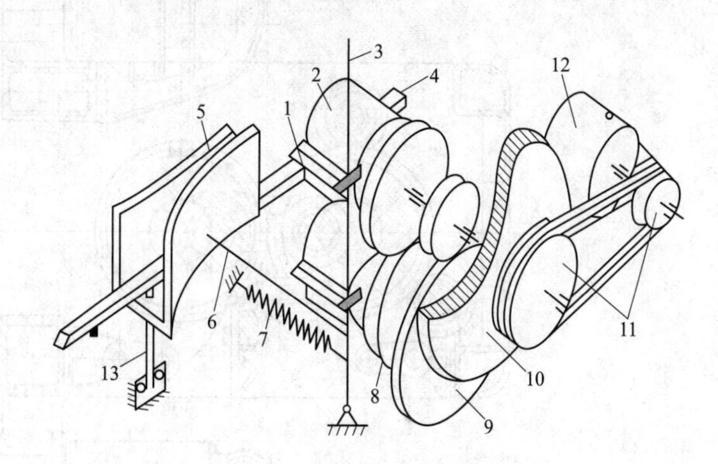

图 3-26　简易滚筒式飞剪

1—刀片；2—滚筒；3—手柄；4—轧件；5—回转喇叭口；6—拉杆；7—弹簧；8—齿轮箱齿轮；9—减速器齿轮；10—飞轮；11—皮带轮；12—电动机；13—立轴

（3）曲柄回转式飞剪（图 3-27）。它的剪切机构由四连杆机构组成，剪刃在剪切区域内作近似的平面运动，并与轧件表面垂直。所以，轧件被剪切的断面比较平直。图 3-27 所示为曲柄回转式飞剪的结构示意图。飞剪的剪切机构由刀架、偏心套筒和摆杆等组成。刀架 1 作成杠杆形状，其一端固定在偏心套筒上，另一端则与摆杆 2 相连，摆杆 2 的摆动支点是铰链连接在立柱 3 上。当偏心套筒（曲柄）转动时，刀架作平移运动，固定在刀架 1 上的刀片能垂直或近似垂直于轧件。在剪切钢板时，可以采用斜刀刃，以便减小剪切力。这种飞剪的缺点是结构复杂，剪切机构的动载特性不良，刀片的移动速度不能太快。一般用于剪切厚度较大的钢板或钢坯。

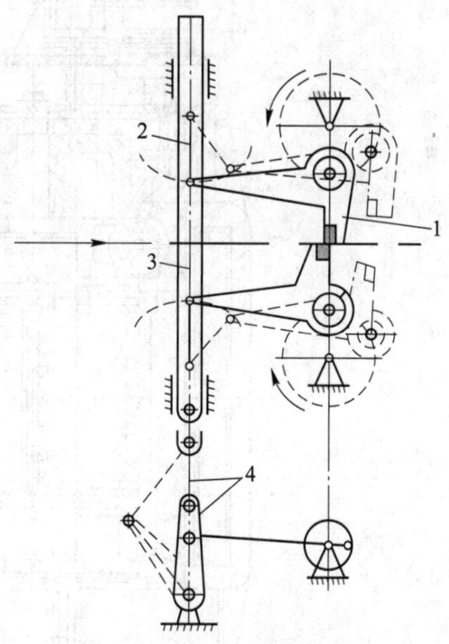

图 3-27　曲柄回转式飞剪结构

1—刀架；2—摆杆；3—能升降的立柱；4—空切结构的曲柄杆

图 3-28 所示为曲柄式切头电动飞剪，它的剪切机构由曲柄连杆的上下剪股 1 组成。剪刃磨修后，用剪刃调整机构 2 调整剪刃间隙。传动装置连接的小齿轮 3 与大齿轮 4 啮合。上下两个大齿轮分别带动上下剪股同步回转。上述零件都装设在铸钢机架内。机架上有前导板 5 和后导板 6，被剪掉的轧件头部或尾部经导板斜面滑落到料头收集装置中，上剪股上装有弹簧压板 7。安

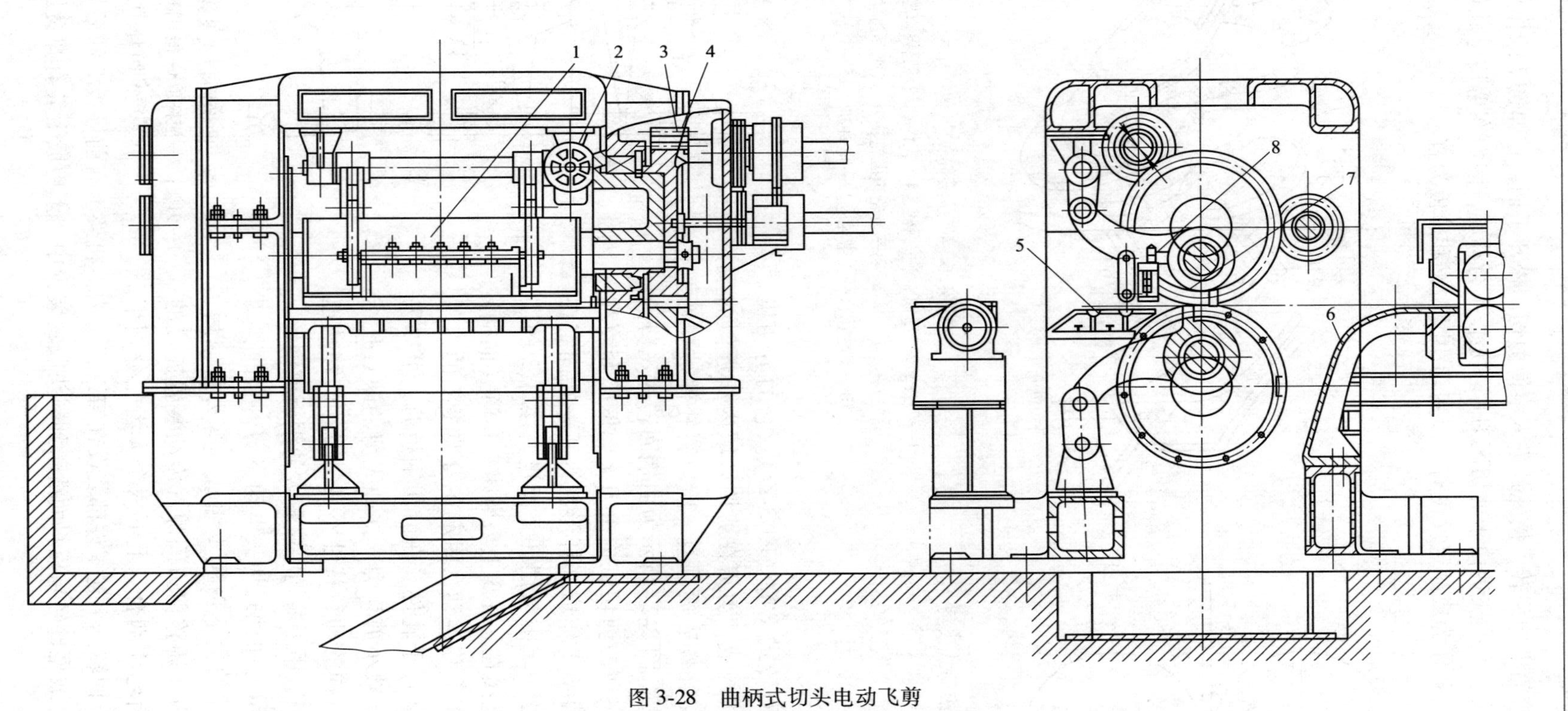

图 3-28　曲柄式切头电动飞剪

1—剪股；2—剪刃间隙调整机构；3—小齿轮；4—大齿轮；5—前导板；6—后导板；7—弹簧压板；8—螺栓

装时，压板应超前上剪刃，使压板在剪刃接触轧件前先与轧件接触，以防止剪切过程中轧件转动和剪切后冲击辗道。剪切中弹簧压板的压力可按轧件发生塑性弯曲或平衡剪切中的侧推力计算，计算角度通常不大于10°。弹簧中的螺栓 8 在工作中承受冲击负荷，必要时应加缓冲装置。

（4）摆式飞剪。在连续式钢板轧钢车间的横切机组中，有时采用这种飞剪。此飞剪的刀片亦作平移运动，剪切板材质量较好。图 3-29 所示为摆式飞剪示意图，其上刀架固定在摆动机架 4 上。摆动机架 4 支撑在主轴 1 的偏心上。在主轴 1 上共有两对偏心，其中，一对偏心通过连杆 7 与下刀架 6 相连，下刀架 6 可以在摆动机架 4 的滑槽内滑动。由于主轴 1 上的两对偏心位置相差 18°。故当主轴 1 转动时，上刀架随同机架 4 下降，而下刀架上升，完成剪切动作。但是，它只能剪切静止不动的轧件。为了能够剪切运动的轧件，就要使摆动机架能够往复摆动。摆动机架下部与一个偏心杆铰链连接，偏心轮装在后轴 3 上。后轴 3 通过小齿轮 10、齿条 9 和同步圆盘 8 与主轴 1 相连。当主轴 1 转动时，就可以通过同步圆盘 8、齿条 9、小齿轮 10 和后轴 3 上的偏心连杆，使机架 4 以主轴 1 为中心往复摆动。此时，刀架作平移运动，实现摆式飞剪的剪切工作。

3.1.2　锯机

锯机是用来锯切异型断面钢材的，因为这种钢材的翼缘或腹壁在剪切机上剪切很容易被压坏或压弯，为此在切断工字钢、钢轨及其他型钢，一般采用锯机。根据锯片送进方法的不同，锯机可分为以下三种型式：

（1）摆动式锯机（图 3-30）。这种锯机占地面积小，但因为是摆动进锯，故锯切行程有限，且刚度差，振动大，现已不再制造。

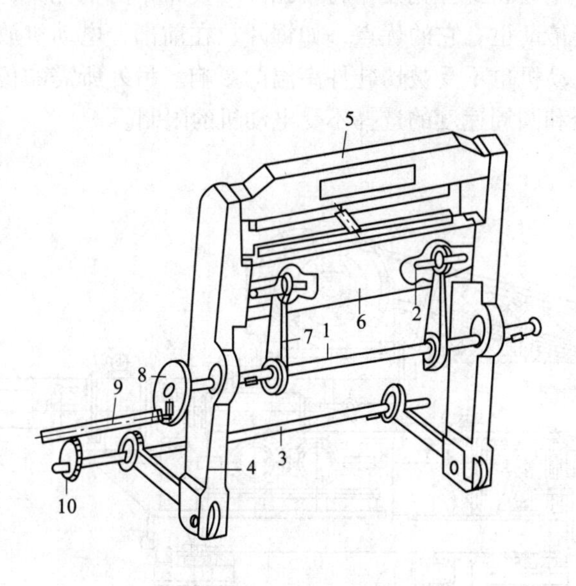

图 3-29　摆式飞剪

1—主轴；2—连杆连接轴；3—后轴；4—机架；5—上刀架；6—下刀架；7—连杆；8—圆盘；9—齿条；10—小齿轮

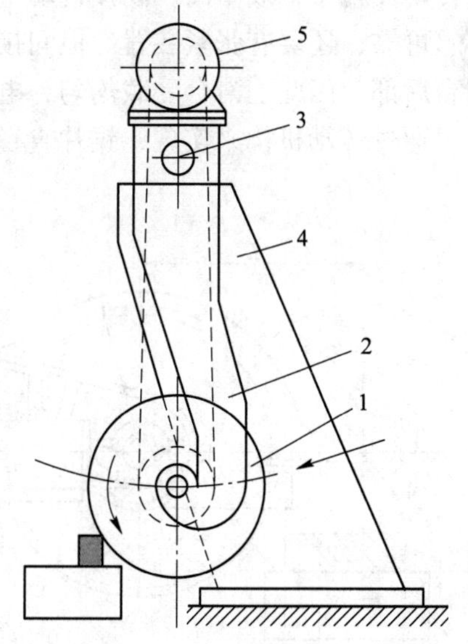

图 3-30　摆动式锯机

1—锯片；2—摆杆；3—摆杆的摆动轴；4—机架；5—小皮带轮

（2）杠杆式锯机（图 3-31）。这种锯机结构简单，其缺点是从切口中出屑困难，又不易用水从锯齿中冲掉切屑。故适用于生产率低的小型车间，或专用于小断面轧件的取样。

（3）滑座式锯机。这种锯机与摆动式锯机、杠杆式锯机比较，具有锯片横向振动效率高，行程大，工艺性能好，并且结构完善等优点，因此，得到了广泛的应用。

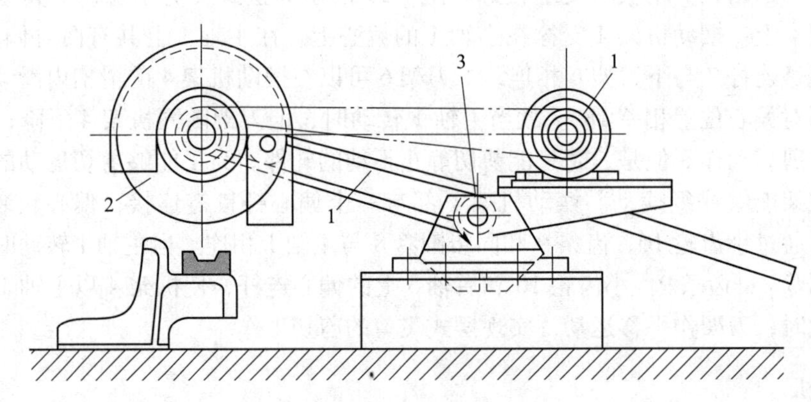

图 3-31　杠杆式锯机

1—摆动框架；2—锯片；3—摆动轴

滑座式锯机主要由锯切机构、送进机构及横移机构三部分组成（图 3-32）。锯机的锯切机构是指驱动锯片的机构。驱动锯片的电动机，可以通过联轴节直接传动，也可以通过皮带间接传动。这两种驱动锯片的方式各有优缺点。直接传动的优点是结构简单，工作可靠，传动损耗小，效率高；间接传动（电动机经三角皮带传动锯片）皮带本身消耗大，工作不够可靠，还要有张紧装置。但间接传动也有它的优点，如锯片放在前部，电动机放在上滑台后部，因此上滑台受载均匀，电动机也不受被切轧件高温的影响。另外所需的传动比，可通过传动机构来实现，锯片直径和圆周速度的选择不受电动机的限制。

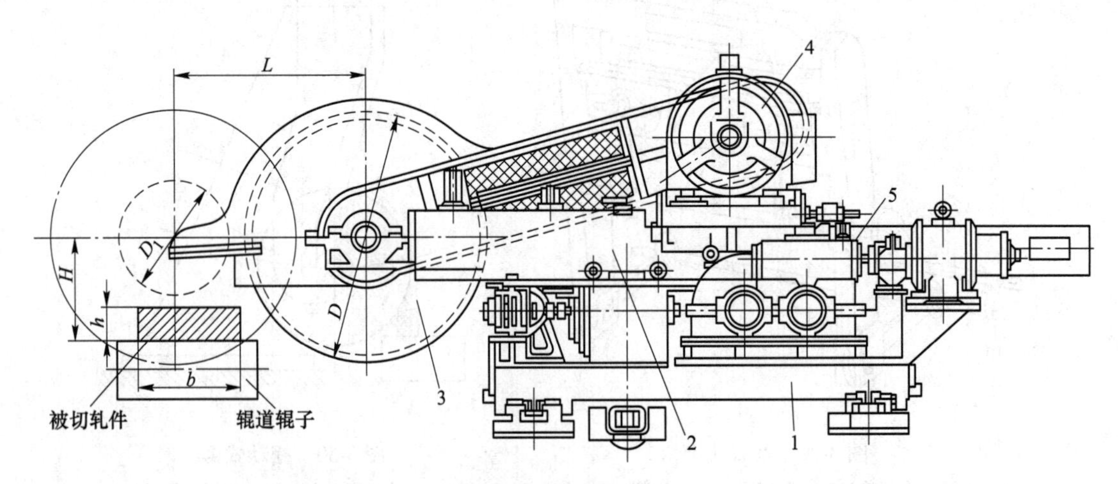

图 3-32　滑座式锯机

1—机架；2—上滑台；3—锯片；4—锯片传动装置；5—锯片送进机构

一般来说，对小型锯机，以选间接传动为宜；对大直径（大于 1800~2000 mm）锯片的锯机，则采用直接传动为好。因为：

（1）在电动机的周围用水箱和水幕冷却，可避免被切轧件高温的影响。

（2）上滑台较重，因而电动机质量的影响相对较小，并且可采用压辊机构等，保证上滑台移动平稳。

（3）电动机采用压辊与锯片相比，电动机尺寸较小，对锯片尺寸选择影响不大。锯片的送进机构 5，使上滑台及其上高速回转的锯片，以一定的速度通过轧件，并将轧件锯断。它是由电动机经蜗杆蜗轮减速机带动下滑座上的齿轮与上滑台部的齿条啮合，使上滑台前进（或后退），锯切轧件（或回程）的机构。

锯机横移机构，是使锯机能按轧件所需要的不同定尺长度，改变锯与锯之间锯切距离的调整机构。它是由设在锯机下滑座上的电动机经蜗轮减速机传动齿轮，并与装在轨道内侧的齿条相啮合，使锯机沿导轨横移来达到调整的目的。锯机按锯片的构造还可以分为热锯机和冷锯机。热锯机用带齿的锯片进行锯切，并在锯片旋转时将锯屑分离。冷锯机的锯片没有齿，是以高速旋转的锯片摩擦钢材，从而使锯口处金属发热，达到熔点或者很软进行锯切。因此，这种锯机也称为摩擦锯机。它比热锯机生产率低，能量消耗大，仅在金属冷状态下锯切时才采用它。热锯机是按照锯片的最大直径标称的。

模块 3.2　矫直机

轧件在轧制、剪切、运输等生产过程中，往往会发生弯曲。在某些情况下，冷却过程中还会产生弯曲。为了最后获得光滑平整的板材和具有正确几何形状和型材，在轧钢车间精整工段里一般都设有矫直各种轧件的机器，这种机器称作矫直机。

在金属型材或板材的弯曲部位施加足够大的反向弯曲或拉伸变形，使该部位产生一定的弹塑性变形，当外力去除之后，型材经过弹性回复后达到平直，这一工艺过程就称为矫直。

矫直原理：使钢材的弯曲部位承受相当大的反向弯曲或拉伸，使该部位产生一定的弹塑性变形，当外力去除后，钢材经过弹性回复，然后达到平直。

根据结构特点，矫直机可以分为：压力矫直机、辊式矫直机、管帮矫直机、拉伸矫直机（单张板材矫直机和连续式拉伸矫直机）和拉伸弯曲矫直机等几种类型，见表 3-2。

压力矫直机：轧件在活动压头和两个固定支点间，利用一次反弯的方法进行矫直。主要用于大型钢梁，钢轨和大直径钢管的矫直，或作为辊式矫直机的补充矫直。

辊式矫直机：轧件受到交错排列的转动的辊子的反复弯曲而得到矫直。主要用于型钢和板带材的矫直。

管材矫直机：矫直原理同辊式矫直机。最大特点是矫直辊与矫中心线有倾角，使管材产生螺旋前进而在各方面得到矫直。主要用于管材、棒材的矫直。

表 3-2　矫直机类型

名称	工作简图	用途
压力矫直机	a　立式（轧件） 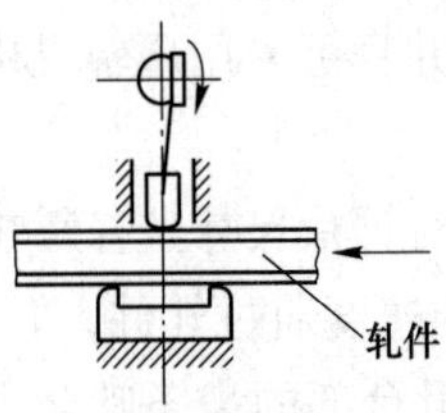	矫正大型钢架和钢管
	b　卧式（压头升降齿条机构；动压头） 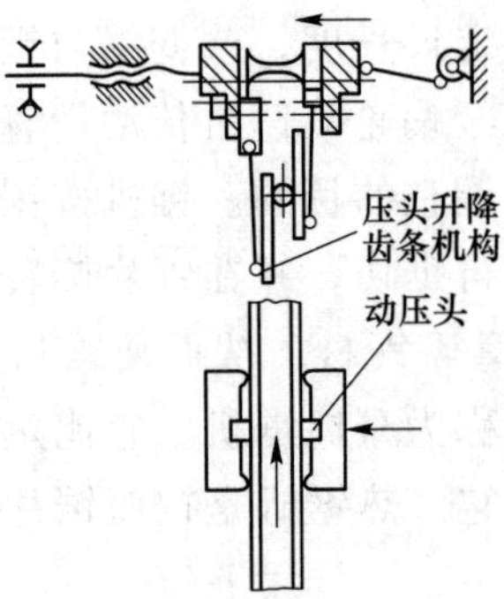	矫正大型钢架和钢管
辊式矫直机	c　上辊单独调整 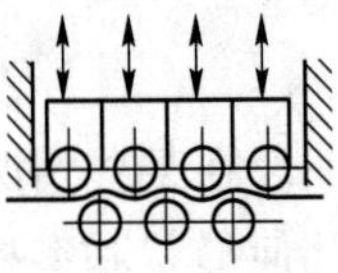	矫正型钢和钢管
	d　上辊整体平行调整 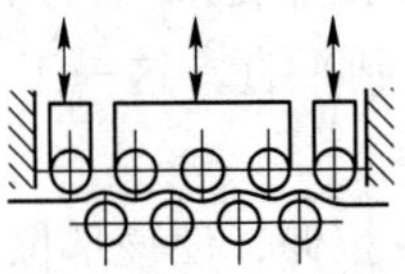	矫正中厚板
	e　上辊整体倾斜调整 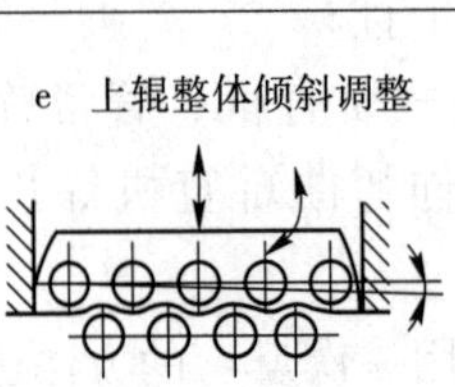	矫正薄、中板
辊式矫直机	f　上辊局部倾斜调整（α） 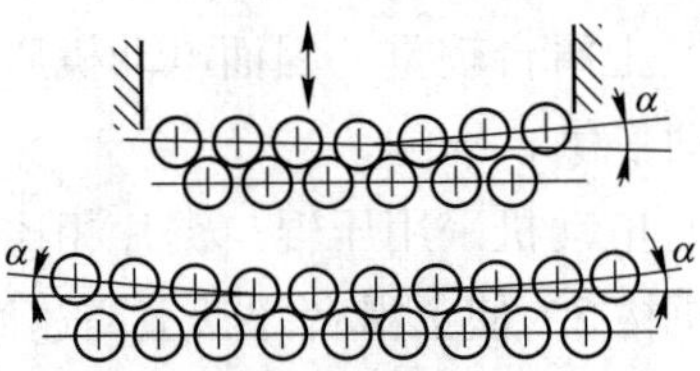	矫正薄板
管材棒材矫直机	g　一般料辊式 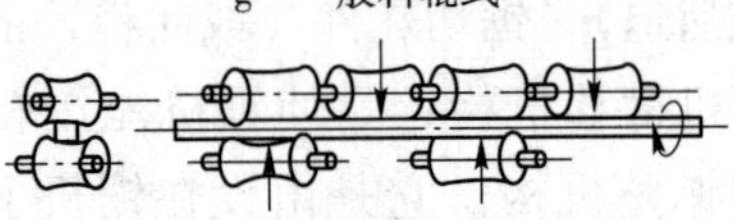	矫正管和圆棒材
	h　<313>型 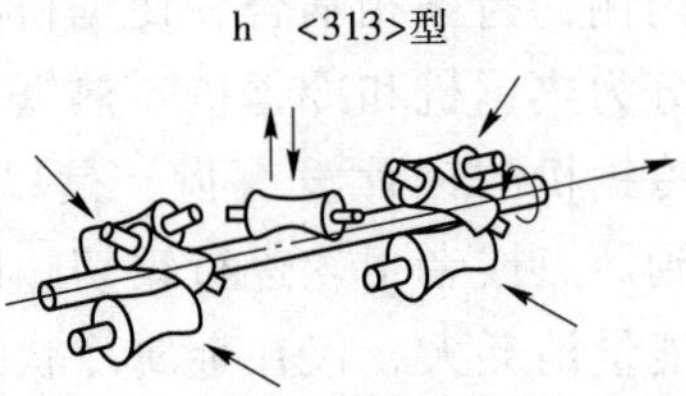	矫正管材
	i　偏心轴式（偏心辊心棒） 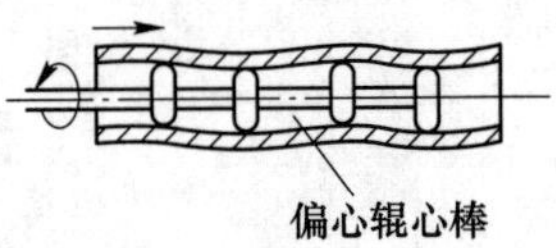	矫薄型管
张力矫直机（或机组）	j　夹钳式（夹持机构） 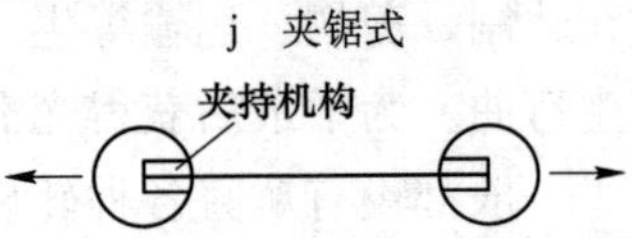	矫正薄板
	k　连续拉伸机组 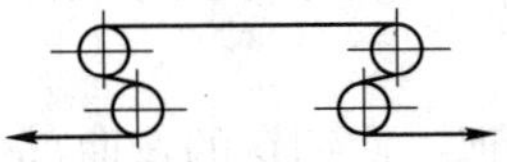	矫正有色金属带材
拉伸弯曲矫直机组	l　拉伸弯曲矫正机组（弯曲辊；矫平辊） 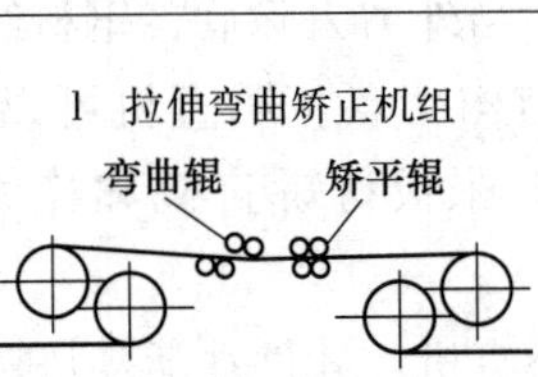	在联合机组中矫正带材

拉伸矫直机：对轧件施加超过其材料屈服极限的张力，使轧件产生弹塑性变形，从而将轧件矫直。主要用于矫直厚度小于 0.6 mm 的薄钢板和有色金属板材。通常，辊式板带矫直机只能有效地矫正轧件的纵向和横向弯曲（即二维形状缺陷）。至于板带材的中间瓢曲或边缘浪形（三维形状缺陷）则是由于板材沿长度方向各纤维变形量不等造成的。为了矫正这种缺陷，需要使轧件产生适当的塑性延伸。在普通辊式矫直机上，虽能使这种缺陷

有所改善，但矫正效果不理想。这时需要采用拉伸矫正方法。拉伸矫直的主要特点是对轧件施加超过材料屈服极限的张力，使之产生弹塑性变形，从而将轧件矫直。

拉弯矫直机：主要用于带材的矫直。矫直时使带材在小直径辊子上弯曲，同时施加张力，使带材产生弹塑性变形而得到矫直。

矫直机辊系配置的四种基本形式：

（1）1—1 辊系上下辊一一交错，下辊驱动，上辊用于压弯。此辊系常有 5 个辊子组成，上三下二，上辊短，下辊长。此辊系多用于矫直棒材。特点是咬入条件不好，棒材两端得不到矫直，表面质量低。

（2）2—2 辊系上下辊相对配置，一般由三对辊组成，6 个辊子一般为全部驱动。各辊长度相同。此辊系用于管材矫直，咬入条件好，表面不划伤，对直径有圆整作用，对两端有压扁矫直作用。3 个上辊和中间的下辊都是可以调节压下的，结构比较复杂。

（3）复合辊系形式很多，基本特点是单双辊交错配置。它兼有上述两辊系的特点。管棒材都可矫直。大多是上辊起压下作用。驱动上下辊均可。一般长辊为驱动辊，短辊随动。

（4）3—1—3 辊系其入口和出口为三辊，形成环抱压紧状态，中间一辊压弯。此辊系优点较多，圆整作用和咬入条件及工作稳定性好，两端矫直效果好，只有两个下辊驱动，但辊子调节困难，适用范围小，维修困难，表面质量低。

3.2.1　压力矫直机

压力矫直机有立式（图 3-33（a））和卧式（图 3-33（b））两种。

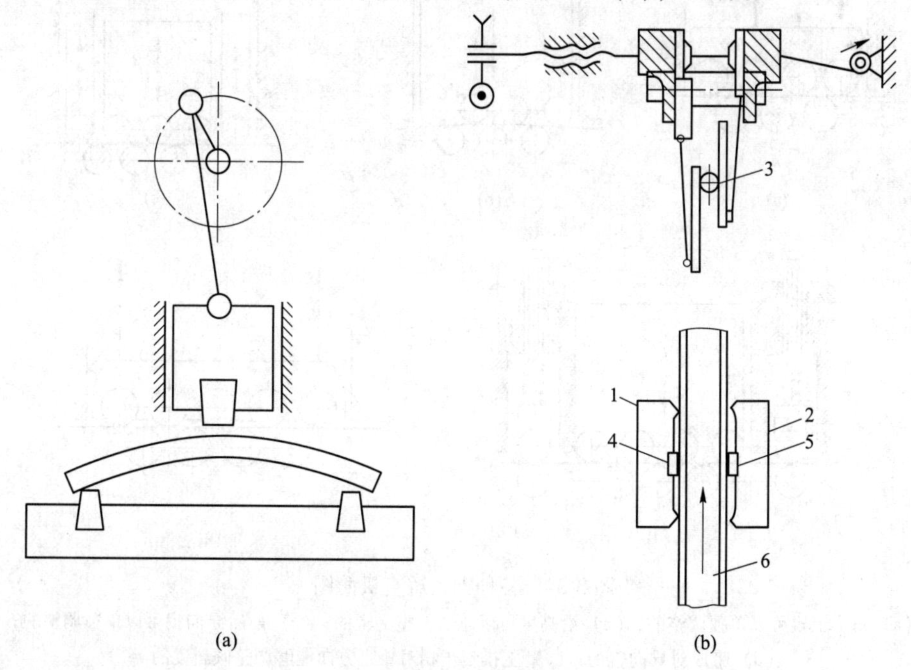

图 3-33　压力矫直机结构

（a）立式压力矫直机；（b）卧式压力矫直机

1，2—压板；3—齿轮齿条机构；4，5—压块；6—轧件

立式压力矫直机实际上是一个曲柄滑块机构，将轧件的弯曲部分放在两个固定支点上，当上压头向下运动时，轧件弯曲部分就会产生适量的弹塑性弯曲变形而得到矫直。这种矫直机是在轧件弯曲部分的凸面向上放置时进行矫直的。如无翻钢装置，则操作工人的劳动强度较大。

卧式压力矫直机是一个水平放置的曲柄滑块机构，它不需要翻钢，故改善了劳动条件。在矫直时，压板1是固定不动的，压板2则通过曲柄机构进行连续的往复运动。在压板1和2的槽中，分别装有压块4和5，齿轮齿条机构3可以使压块4下降，以压板1两端的凸起部分为固定支点，在压块5的作用下矫直轧件；如果压块4升起，则压块5下降，以压板2两端的凸起部分为固定支点，在压块4的作用下矫直轧件。压板1的原始位置，可以根据轧件的大小，通过蜗杆蜗轮和螺丝螺母机构进行调整。

压力矫直机的主要缺点是生产效率低，一般用在型钢和钢管车间，作为辅助的矫直装置。当轧件通过辊式矫直机后，还存在局部弯曲时，就在压力矫直机上进行补充矫直。压力矫直机可以矫直大型钢梁、钢轨以及直径200~300 mm的钢管。

3.2.2　辊式矫直机

辊式矫直机有两排交叉布置的工作辊（图3-34），弯曲的轧件在旋转着的工作辊之间作直线运动，经过工作辊的多次弯曲而得到矫直。由于轧件能以较高的速度在运动过程中进行矫直，生产率较高，且易实现机械化，故辊式矫直机在型钢和钢板车间得到了广泛的应用。

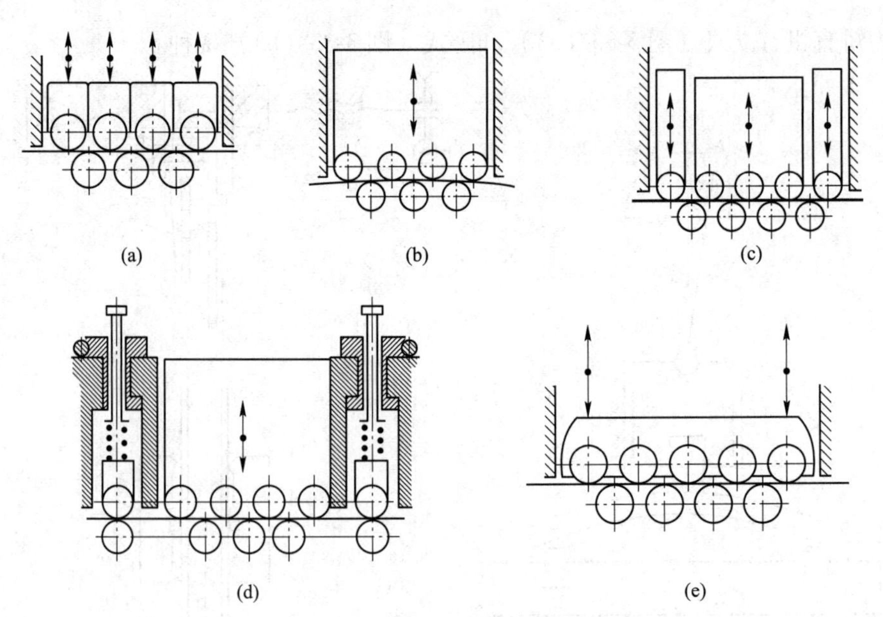

图3-34　各种钢板矫直机简图

（a）每个上辊可以单独调整的；（b）沿高度可以总的调整上辊的；（c）前后导向辊可以单独调整的；（d）带成对导向辊的；（e）上排辊子相对矫直方向能够调整倾斜度的

为了使轧件得到适量的弹塑性变形，辊式矫直机的上排（或下排）工作辊是可以调整的。工作辊的调整可分为以下几种类型：

每个上辊可以单独调整的矫直机（图 3-34（a）），这种调整方式能使工作辊根据需要进行较灵活的调整，但其结构复杂。它主要用于工作辊数目不多而辊距较大的矫直机上，如型钢矫直机等。

沿高度可以总的调整上辊的矫直机它的上排辊子固定在一个总的可平行升降的横梁上（图 3-34（b）），其结构比较简单。主要缺点是，在出口端辊子有压下量，使钢板出矫直机时又产生弯曲。这对于矫直厚板很不利，所以一般用于粗矫薄板。

前后导向辊可以单独调整的矫直机（图 3-34（c）），这种矫直机的前后导向辊可以调整得比其他辊子高一些，使钢板端部引到水平面上，清除了上述缺点，它广泛用于矫直中板和厚板。因为这种机构第一个辊子与其他辊子间的辊距较大，所以不适用于矫直薄板。

具有成对导向辊的矫直机它在入口处或在入口及出口处装有一对主动的导向送料辊，其上辊靠弹簧力把钢板紧紧地压向下辊（图 3-34（d）），为了防止钢板在矫直时折叠，入口导向辊的圆周速度比矫直辊速度小些，而出口导向辊的圆周速度则稍微大些，或者等于矫直辊的速度。这种矫直机用于矫直厚度小于 3 mm 的薄板。

上排辊子相对矫直方向能够调整倾斜度的矫直机（图 3-34（e）），上工作辊整排地固定在一个可以倾斜的横梁上，主要优点是使轧件的弯曲变形能够随着轧件的移动而逐渐减小，即在最初一组辊子中轧件的弯曲变形大，以后逐渐减小。倾斜调整符合轧件矫直时的变形特点。它广泛用于矫直 4 mm 以下的薄板。近年来，在中厚板辊式矫直机上也逐渐利用这种调整方式。

可调整工作辊挠度的矫直机，它的每个工作辊都有一个或几个较短的支撑辊其相对工作辊上升和下降的调整机构。因为它能够消除钢板上的局部波纹和凸起，所以被广泛地用来矫直薄板。

3.2.2.1　辊式钢板矫直机

以我国自行设计与制造的 17 辊矫直机为例（图 3-35），该矫直机主要用于矫直热轧与冷轧退火后的普通碳素钢板及合金钢板，被矫钢板的厚度为 1~4 mm。

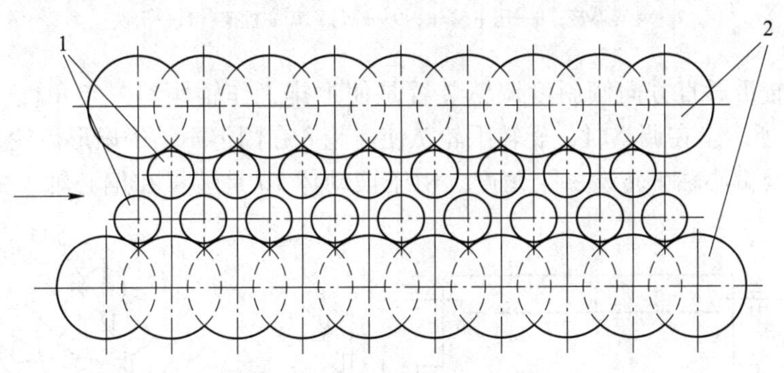

图 3-35　工作辊与支撑辊布置

1—工作辊；2—支撑辊

该矫直机由传动系统和本体两大部分组成。传动系统由电动机、联轴器、减速机、齿轮齿座和万向接轴 5 部分组成，并由万向接轴将动力分别传给各工作辊。本体部分主要由机架、工作辊、支撑辊调整机构和摆动机构等组成，工作辊与支撑辊的布置如图 3-35 所示。17 个工作辊分成两排成交错布棋式，上下工作辊分别装在带有滚针轴承的座上，上轴承座通过枕座固定在摆动体上，并用弹簧平衡，以消除轴承座与枕座间的间隙。下工作辊通过轴承座和枕座直接装在机架上。为了保证工作辊在矫直过程中具有足够的刚度，在上下两排工作辊上，均设置有三排支撑辊，上支撑辊固定在摆动体上。

上辊压下调整装置根据被矫板材的厚度及原始曲率情况，上排工作辊需作升降移动，以调整两排工作辊间的距离，其传动原理如图 3-36 所示。电动机 3 以双出轴带动行星摆线减速机 2，将动力传给蜗杆 5 及蜗轮 4 转动压下螺丝 8。由于螺母 9 是固定在机架 10 上的，故当压下螺丝上下移动时，带动滑块 11 移动。因拉杆和蝶形弹簧 7 使滑块 11 与摆动体 6 紧贴在一起，故滑块 11 的移动便使装有上工作辊的摆动体作上下移动，从而调整了两排工作辊的距离。4 个弹簧 1 固定在上机架横梁上，用来平衡摆动体 6，借此消除压下螺丝与螺母的螺纹间隙。压下螺母用压盖固定在机架上，当压盖松开后，压下螺母可以转动，使压下螺丝单独微调，从而保证压下螺丝端部都能在同一水平高度上。对于上工作辊的调整量（即压下量的大小），设有指示器加以表示。

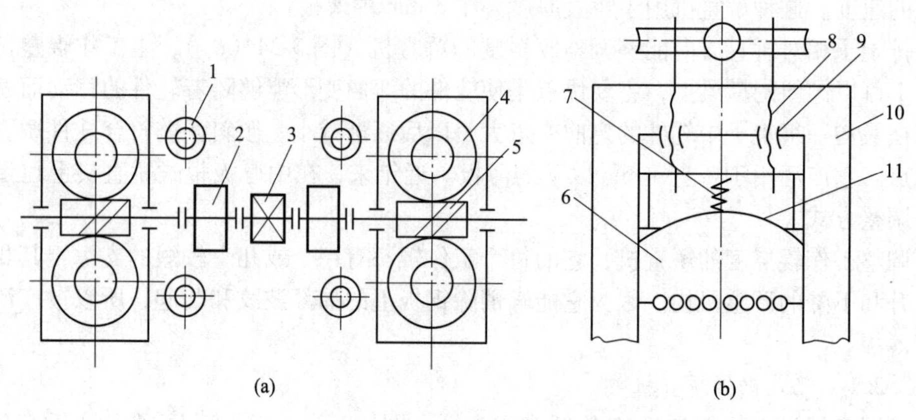

图 3-36 压下调整机构

1—弹簧；2—行星摆线减速机；3—电动机；4—蜗轮；5—蜗杆；6—摆动体；7—蝶形弹簧；8—压下螺丝；9—螺母；10—机架；11—滑块

上排工作辊沿矫直方向倾斜度调整装置是使上排工作辊倾斜一定角度，设有摆动机构，如图 3-37 所示。在调整时，旋转手轮 7 使齿轮 8 在固定不动的扇形齿轮 2 上滚动，从而带动连杆 5 及偏心轴 1 转动一个角度。由于摆动体 10 是装置在偏心轴上的，故当偏心

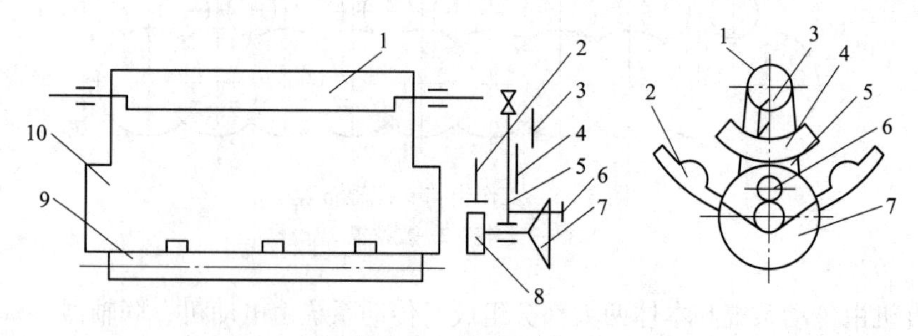

图 3-37 摆动机构

1—偏心轴；2—扇形齿轮；3—指针；4—指针盘；5—连杆；6—弹簧固定销；7—手轮；8—齿轮；9—工作辊；10—摆动体

轴转动时，摆动体随之转动一个角度，即整个上排工作辊 9 倾斜一个角度。调整结束后，用弹簧固定销 6 使手轮 7 固定不动。为了表示倾角的大小，在偏心轴上装有指针 3 及指针盘 4。

上支撑辊调整装置根据被矫板材的弯曲情况，上排支撑辊均可单独进行调整。上支撑辊是用斜楔调整的，其调整机构如图 3-38 所示。斜楔 1（斜度 1∶40）可用螺钉 2、3 左右调整，可使辊座上、下移动 3 mm，以保证支撑辊与工作辊能很好地接触。

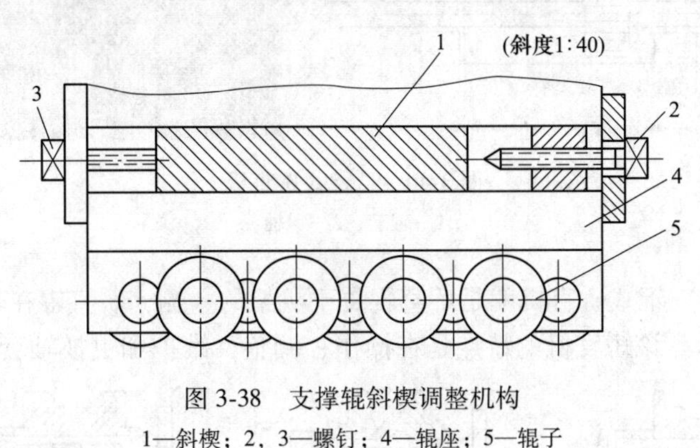

图 3-38　支撑辊斜楔调整机构

1—斜楔；2，3—螺钉；4—辊座；5—辊子

支撑辊调整装置下支撑辊调整机构，如图 3-39 所示。图 3-39 中螺栓 7 顶部的球面垫是与下支撑辊座相连接的。由手轮 1 通过离合齿轮 2 及中间轴 3 带动齿轮 4 及螺栓 5 而旋转蜗轮 6，蜗轮内孔的螺母与螺栓 7 相连接，故螺栓只能在导套内上下移动，致使该排下支撑辊上下移功，从而使与其相应的与支撑辊相接触的工作辊产生局部挠曲。当需要调整另一排支撑辊，则拨动手轮及定位销钉，使该排的离合齿轮及中间轴转动，进行支撑辊的调整。

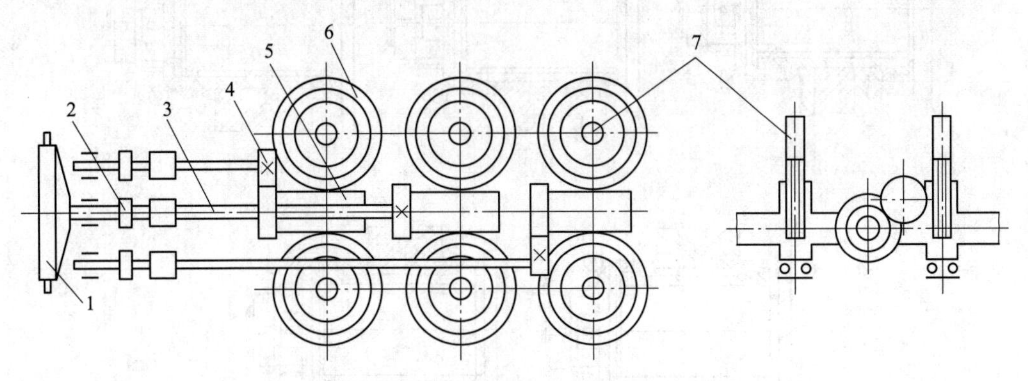

图 3-39　下支撑辊调整机构

1—手轮；2，4—齿轮；3—中间轴；5，7—蜗杆；6—蜗轮

3.2.2.2　辊式型钢矫直机

在型钢生产中，工字钢、槽钢和钢轨等复杂断面的钢材，小断面的方钢和圆钢等简单断面的钢材，轧后将发生弯曲，必须矫直。但对于边长或直径大于 80 mm 的方钢及圆钢，因其冷却后弯曲变形不大，故一般不需矫直。

为了适应型材品种规格较多的特点，在辊式矫直机中，矫直辊是由辊轴及辊套组合而成的，如图 3-40 所示。按照矫直辊辊套放在辊轴上的不同位置，型材矫直机在结构上分为悬臂式和闭式辊式矫直机。

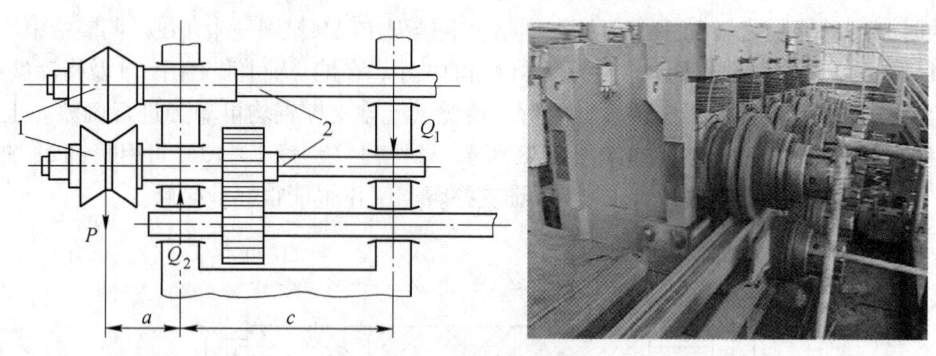

图 3-40　悬臂式矫直机

1—辊套；2—辊轴

悬臂式（开式）辊式矫直机就是矫直辊位于机架的一侧，矫直辊在辊轴上是悬臂放置的，如图 3-41 所示。该矫直机的特点是在操作、调整、维护和更换轴套等方面均较方便。

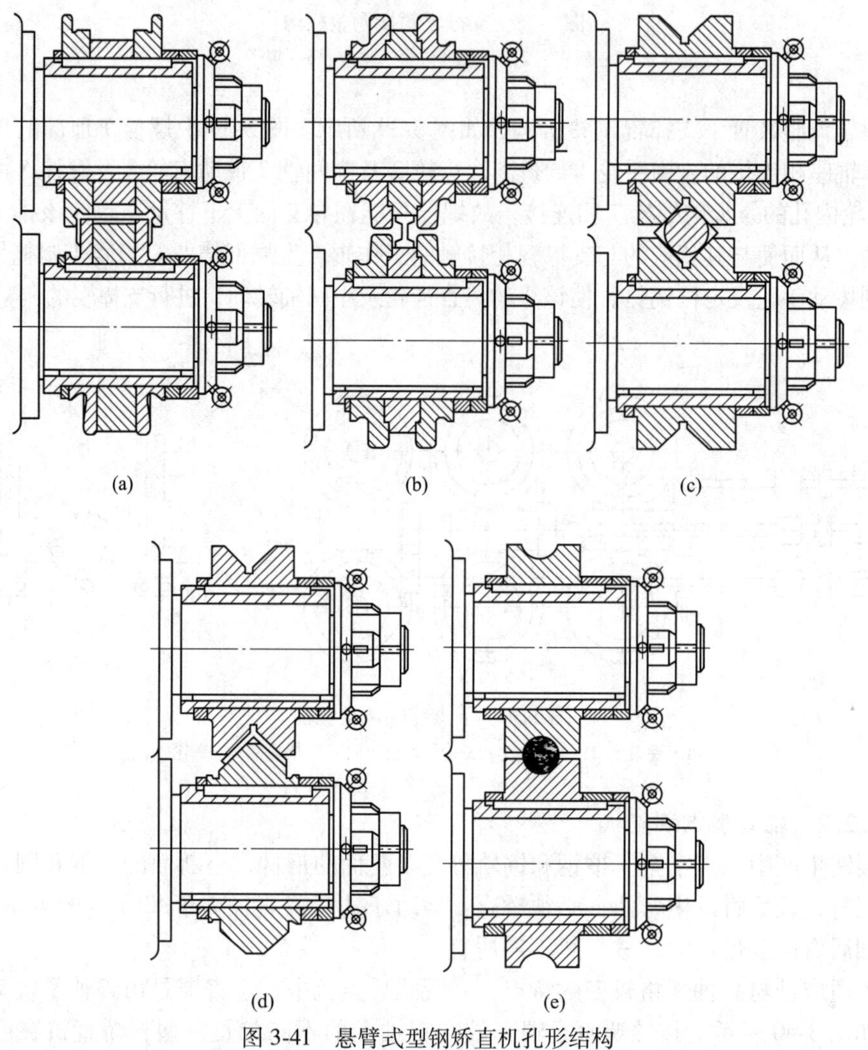

图 3-41　悬臂式型钢矫直机孔形结构

（a）槽钢；（b）钢轨；（c）方钢；（d）角钢；（e）圆钢

由于矫直辊是悬臂的，故辊轴的两个轴承受力不均。

闭式矫直机的矫直辊位于辊轴的两个轴承之间，两端轴承受力均匀，机座刚度较好，多用于矫直大型钢材，如图 3-42 所示。它的缺点是在生产时，因操作人员不易看清钢材的矫直情况，给调整工作带来很大困难。此外，更换辊套时，由于拆装不便，影响了矫直机的生产率。因此，它有被悬臂式辊式矫直机取代的趋势。

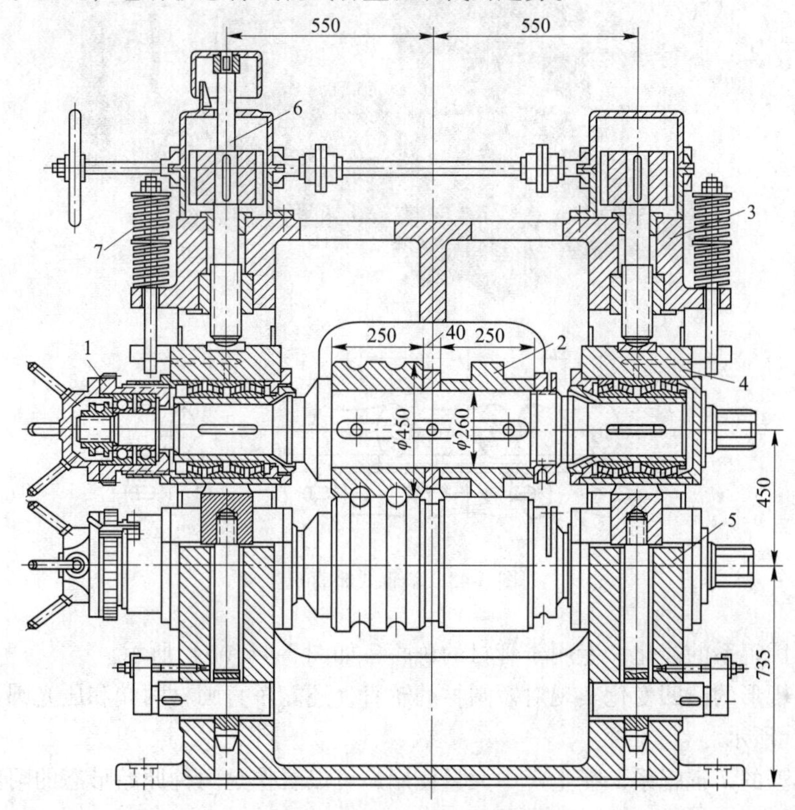

图 3-42　闭式八辊型材矫直机

1—轴向调整螺母；2—辊套；3—上机架；4—轴承座；5—下机架；6—压下装置；7—平衡弹簧

3.2.2.3　斜辊式矫直机

上下工作辊轴线平行的辊式钢板矫直机和辊式型钢矫直机，在矫直管、棒等圆形断面轧件时存在两个致命的缺点：一是只能矫直圆材垂直于辊轴的纵向剖面上的弯曲；二是自转现象使轧材产生严重的螺旋形弯曲（俗称麻花弯）。

因此，管、棒材等圆形断面轧件一般在上下轴线相交错且辊形为三维双曲面的斜辊矫直机上矫直，如图 3-43 所示。

对于钢管和矫直质量要求较高的管坯，一般都采用斜辊式矫直机。这种矫直机与辊式矫直机相似，其不同点是，两排工作辊的轴线在空间交叉，即辊子是斜着排列的，并且工作辊具有双曲线或某种空间曲线的形状。当工作辊旋转时，轧件除了有前进的运动外，还有旋转运动，因此被矫轧件在辊子之间进行多次弯曲，不断地改变自己的方向，完成了普通矫直机所不能做到的轴线对称的矫直。其矫直辊系主要包括以下几种，如图 3-44 所示：

（1）阿氏辊系，用于矫直管、棒材，其长辊为驱动辊、短辊为压弯辊，如图3-44（a）所示。

图 3-43 斜辊式矫直机

（2）阿氏辊系的演化，专用于管材的矫直，如图 3-44（b）所示。

（3）以辊形的凸凹变化实现对短圆材的矫直，还能矫直圆材两端和压光圆材表面，如图 3-44（c）所示。

（4）典型的 7 辊辊系，在生产中大量使用，可以看作是两种原始形态的阿氏辊系，如图 3-44（d）所示。

（5）辊系中两端辊主要起压扁矫直和圆整作用，中间辊保证较长的塑性弯曲区，可获得良好的表面质量和矫直质量，如图 3-44（e）所示。

（6）辊系可以增大第 3 对辊处塑性弯曲区的长度，使这种辊系可以真正成为管、棒材两用的矫直辊系，如图 3-44（f）所示。

（7）辊系是 9 辊高速矫直辊系，入口端一对压紧辊保证工件快速咬入压扁矫直。矫直速度可达 360 m/min，如图 3-44（g）所示。

（8）辊系为 7 辊式大直径薄壁管矫直辊系，前后各用 3 个斜辊按相隔 120°环抱管材，既可以按三角压扁方式起到矫直和圆整作用，又可以利用中间辊进行三段的连续压弯，如图 3-44（h）所示。

3.2.3 拉伸矫直机（张力矫直机）

张力矫直机主要用来矫直厚度小于 0.3~0.6 mm 的薄板和某些有色金属板材，这些轧件在辊式矫直机上往往难于矫直。

张力矫直机主要是依靠使轧件产生适当的弹塑性拉伸变形而得到矫直的。图 3-45（a）

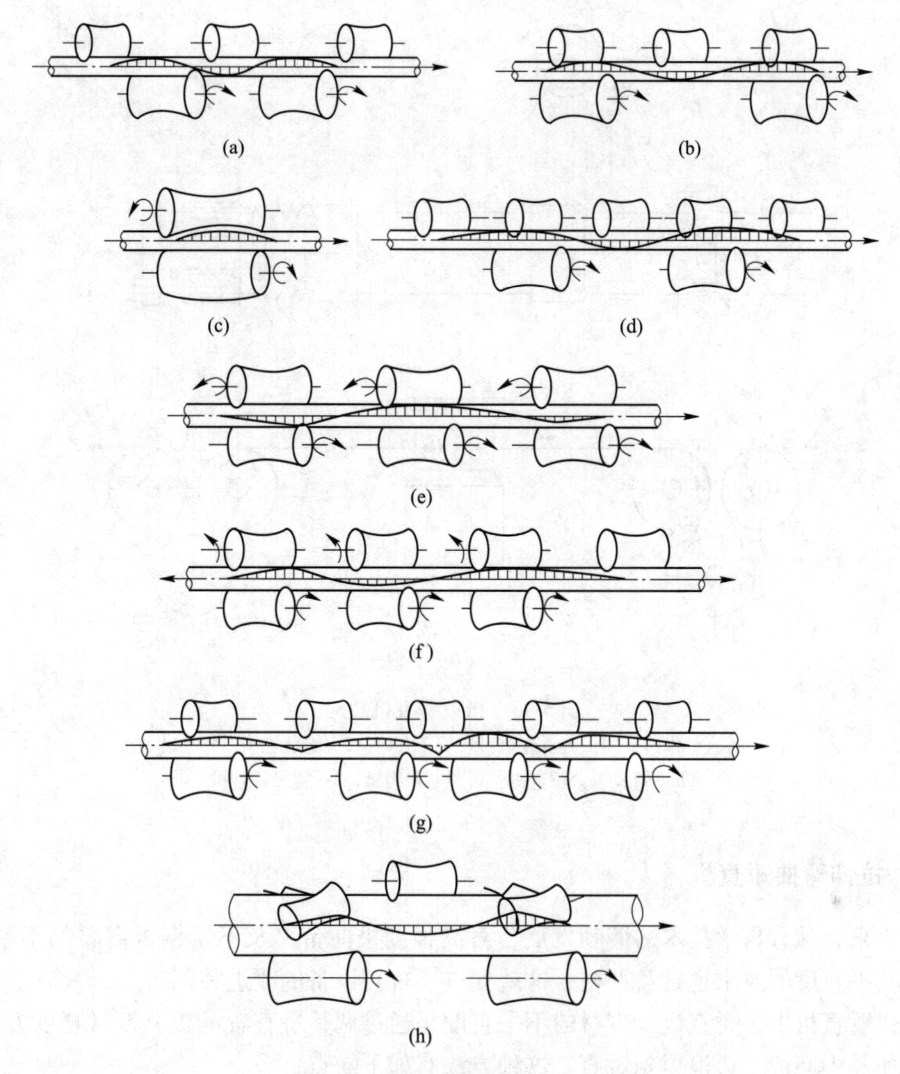

图 3-44　斜辊式矫直机矫直辊系

（a）1—1（5）辊系；（b）2—1—2 辊系；（c）2 辊辊系；（d）1—2—1—2—1 辊系；（e）2—2（6）辊系；（f）2—21（7）辊系；（g）21—1（9）辊系；（h）3—1—3 辊系

所示的张力矫直机是用来矫直单张钢板的。夹钳 1 和 2 将钢板夹住，其中，夹钳 1 是固定不动的，夹钳 2 则可通过液压缸 4 的作用向右移动。这就使钢板产生适量的弹塑性拉伸变形而得到矫直。夹钳 1 的原始位置可以根据钢板长度通过螺旋机构 3 调整，螺母的转动是电动机通过齿轮传动的。

由于单张张力矫直机生产率较低，金属损耗大，且矫件被夹钳夹住的部分最后要切除，故只用于矫直质量要求较高而一般辊式矫直机又不能矫直的板材。

近年来，辊式张力矫直装置在成卷轧制的冷轧钢板车间得到了一定的发展。如图 3-45（b）所示，在辊式矫直机的前后，设置了张力辊 1 和 3。张力辊可使轧件产生适量的弹塑性拉伸变形，以便更好地消除成卷钢板的浪形弯曲。在平整机连续作业线或某些钢板精整连续作业线中，这种张力矫直装置正在逐渐得到应用。

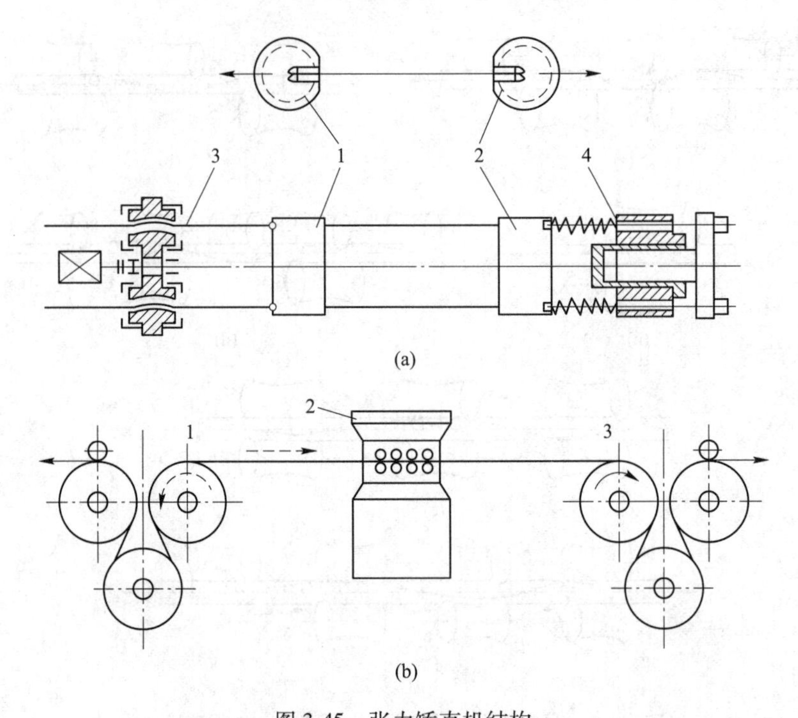

图 3-45　张力矫直机结构
（a）矫直单张钢板的张力矫直机：1，2—夹钳；3—螺旋机构；4—液压缸；
（b）辊式张力矫直机：1，3—张力辊；2—辊式矫直机

3.2.4　拉伸弯曲矫直机

近年来，随着科学技术的蓬勃发展，对高强度极薄带材及不锈钢板需要的不断增加，同时对其平直度的要求也日益严格，这就促进了矫直设备的改进和创新。

辊式矫直机中，矫直板、带材的不平直度是通过调整矫直辊沿板、带材宽度方向的弯曲度，使其中间浪或边浪得到矫直。这种方法有如下缺点：

（1）当板材厚度小于 1.2 mm 时，难于得到理想的矫直效果。

（2）必须时刻用肉眼观察和判断板、带材弯曲度的情况，这在板、带材连续矫直时是有困难的。

连续式拉伸弯曲矫直机简称连续式拉弯矫直机，它适用在连续工作的带材加工作业线上，如轧制线、剪切线、表面镀层及酸洗作业线等。它可矫直黑色金属与有色金属带材，除适于矫直较薄带材如厚度在 0.2~0.5 mm 者外，还能对厚度小于 10 mm，宽度从 100~3000 mm 的带材进行矫直，它矫直带材的厚度范围是较大的，有的在同一台矫直机上可矫直厚度为 0.3 ~ 3 mm 或 1 ~ 6 mm 的带材，矫正速度为 30 ~ 700 m/min，最大可达1000 m/min。

设在酸洗作业线上的连续式拉弯矫直机，用于对带材进行矫直除鳞。当带材通过矫直机时，产生拉弯变形，于是附在金属表面上的氧化铁皮因受弯曲和拉伸变形而爆落，使酸液易于同松散的氧化铁皮发生作用。实践表明，使带材产生 0.5%~1%的延伸率，便可获得良好的除鳞效果。因此，通过拉弯矫直除鳞的带材，其酸洗出口的速度可显著地提高，

从而提高了生产率。

工作原理：结合连续式拉伸矫直和辊式矫直的特点而发展起来的，由两组张力辊及位于中间的弯曲辊和矫平辊组成，如图 3-46 所示。由张力辊的张力和弯曲辊形成的弯曲应力叠加的合成应力，矫平带材。特点：能耗小，矫平质量高。

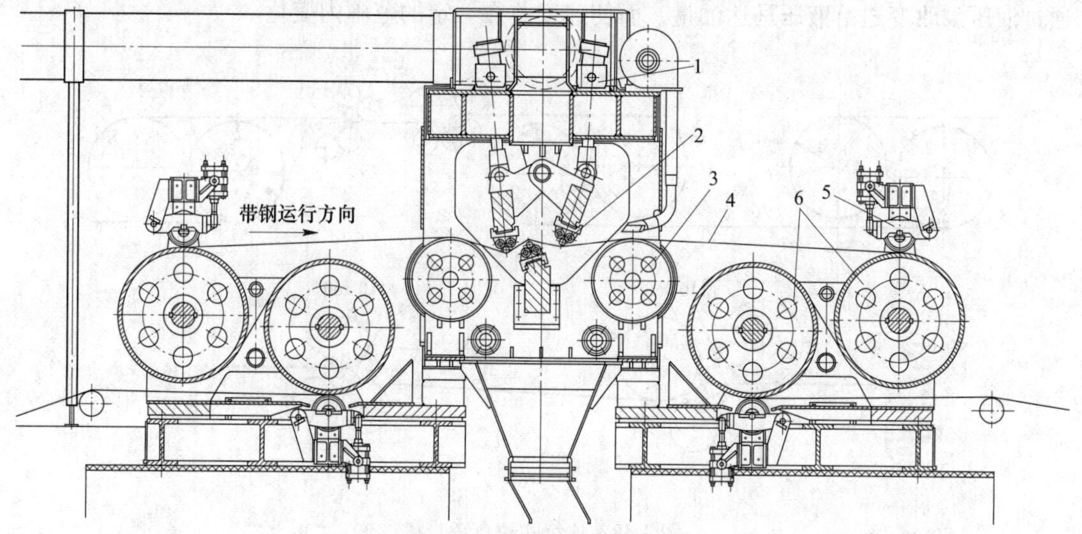

图 3-46　连续式拉伸矫直机结构

1—矫正辊的压下油缸；2—三元四重式矫正辊；3—导向辊；4—带钢；5—气动压辊；6—S 形张力辊

某厂镀锌机组设置的连续式拉弯矫直机，如图 3-47 所示。它由矫直装置、张力辊组及传动装置组成，可矫直厚度为 0.25～25 mm，宽度为 700～1550 mm，强度极限 σ_b = 450 MPa 的带钢。它的矫直部分是不传动的。矫直部分按被矫带钢的不同厚度备有两套弯曲辊。

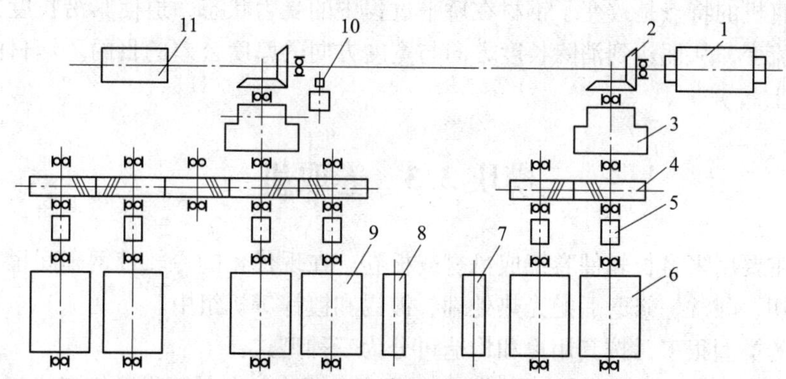

图 3-47　某厂镀锌机组设置的连续式拉弯矫直机

1—直流电动机；2—伞齿轮；3—行星齿轮减速器；4—斜齿轮；5—联轴器；6—进口张力辊；7—弯曲辊系；8—矫直辊系；9—出口张力辊；10—液压马达；11—液压泵

图 3-48（a）所示为矫直厚度为 0.25～1 mm 带钢用的弯曲辊，图 3-48（b）所示为矫直厚度为 1～25 mm 带钢用的弯曲辊。前后两组张力辊由一台功率为 325 kW 的直流电动机，通过一根长轴与伞齿轮，从伞齿轮经过行星齿轮减速装置及斜齿轮组，将动力分别传

送给各个张力辊（图 3-47）。前、后张力辊必须具有速度差，从而形成所需的拉力及金属的延伸变形。这个速度差的形成是靠液压马达，通过传动装置，使带动出口张力辊组的行星齿轮减速机的外齿轮转动，从而产生一个迭加速度。这样就使前后张力辊具有一定的速度差。液压马达的速度由液压泵所给油量的大小而定，而液压泵同主电机直接连接。从而通过液压泵改变送给液压马达油量，而使速度差在一定的范围内变化。

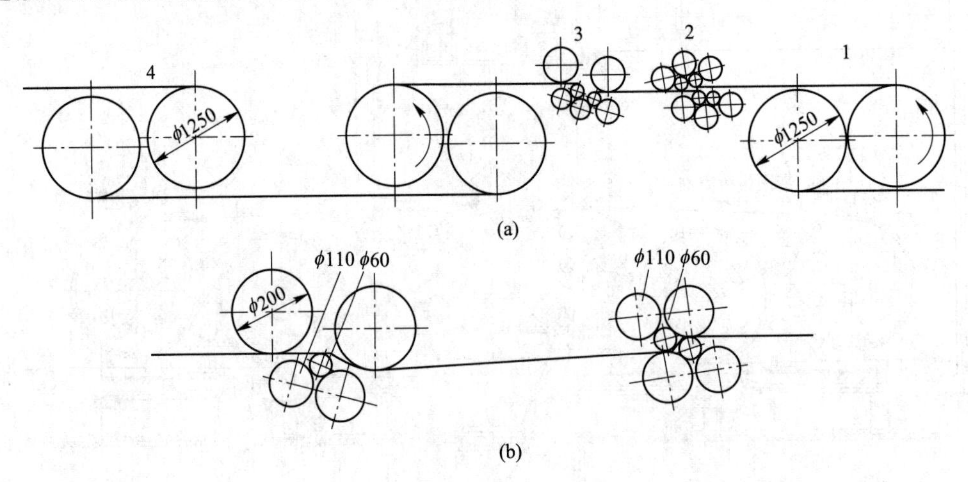

图 3-48　连续式拉弯矫直机
（a）整体图；（b）部分放大示意图
1—进口张力辊；2—弯曲辊系；3—矫直辊系；4—出口张力辊组

进口张力辊的旋转方向与承载方向是相反的，进口拉力为 9. 4~30 kN，在矫直段最大拉力为 25 kN，出口拉力为 5~5. 5 kN，带钢的矫直速度为 10~15 m/min，带钢的最大伸长率为 2%。

这种矫直机的特点是改变了钢材在矫平过程中的受力状态，迫使其沿长度方向产生一定量的塑性流变，从而达到消除长度方向与宽度方向的厚度公差的目的。钢材的平直度可提高 50%以上。

模块 3. 3　卷取机

卷取机主要用来将长轧件卷绕成盘材或板卷。在现代化的冷轧带钢车间里，卷取机还广泛用于剪切、酸洗、修磨后抛光热处理、镀锡和镀锌等机组中。

卷取机的类型很多，按其用途和构造可分为三种型式：

（1）带张力卷筒的卷取机，通常是在冷状态有张力的条件下卷取钢板或带钢。

（2）辊式卷取机，用于热卷、冷卷钢板和带钢。

（3）线材和小型型钢卷取机。

3. 3. 1　辊式卷取机

由于热带钢连轧机的产量日益增加，品种规格不断增多，要求卷取机能卷取紧密而整齐的钢卷；提高咬入和卷取速度；扩大卷取带钢的长度和宽度范围；并能卷取高强度合金钢；并在较低温度下卷取。早期设计的热带钢卷取机为八辊式和六辊式，以后改进为四辊式、二辊式及三辊式卷取机。

3.3.1.1　带钢卷取机对卷取的要求

（1）张力卷取。保证板型，降低轧制力。

（2）降转速卷取。张力恒定，线速度恒定，随卷直径的增大，卷取转速降低。

（3）便于卸卷。张力作用下，带钢在卷筒上被卷紧。

（4）卷筒具有足够的强度与刚度。张力作用下，卷筒径向压力增大。

综上，要求卷筒具有胀缩功能和调速功能。

图 3-49 所示为八辊式卷取机，成形辊共 8 个。成形辊的合拢和分开，由两个气缸 7 驱动。并通过连杆系统 9 使 8 个成形辊机械联动，同步动作。张力辊 1、2 使带钢经导板 3 进入卷筒与成形辊 6 的空间，张力辊上辊是空转的，下辊由电动机驱动。成形辊和卷筒均由电动机驱动。卷取终了时，成形辊张开，由专用的气缸拉动穿过传动轴的中心环使卷筒直径缩小。然后用推卷机将钢卷沿轴向推出。

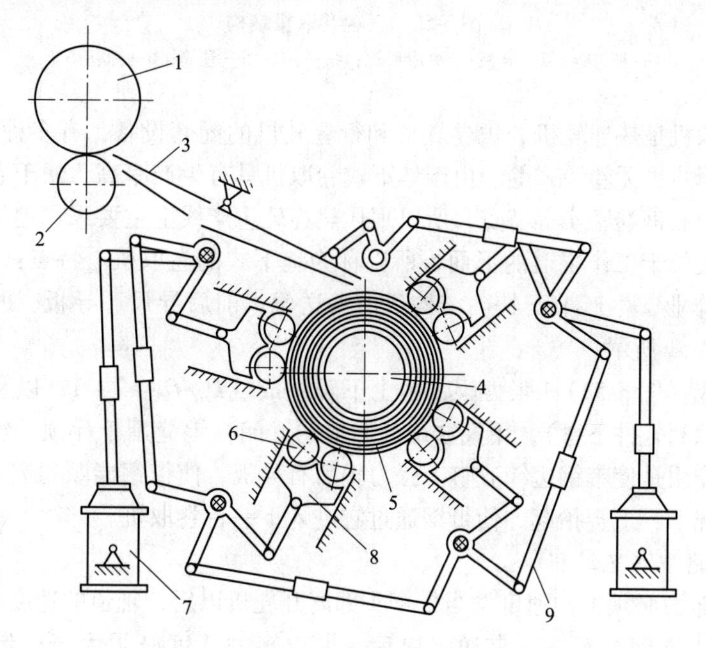

图 3-49　八辊式卷取机结构

1—上张力辊；2—下张力辊；3—导板；4—卷筒；5—钢卷；
6—成形辊；7—成形辊气缸；8—成形辊支座；9—连杆机构

八辊式卷取机因成形辊过多而使结构复杂，安装调整和维修不便。若连杆系统稍有磨损，就难于保证所有成形辊能同时都起作用。尤其是由于成形辊辊架沿滑道作径向滑动，磨损后滑道间隙变大，辊子倾斜，使成形辊与辊筒之间的辊缝不均，压力不均等，造成钢卷塔形，甚至辊架卡在滑道内，使成形辊不能合拢或张开，无法卷取。故新建轧机都不再采用这种形式。

图 3-50 所示为结构比较简单、合理的三辊卷取机。它的 3 个成形辊之间的夹角相等，为均匀分布形式。

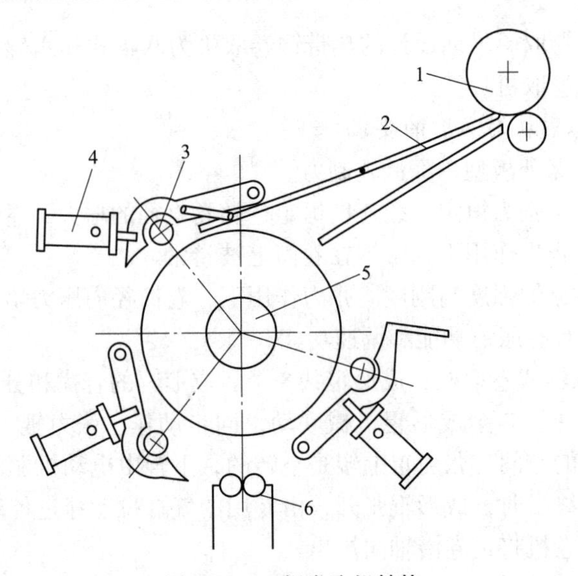

图 3-50　三辊卷取机结构

1—张力辊；2—导板；3—成形辊；4—气缸；5—卷筒；6—卸卷小车

热带钢卷取机是热连轧机、炉卷轧机和行星轧机的配套设备，有多种型式：地上式、地下式、有卷筒式、无卷筒式等。由于地下式卷取机具有生产率高、便于卷取宽且厚的带钢、卷取速度快而钢卷密实等特点，所以现代热连轧生产线上主要采用地下式卷取机。这种类型的卷取机位于工作辊道的下面，所以称为地下式的卷取机。特点：工作条件恶劣，处于连续交替作业，生产节奏快。结构：由夹送辊、前后导尺、导板、助卷辊、卷筒组成，具体如图 3-51 所示。

结构与组成（图 3-52）：张力辊，由上下辊组成（$D_1/D_2=2:1$，以利咬入。同时上辊偏向前方，以利轧件下弯），用气缸调整上辊的开闭；辊缝用千斤顶调整。张力辊前有风动导尺，其作用是使带钢边缘齐整。张力辊后有导板，使带钢能顺利进入卷筒。在有多台卷取机的情况下，上辊抬起，使带钢通过它进入下一台卷取机。

3.3.1.2　卷取工艺过程

（1）控制张力必须控制速度。当带钢头部离开轧机以后，辊道的速度必须大于轧制速度，目的是防止堆钢。而进入夹送辊以后，夹送辊的速度必须大于轧制速度，以建立张力。

（2）助卷辊的作用。轧件头部经导板进入卷筒与助卷辊之间，卷上 2～3 圈以后，助卷辊方可松开（厚板除外）。

（3）卷筒与轧机同步加速，卷取。

（4）卷取终了，必须使夹送辊速度小于卷筒速度，以维持张力。而且卷取速度应低，以保持稳定。

一般现代化的卷取机最大卷取速度 $v=30$ m/s，卷重：45 t，带钢厚度达：25 mm；全部采用计算机控制，大卷重、高速化以提高生产能力。

卷筒：在高压下能实现胀缩，要有足够的强度与刚度。要有辅助支撑，以增加刚度。一般采用四棱锥式或斜楔式的斜面柱塞式（图 3-53），当液压缸（或复位弹簧）使得锥形

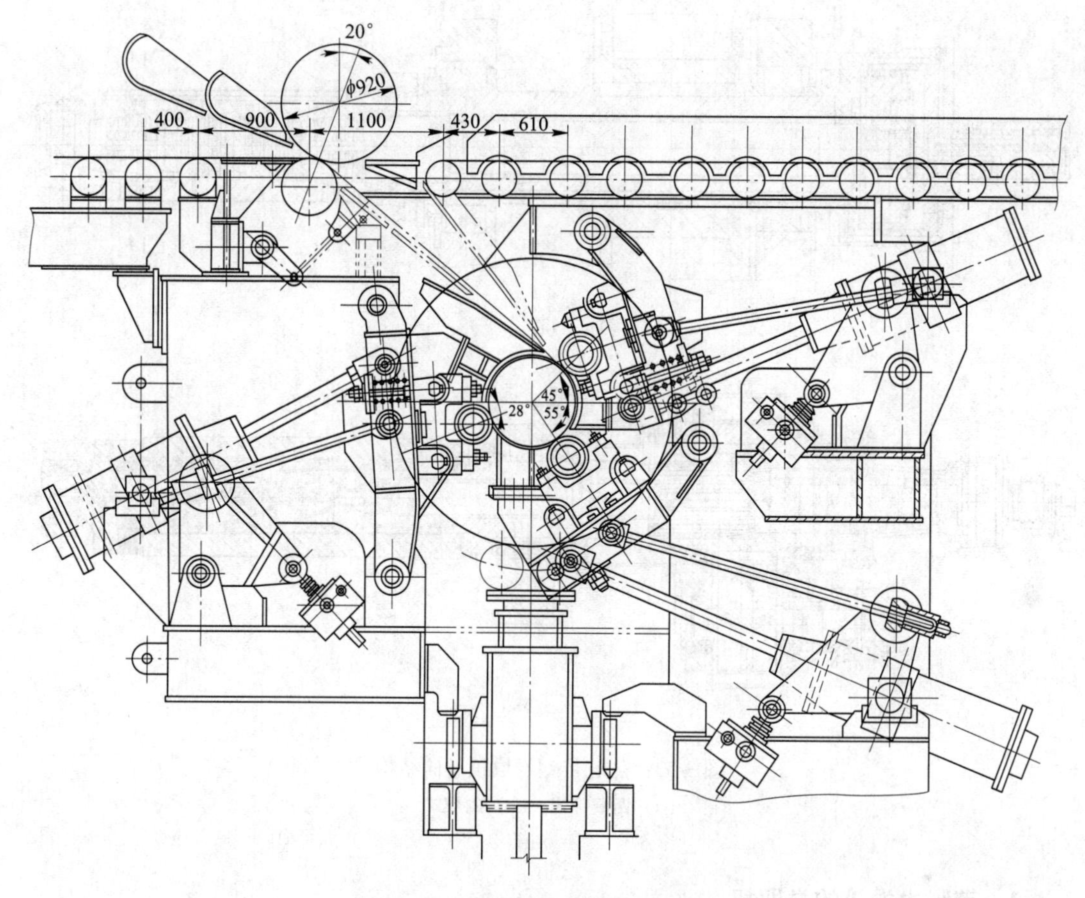

图 3-51　1700 三辊式热轧带钢卷取机

心轴左移时，斜面效应使得卷筒张开，反之使卷筒收缩。

卷筒的驱动有电机直接驱动及通过减速传动两种方式。直接驱动必须妥善解决胀缩缸设置问题。

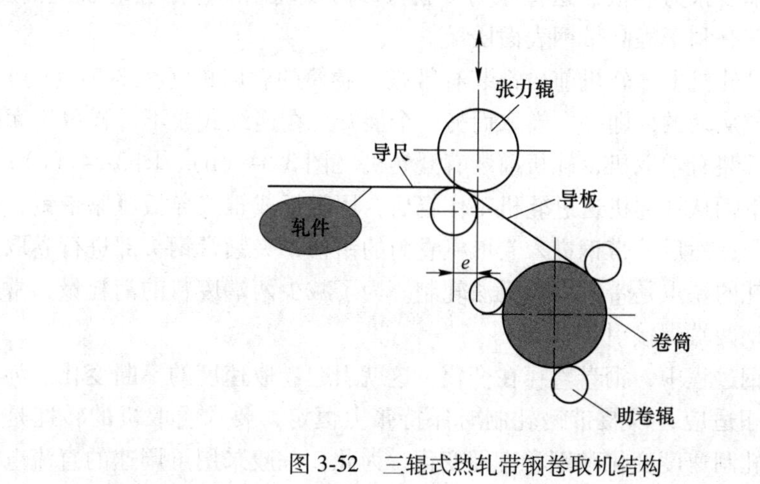

图 3-52　三辊式热轧带钢卷取机结构

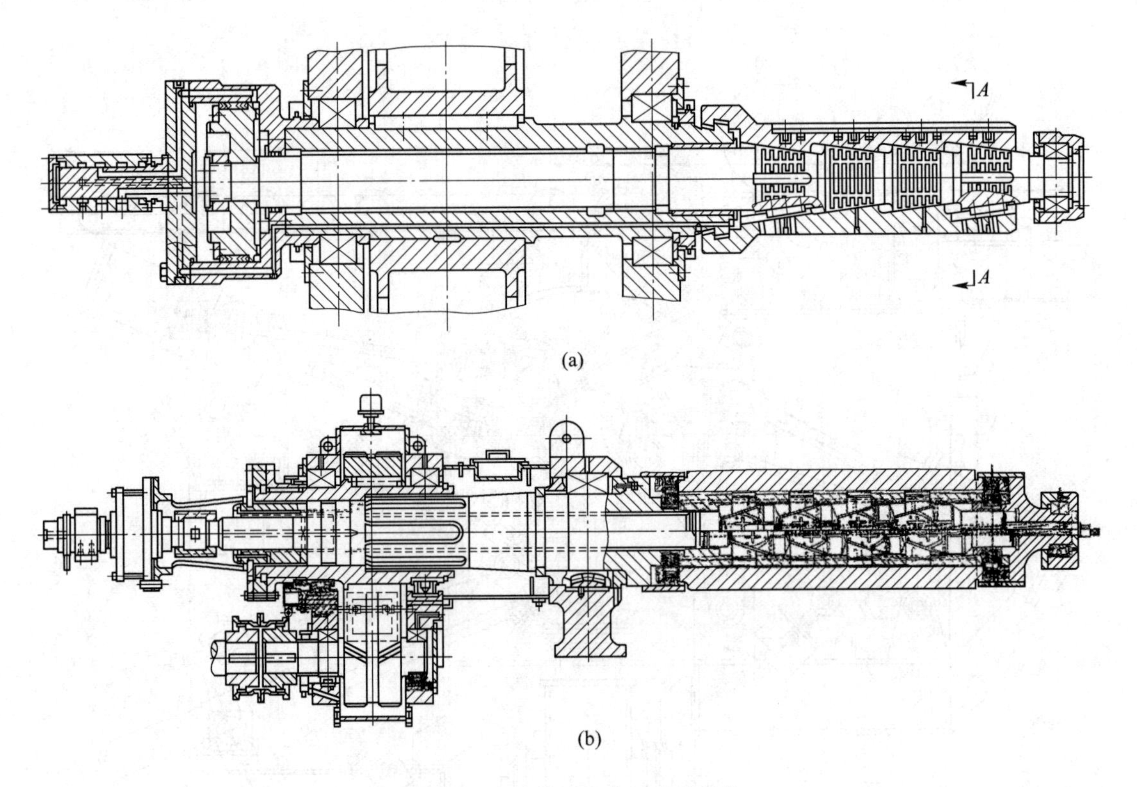

图 3-53　热轧带钢卷取机卷筒结构
(a) 四棱锥式；(b) 斜楔式

3.3.2　带张力卷筒的卷取机

带张力卷筒的卷取机应用于可逆式或不可逆式冷轧钢板或带钢轧制线上。这种卷取机不但用于卷取（展开）轧件。同时还使轧件产生张力，这是为了使轧制过程保持稳定，使板卷卷得更紧。并使轧件在进入轧辊和从轧辊中轧出时有正确的方向。在轧制过程中，一般需要保持有前张力和后张力。依靠这些张力，就可以降低轧制时作用在轧辊上的压力，并减少带钢翘曲现象，有利于提高带钢表面质量。

在单机座可逆式冷轧机上，轧机前后都装有带张力卷筒的卷取机（图 3-54（a）），它们交替地成为主动的或从动的，即一个卷取而另一个展开。在连续式或不可逆单机库的冷轧机上，仅在轧机后部装有卷取机，轧机前装有开卷机（图 3-54（b）、图 3-54（c））。

当轧第一道时，带钢从开卷机送进轧机工作辊后，用压板或辊式导板压紧带钢，产生不大的后张力进行轧制；然后，带钢进入卷取机卷筒的钳口，夹紧带钢头部进行卷取，产生前张力。可逆式冷轧的缺点是带钢两端无法轧制。为了减少两端废料的消耗量，常采用大直径的钢卷或在带钢两端焊接引带。

卷取机在卷取带钢过程中，钢卷直径在变化，这就引起卷取速度的不断变化。为了使卷取速度与轧制速度相适应，以及带钢轧制时保持张力恒定，要求卷取机的转速是可调的，调速范围应适应轧制速度变化和钢卷直径变化，为此，一般采用可调速的直流电动机传动。近年来，还出现了液压传动的卷取机。由于液压泵具有较快的调速性能，采用液压

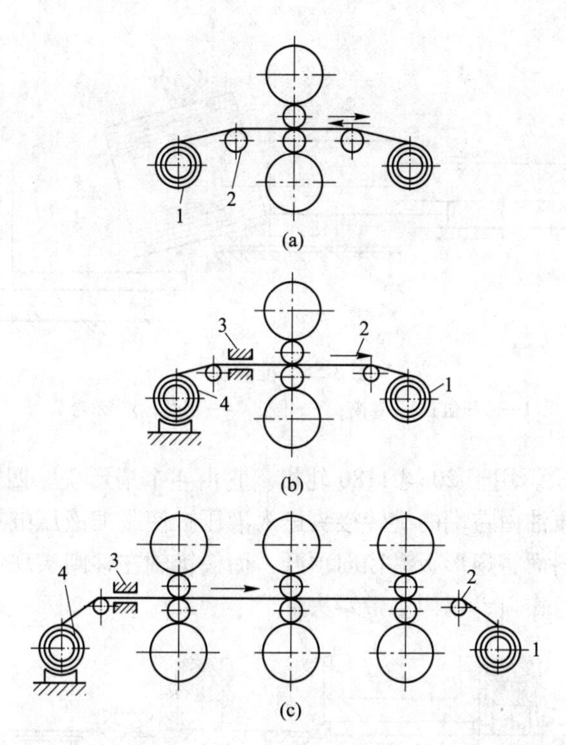

图 3-54 在各种冷轧机上带有张力卷筒的卷取机布置
（a）可逆式冷轧机；（b）不可逆式轧机；（c）连续式轧机
1—带张力卷筒的卷取机；2—导向辊；3—压板；4—开卷机

传动，对于高速轧制有重要意义。在一些小的单机座不可逆式冷轧机上的卷取机，也有采用交流电动机的，此时，在传动装置中采用摩擦片或皮带轮等摩擦传动方法实现调速；这是在扭矩基本不变的情况下进行调速。这种调速方法的缺点是不能保持恒张力及摩擦片容易磨损，优点是设备简单，投资少。

在轧制结束后，钢卷要从卷筒上卸下来，因此，卷取机卷筒必须做成悬臂式的。但是，卷筒是在很大张力下卷取带钢的，这样卷筒轴就要承受很大的负荷（包括卷筒质量，带钢卷重量，弯曲带钢和张力所引起的力矩等）。为了保证卷筒轴的刚度和强度，减少卷筒轴的弯曲，除了增大卷筒轴尺寸外，一般在卷筒的自由端安装可以转动的支架。当卷取带钢时，支架撑着卷筒的自由端；而在卸卷时，则支架转向一旁，不妨碍卸卷。卸卷时。用推卷机或带卸卷小车的推卷机，将钢卷从卷筒推出，然后运走。图 3-55 所示为推卷机，它由液压缸 1 和推板 3 组成。推卷机一般都设在卷筒下方，它的行程由极限开关控制。推板本身是一个小车，可沿着平行于卷筒的轨道往返运行，实现推卷工作。

3.3.2.1 冷轧带钢生产工艺对卷筒式卷取机的要求

（1）卷取机要具有一定的调速范围，保证卷取速度和轧制速度相适应。

（2）卷取机的卷筒要具有一定的强度和刚度。有的还需要有胀缩装置，以便卸卷。

（3）卷筒要能牢靠、方便地咬紧带钢头部，以便建立张力和进行卷取。

3.3.2.2 按卷筒的结构卷取机分类

（1）实心卷筒卷取机。其结构最简单，刚度大，可受大张力；但无法胀缩故无法卸卷。

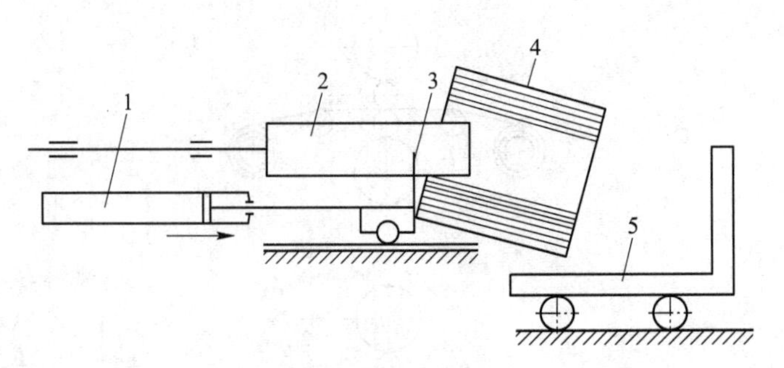

图 3-55　推卷机

1—液压缸；2—卷筒；3—推板；4—钢卷；5—云卷车

（2）四棱锥卷取机。用于 20 辊 1180 轧机。它由 4 个扇形块、四棱锥（$\alpha=7°45'$）及胀缩液压缸组成。液压油由左端的旋转接头进入液压缸使胀缩液压缸右移，同时使棱锥轴右移；锥轴上的 4 个斜面将扇形板沿径向顶开。而棱锥轴左移则实现卷筒收缩，如图 3-56 所示。在卷筒表面安有钳口，以固定带钢头部。

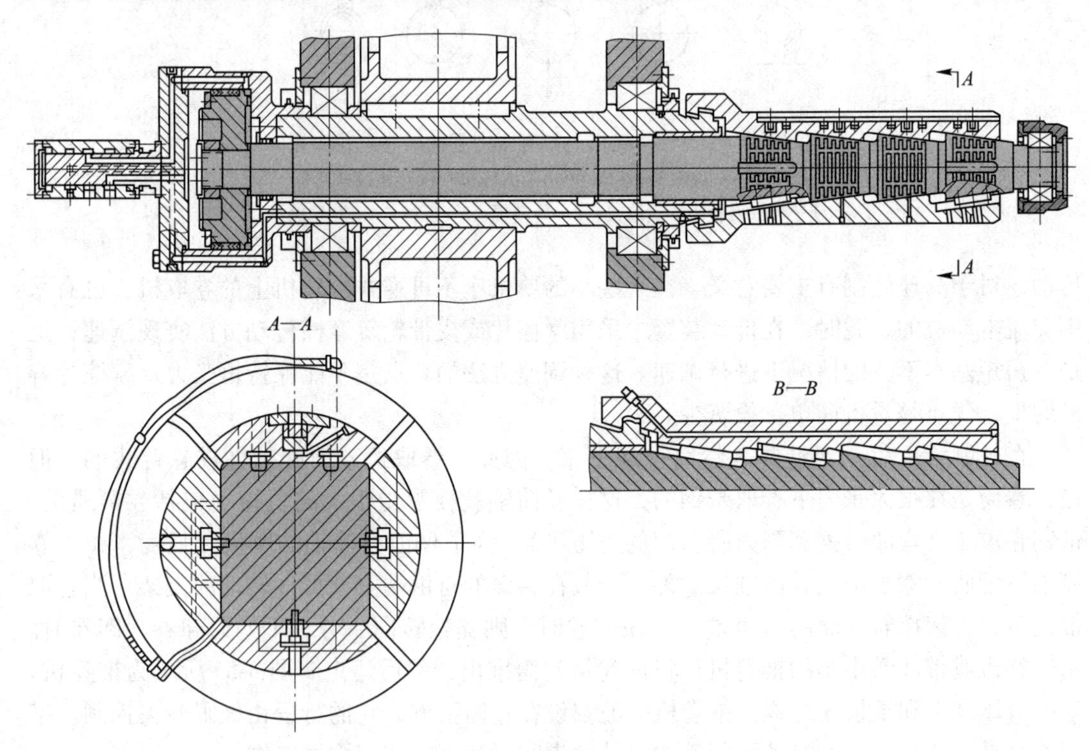

图 3-56　四棱锥卷取机卷筒结构

（3）八棱锥卷取机。为改善带钢卷取的质量，使卷筒胀开以后为一整圆，发展了八棱锥卷取机。扇形块锥角：$\alpha=12°45'$，镶条锥角：$\alpha=16°43'51''$；增加镶条的目的在于填充扇形块间的间隙，使得卷筒无论张开或收缩均为一整圆，如图 3-57 所示。其特点如下：

1）在卷筒压力较大时，由于其锥角较大，故可产生自动缩径，从而使压力减小。

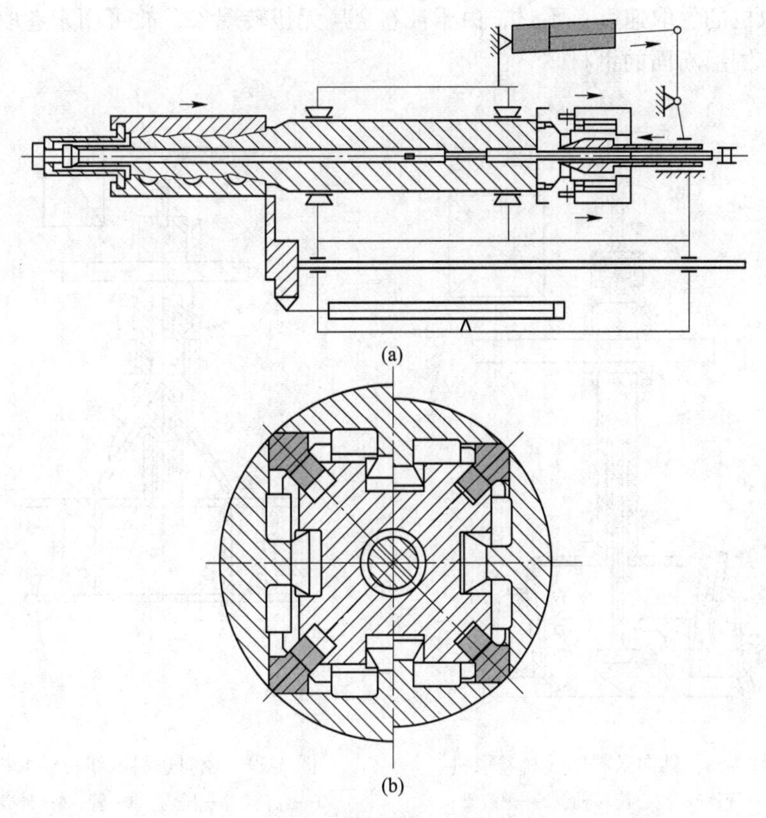

图 3-57　八棱锥卷取机卷筒结构
(a) 筒结构；(b) 卷筒侧视

2）胀缩楔块的楔角小于其摩擦角，故在卷取时，胀缩缸不受卷取力影响。

3.3.3　线材卷取机

线材卷取机的发展经历了两个阶段。早期的线材卷取机，其作用是单纯的打卷，以便于线材的收集和运输。它有两种主要的结构型式：

（1）轴向送料的线材卷取机，如图 3-58 所示，由轧机来的线材经过管 1 和取机的空心旋转轴 2，从轴的锥形端的螺旋管 3 出来后，自由地挂于轴上的卷筒 5 与外壳 4 之间的环形空间中成圈地叠起。当打开门 6 后，卷好的线材落在运输机上。卷取过程中线卷不转动，因而可允许采用较高的卷取速度，这样，为选择较高的轧制速度创造了有利的条件。然而由于金属在卷取时被扭转（卷取机每转一转金属扭转 360°），故这种卷取机常用于卷取直径较小的圆形断面金属。

（2）径向送料的线材卷取机。图 3-59 所示为径向送料的线材卷取机。卷筒 1 与托钩 2 一起旋转，金属经管 3 沿切向进入卷筒与外壳 4 之间的环形空间。卷取时，外壳支在托钩上一同旋转。卷取终了，卷取机停止，在曲柄机构 5 的作用下使辊子支架 6 升起，托钩被掀向卷筒内侧，外壳 4 落在圆锥座 7 上，从而使成品卷落在运输机上。在下一次卷取开始前，卷取机加速到稳定速度。

由于线卷在卷取过程中作高速旋转运动，线卷旋转的不稳定性及巨大的转动惯量，限制了这种卷取机的卷取速度；不过，由于被卷金属无扭转现象，故可用来卷取断面尺寸较大的，甚至非圆形断面的钢材。

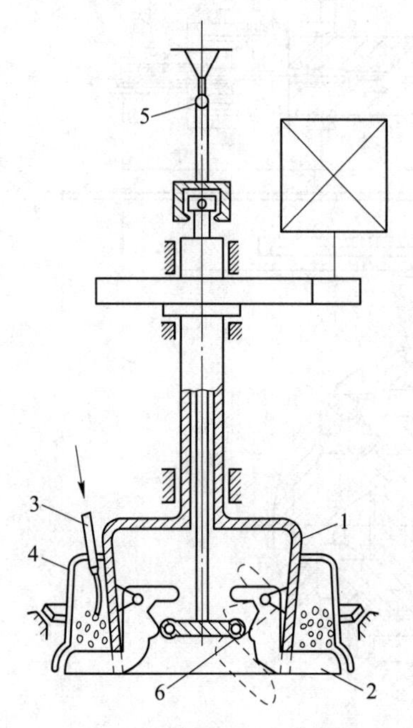

图 3-58　轴向送料的线材卷取机

1—管；2—空心旋转轴；3—螺旋管；4—外壳；5—卷筒；6—门

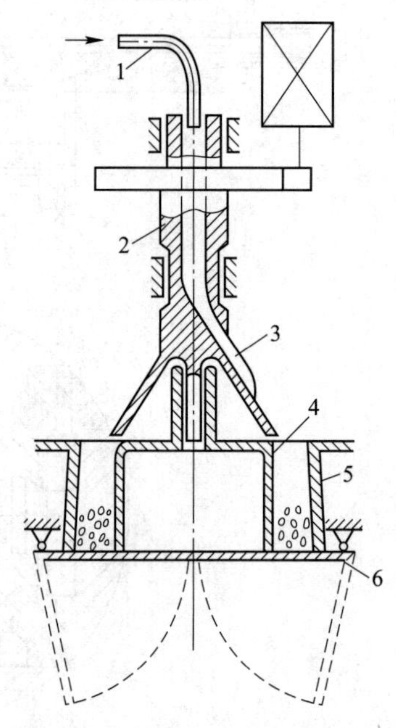

图 3-59　径向送料的线材卷取机

1—卷筒；2—托钩；3—管；4—外壳；5—曲柄机构；6—辊子支架

拉丝生产对其原料热轧线材的要求是：

(1) 氧化铁皮少，且易于去除，从而缩短拉丝前的酸洗时间和耗酸量；

(2) 强度高；

(3) 线材在全长上具有均匀的机械性能，从而保证线材制品在全长上的力学性能的均匀，拉拔性能良好，不致在拉拔时产生断裂现象；

(4) 高的断面收缩率及伸长率。

随着线材轧机轧速的不断提高，盘重增大，线材的卷取温度高达 1000 ℃左右，此时若依照旧的卷取工艺，用老式卷取机卷取，将产生下列严重的不良后果：

一是由于盘重大，成卷的线材因缓冷而产生大量的氧化铁皮，而且是难于溶解的 Fe_3O_4，给酸洗带来很大的困难。

二是由于盘条是堆成团的，在高温下冷却后，内、外圈的冷却速度相差很大，沿长度方向的力学性能有异，显微组织不均，高碳钢更为严重。

三是冷却后铁素体晶粒粗大，力学性能差。高碳钢一般不直接使用，而是经冷拔、冷轧成绳钢丝、弹簧钢丝、焊条钢丝，故冷加工性能特别差。

为了避免上述弊病，在线材生产中实现了控制冷却的新工艺。它是将精轧机轧出的线材，从终轧温度迅速强制冷却到一定程度而获得全长上性能基本均匀的索氏体线材。这一工艺省去了旧式工艺的中间热处理工艺程序。此外，由于急冷产生的氧化铁皮很少，并且

是易溶于酸的 Fe_2O_3，因此，现代线材卷取机所完成的工序已超出旧式线材卷取机单纯打卷的功能，它与其他一些辅助机械共同完成一整套热轧线材轧后直接索氏体化的工艺。目前现代化线材轧机常用的散卷冷却方式有斯太尔摩法、施罗曼法、沸水冷却法（ED 法）、塔式冷却法（DP 法）、流态层冷却法等。

斯太尔摩法如图 3-60 所示，其将轧出的线材（1000 ℃左右），通过水冷套管快速冷却至相变温度 785 ℃左右，经导向装置引入吐丝机，然后进行散卷冷却，根据钢种不同，通过控制鼓风机的送风量和运送速度，控制线材冷却速度。不同钢种可进行强迫风冷、自然空冷、加罩缓冷或供热球化退火，以控制线材组织性能。冷却后线材经集卷器收集，然后进行检查、打捆、入库。斯太尔摩法的缺点是投资费用高，占地面积大。空冷区线材的降温主要靠冷风，线材质量受车间气温和温度影响较大。依靠风机降温，线材二次氧化严重。

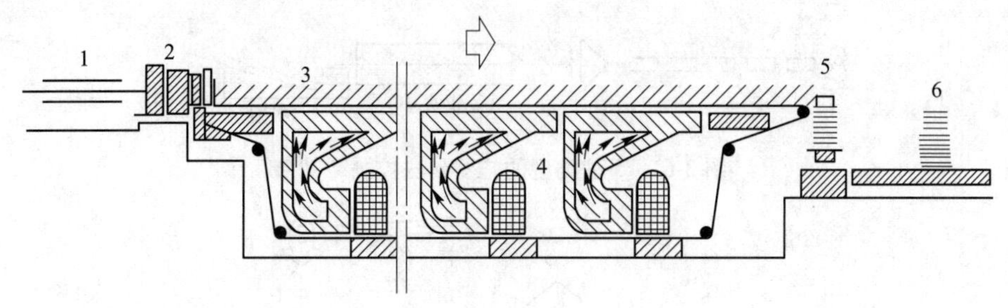

图 3-60　斯太尔摩法

1—水冷套管；2—吐丝机；3—运输机；4—鼓风机；5—集卷器；6—盘条

施罗曼法是在斯太尔摩法控制冷却的基础上发展而来的，为克服斯太尔摩法的缺点，其改进水冷装置，强调在水冷带上控制冷却，而在运输机上自然空冷。其作用是线材出精轧机后经环型喷嘴冷却器冷却至 620~650 ℃。然后，经卧式吐丝机成圈并先垂直后水平放倒在运输链上，通过自由的空气对流冷却，而不附加鼓风，冷却速度为 2~9 ℃/s。为了适应不同的要求，通过改变在运输带上的冷却型式而发展出各种型式的施罗曼法，如图 3-61 所示，其中 1 型适用于普碳钢；2 型适于要求冷却速度较慢的钢种；3 型在运输带的上部加一罩子，适于要求较长转变时间的特殊钢种；4 型适于要求低温收卷的钢种；5 型适于合金钢。

沸水冷却法（ED 法，图 3-62）是将轧后线材经水冷至 850 ℃左右，依靠压紧辊送入卷取机，然后落入沸水槽中被卷成盘。线材从前端开始依次受到沸水冷却，卷取完成后依靠底板将盘条拖起，然后用推料机推出到运输机上取出。

流态层冷却法是将轧后线材经水冷至 750 ℃左右卷取，然后落在由锆砂作流态粒子的流态冷床上进行奥氏体分解相变，流态层的温度与奥氏体分解温度直接相关，此设备比较复杂。

从以上各种冷却工艺可以看出，这里的成圈器只起线材成圈作用，线材冷却处理后还需经专门的收集装置将螺旋状线圈收集成堆。虽然成圈器的结构类似于旧工艺的卷取机，但其功能是不同的。

另外，在冷带钢轧机上的开卷机是和卷取机共同配合工作的。卷取机用来卷取带钢，

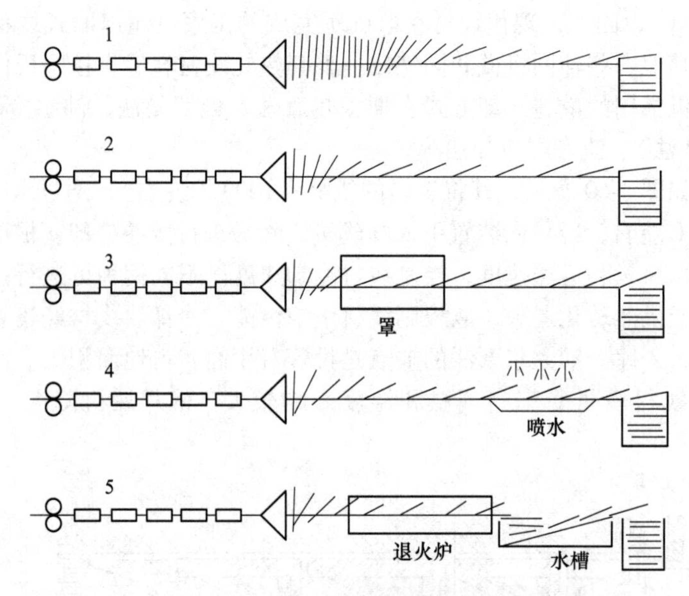

图 3-61　5 种类型的施罗曼法控制冷却

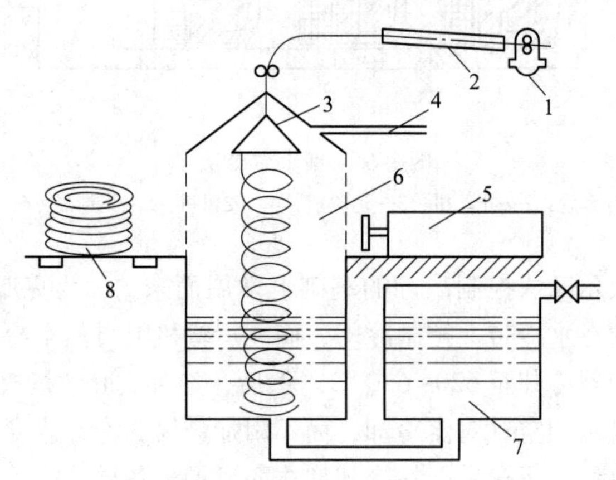

图 3-62　沸水冷却法（ED 法）

1—精轧机；2—水冷段；3—卷线机；4—蒸汽出口；
5—液压缸；6—落槽；7—调节水箱；8—处理后的盘条

开卷机则用来开卷，并在轧制时形成后张力。在可逆式冷轧机上，开卷机即是卷取机，卷取机也是开卷机。它们交替作为开卷机和卷取机使用，结构上也没有什么区别。

习　题

3-1　剪切机的作用是什么？

3-2　平行刀片剪切机有哪些类型？

3-3　说明什么叫上切式剪切机及下切式剪切机，两者在结构上有什么特点？

3-4　斜刀片剪切机有哪些类型，斜刃剪切机的功能及特点是什么？

3-5　说明斜刃剪刀片的倾角 α 应如何确定。

3-6　圆盘式剪切机的用途是什么？

3-7　作为切边用的圆盘剪如何才能使切边下弯？

3-8　斜刀片剪切机与圆盘剪切机剪切有什么区别？

3-9　飞剪机怎样调整剪切长度？

3-10　说明剪切位置可调的下切式液压剪的工作原理及剪切过程。

3-11　20MN 剪切机扩大行程装置的功用是什么，是如何实现的？

3-12　辊式矫直机的工作原理是怎样的？

3-13　矫直机有哪些主要类型，各用于矫直什么样的轧件？

3-14　以我国自行设计的 17 辊矫直机为例，结合装配图说明以下问题：

（1）矫直机的布置形式；

（2）压下传动原理；

（3）上支撑辊的调整原理；

（4）下支撑辊的调整原理。

3-15　开式及闭式型钢矫直机各有什么特点，悬臂式矫直机矫直辊两端轴承是否相同，为什么？

3-16　绘简图说明 550 型钢矫直机的压下及轴向调整原理。

3-17　连续式拉弯矫直机有什么特点？

3-18　拉弯矫直机的工作原理是什么，它由几部分组成，是如何进行工作的？

3-19　说明卷取机的用途及类型。

3-20　比较三辊及八辊式卷取机结构上异同及主要特点。

3-21　说明 20 世纪 60 年代前线材卷取机的主要型式及工作原理。

3-22　线材卷取机发展的第二阶段的主要特点是什么？

3-23　简述线材索氏体化的工艺过程。

项目4　中厚板生产设备

由于汽车制造、船舶制造、桥梁建筑、石油化工等工业迅速发展，以及钢板焊接构件、焊接钢管及型材广泛应用，需要宽而长的中厚板，使中厚板生产得到快速发展。日本中厚板生产量为世界之冠，约占钢板生产20%，最低水平轧机的宽度都在4000~5000 mm之间，而多数轧机都在5000 mm以上，代表着世界最高水平。我国现有约26个中厚板生产厂，已形成1500万吨/a的中厚板生产能力，总体供求水平基本平衡。但绝大多数轧机宽度都在2000~3000 mm，目前最宽的轧机也仅在4000~5000 mm之间，而且全国只有三套。

板带钢按产品厚度一般可分为厚板和薄板两类。我国《钢产品分类》（GB/T 1557—1995）规定：厚度不大于3 mm的称为薄板，厚度大于3 mm的称为厚板。

按照习惯，厚板按厚度还可以分为中板、厚板、特厚板。厚度为4~20 mm的钢板称为中板，厚度大于20~60 mm的钢板称为厚板，厚度大于60 mm的钢板称为特厚板。有些地方习惯上把中板、厚板和特厚板统称为中厚钢板。目前，我国中厚板轧机生产的钢板规格，大部分是厚度为4~250 mm，宽度为1200~3900 mm，长度一般不超过12 m。世界上中厚板轧机生产的钢板规格通常是厚度为3~300 mm，宽度为1000~5200 mm，长度一般不超过18 m。但特殊情况时厚度可达380 mm，宽度可达5350 mm，长度可达36 m，甚至60 m。

模块4.1　中厚板生产工艺

中厚板生产工艺过程包括原料准备、加热、轧制和精整等工序，如图4-1和图4-2所示。

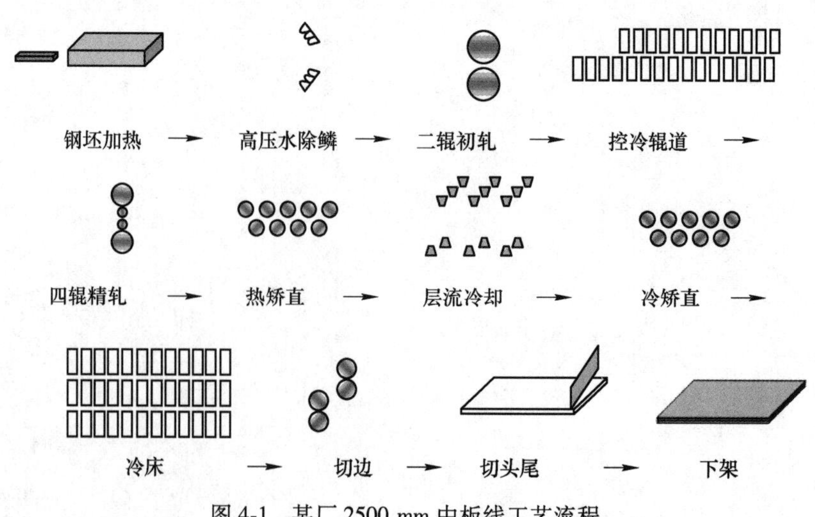

图4-1　某厂2500 mm中板线工艺流程

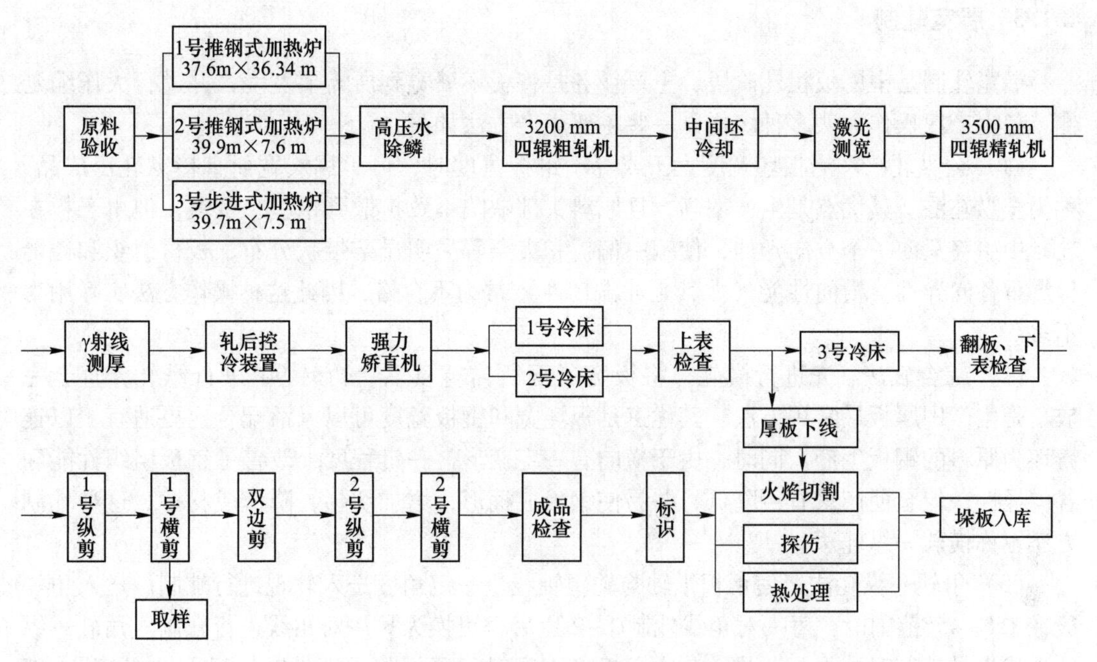

图 4-2　某厂 3200 mm 厚板线工艺流程

4.1.1　原料的准备和加热

轧制中厚板所用原料可以为扁锭、初轧板坯、连铸坯、压铸坯等。发展趋势是使用连铸坯。原料的尺寸选择原则：为保证板材的组织性能应该具有足够的压缩比，因此原料厚度尺寸在保证钢板压缩比的前提下尽可能地小，宽度尺寸应尽量地大，长度尺寸应尽可能接近原料的最大允许长度。

中厚板用的加热炉有连续式加热炉、室式加热炉和均热炉三种。均热炉用于由钢锭轧制特厚钢板；室式加热炉用于特重、特厚、特短的板坯，或多品种、少批量及合金钢的坯或锭；连续式加热炉适用于品种少批量大的生产。近年来用于板坯加热的连续式加热炉主要是推钢式和步进梁式连续加热炉两种。选择了合理加热炉型后，还要制定合理的热工制度，即加热温度、加热速度、加热时间、炉温制度及炉内气氛等，保证提供优质的加热板坯。

4.1.2　除鳞及成形轧制

加热时板坯表面会生成厚而硬的一次氧化铁皮，在轧制过程中还会生成二次氧化铁皮，这些氧化铁皮都要经过除鳞处理。现在，用高压水除鳞方法几乎成为生产中除鳞的唯一方式。在高压水喷射下，板坯表面激冷，氧化铁皮破裂，高压水沿着裂缝进入氧化铁皮内，氧化铁皮破碎并被吹除，达到保证成品钢板获得良好表面质量的目的。除鳞后，为了消除板坯表面因清理带来的缺肉、不平和剪断时引起的端部压扁影响，为提高展宽轧制阶段板厚精度打下良好基础，需要沿板坯纵向进行 1~4 道次成型轧制。

4.1.3　展宽轧制

展宽轧制是中厚板粗轧阶段，主要任务是将板坯展宽到所需要宽度，并进行大压缩延伸。各生产厂操作方法多种多样，一些主要生产方法如下：

（1）全纵轧法。当板坯宽度大于或等于钢板宽度时，可不用展宽而直接纵轧出成品，称为全纵轧法。其优点是生产率高，且原料头部缺陷不致扩散到钢板长度上；但由于板在轧制中始终只向一个方向延伸，使钢中偏析和夹杂等呈明显条带状分布，板材组织和性能呈严重各向异性，横向性能（尤其是冲击韧性）常为不合格，因此这种操作方法实际用得不多。

（2）综合轧法。先进行横轧，将板宽展至所需宽度后，再转 90°进行纵轧，直至完成，是生产中厚板最常用方法。其优点是板坯宽和钢板宽度可以灵活配合，更适宜于以连铸坯为原料的钢板生产。同时，由于横向有一定变形，一定程度上改善了钢板组织性能和各向异性，但会使产量有所降低，并易使钢板成桶形，增加切损，降低成材率。这种轧制方法也称横轧—纵轧法。

（3）角轧—纵轧法。使钢板纵轴与轧辊轴线呈一定角度送入轧辊进行轧制。送入角一般在 15°~45°范围内，每一对角线轧制 1~2 道后，更换为另一对角线进行轧制。角轧—纵轧法优点是轧制时冲击小，易于咬入，板坯太窄时，还可防止轧件在导板上“横搁”。缺点是需要拨钢，操作麻烦，使轧制时间延长，降低了产量；同时，送入角和钢板形状难于控制，使切损增大，成材率降低，劳动强度大，难于实现自动化，故只在轧机较弱或板坯较窄时才用这种方法。

（4）全横轧法。将板坯从头至尾用横轧方法轧成成品，称为全横轧法。这种方法只有当板坯长度大于或等于钢板宽度时才能采用。若以连铸坯为原料，则全横轧法与全纵轧法一样，会使钢板组织性能产生明显各向异性；但当用初轧坯为原料时，全横轧法优于全纵轧法，这是由于初轧坯本身存在纵向偏析带，随着金属横向延伸，轧坯中纵向偏析带的碳化物夹杂等沿横向铺开分散，硫化物形状不再是纵轧的细长条状，呈粗短片状或点网状，片状组织随之减轻，晶粒也较为等轴，因而大大改善了钢板横向性能，显著提高了钢板横向塑性和冲击韧性，提高了钢板综合性能合格率；另外，全横轧比综合轧制法可以得到更整齐的边部，钢板不成桶形，减少了切损，提高了成材率；再有，由于减少了一次转钢时间，以及连续同向轧制，使产量有所提高。因此，全横轧法经常用于初轧坯为原料的厚板厂，使由坯料—初轧坯—板材总变形中，其纵横变形之比趋近相等。

4.1.4　伸长轧制

板坯转回某一角度继续轧制达到成品钢板厚度、质量目标的轧制过程称为伸长轧制。其目的是质量控制和轧制延伸，通过板形控制、厚度控制、性能控制及表面质量控制等手段生产出板厚精度高、同板差小、平坦度好及具有良好综合性能的钢板。伸长轧制又分为采用较大压下量的延伸轧制和在末尾几个道次控制板形轧制两个组成部分。

4.1.5　精整及热处理

该工序包括钢板轧后矫直、冷却、划线、剪切或火焰切割、表面质量和外形尺寸检查、缺陷修磨、取样及试验、钢板钢印标志及钢板收集、堆垛、记录、判定入库等环节。

为使板形平直，钢板在轧制以后必须趁热进行矫直，热矫直机一般在精轧机后，冷床前。热矫直机已由二重式进化为四重式，四重式矫直辊沿钢板宽度方向由几个短支撑辊支撑矫直辊，以防止矫直力使矫直辊严重挠曲。冷矫直机一般是离线设计的，它除了用于热矫直后补充矫直外，主要用于矫直合金钢板，因为合金钢板轧后往往需要立即进行缓冷等处理。

矫直后钢板仍有很高温度，在送往剪切线之前，必须进行充分冷却，一般要冷却到150~200 ℃。圆盘式及步进式冷床冷却均匀，且不损伤板表面，近年来趋于采用这两种冷床。中厚板厂在冷床后都安装有翻钢机，其作用是为了实现对钢板上下表面质量检查，是冷床系统必备工艺设备。但此方法虽可靠却效率低，同时又是在热辐射条件下工作，工作环境差。现在已有厂家在输送辊道下面建造地下室进行反面检查。

钢板经检查后进入剪切作业线，首先进行划线，即将毛边钢板剪切或切割成最大矩形之前应在钢板上先划好线，随后切头、切定尺和切边。圆盘剪目前一般用于最大厚度为20 mm钢板，适用于剪切较长钢板；新设计现代化高生产率厚板车间，大都采用双边剪，剪切钢板厚度达40~50 mm。日本采用一台双边剪与一台横切剪紧凑布置的所谓“联合剪切机”，不仅大大节约了厂房面积（仅需传统剪切线的15%），而且可使剪切过程实现高度自动化。

因钢板牌号和使用技术要求的不同，中厚钢板热处理工艺也不一样。常用热处理方法有正火、退火及调质。正火处理以低合金钢为主，通常锅炉和造船用钢板正火温度为850~930 ℃，冷却应在自由流通空气中均匀冷却，如限制空气流通，会降低其冷却速度，达不到正火目的，有可能变为退火工艺；如强化空气冷却速度，有可能变成风淬工艺。正火可以得到均匀细小晶粒组织，提高钢板综合力学性能。退火目的主要是消除内应力，改善钢板塑性；调质处理主要是用淬火之后中温或高温回火取得较高强度和韧性的热处理工艺。

模块 4.2 中厚板轧制设备选择

4.2.1 中厚板轧机型式

二辊可逆式轧机于1850年前后最早用于生产中厚板。1864年美国创建了第一台生产中厚板的三辊劳特式轧机。随着时间的推移，为了提高板材的厚度及精度，美国于1870年又率先建成了四辊可逆式厚板轧机。20世纪70年代，轧机又加大了级别，主要是建造5000 mm以上的特宽型单机架轧机，以满足航母和大直径长运输天然气所需管线用板需要。近年来，中厚板轧机的质量和生产技术都大大提高了，因此用于中厚板轧制的轧机主要有三辊劳特式轧机、二辊可逆式轧机、四辊可逆式轧机和万能式轧机等几种型式，如图4-3所示。旧式二辊可逆式和三辊劳特式轧机由于辊系刚性不够大，轧制精度不高，已被淘汰。

4.2.1.1 二辊可逆式轧机

用直流电机驱动，可以低速咬钢，高速轧钢，因此具有增加咬入角，增加压下量，提

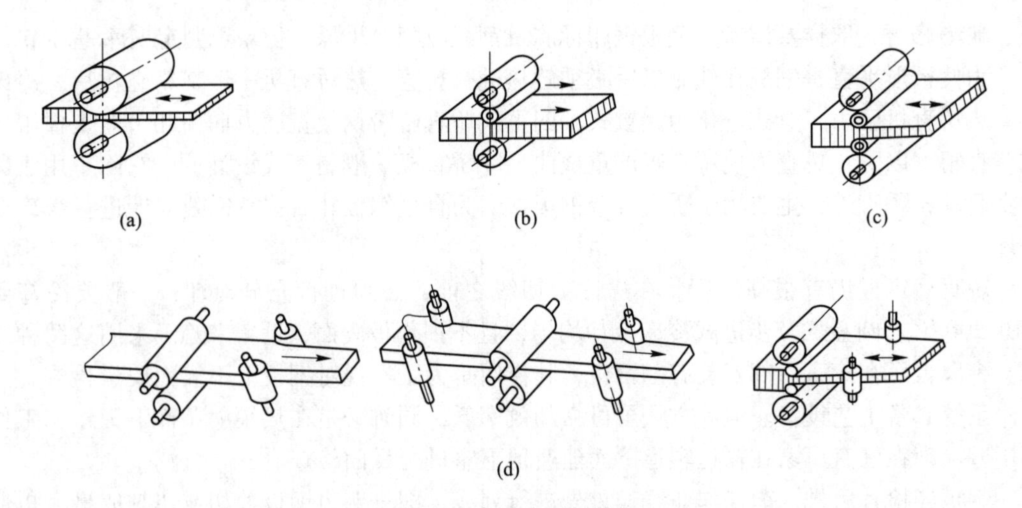

图 4-3　各种中厚板轧机

(a) 二辊可逆式轧机；(b) 三辊劳特式轧机；(c) 四辊可逆式轧机；(d) 万能式轧机

高产量的优点。其上辊抬高高度大，不受升降台的限制，所以对原料的适应性强，可以轧制大钢锭，也可以轧制板坯。

然而其刚性较差，钢板厚度公差大，因此一般适合于生产厚规格的钢板，而更多的是用作双机轧制中的粗轧机座，如图 4-4 所示。

图 4-4　二辊可逆式轧机结构

4.2.1.2　三辊劳特式轧机

这是一种老式轧机，上、下辊直径大，中辊直径小，用 $D/d/D \times L$ 表示，D 为上下辊直径，d 为中辊直径，L 为辊身长度。

轧制过程中是利用轧机的两个动作完成的：一是利用中辊升降实现轧件的往返轧制；二是利用上辊进行压下量调整，得到每道次的压下量，如图 4-5 所示。

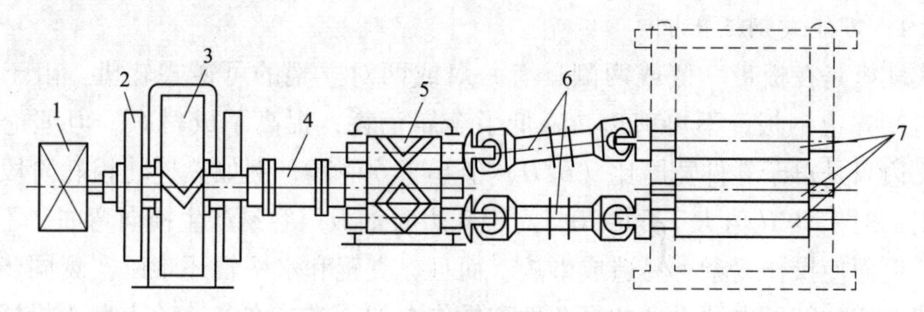

图 4-5　三辊劳特式轧机主传动

1—主电动机；2—飞轮；3—减速机；4—齿式联轴节；5—人字齿轮座；6—万向接轴；7—轧辊

小直径的中辊由上、下辊传动，中辊被动，这样就可以选用交流电动机传动，轧辊在转动方向不变的条件下实现了轧件的往返轧制。

优点：设备投资少、简单、建厂快，所以 20 世纪 60 年代初期，国内建造了一批这种轧机。

缺点：轧机刚度性差，轧制的产品厚度公差大，所以不能轧制宽度较大的产品；中辊升降机构的结构复杂，难以维修，使中辊的抬起高度受到影响；升降台的使用限制了原料的种类，所以不能使用质量大、厚度大的原理，这样就使得产品规格有所限制。一般钢板厚度 $h=4\sim25$ mm，钢板宽度不大于 2000 mm。

4.2.1.3　*四辊可逆式轧机*

表示为 $D/d\times L$，D 为支撑辊直径，d 为工作辊直径，L 为辊身长度。

四辊可逆轧机有支撑辊及工作辊，并用直流电机驱动，如图 4-6 所示，其工作过程与二辊可逆轧机相同。具有二辊可逆轧制生产灵活、产量高的优点，而同时由于有支撑辊，所以轧机刚性好、产品精度高。而工作辊直径小，使得在相同的压力下，可以增加压下量，使产量进一步提高。

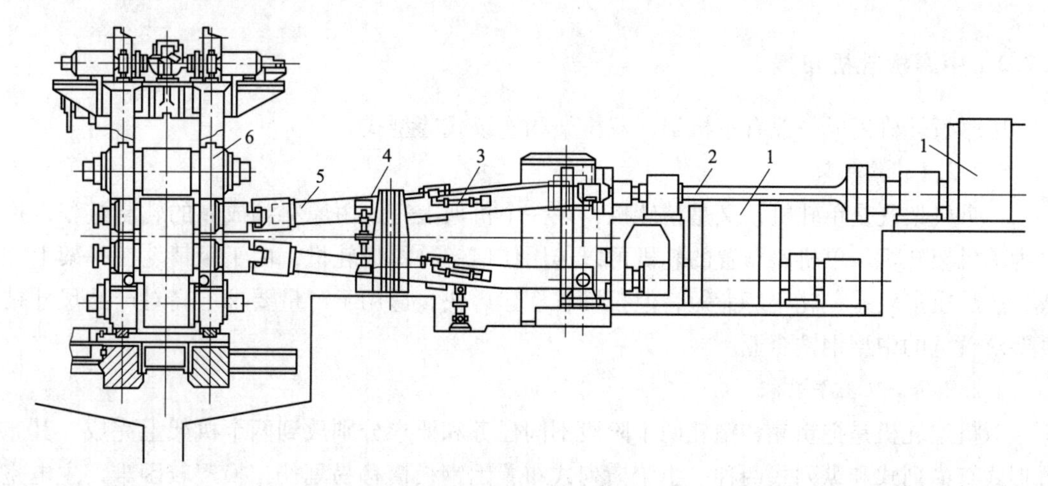

图 4-6　四辊可逆式轧机主传动

1—电动机；2—传动轴；3—接轴移出缸；4—接轴平衡装置；5—万向接轴；6—工作机座

这种轧机虽价格较高，但其所具有的优点，使得它在钢板生产中占据了越来越重要的地位。既能生产中厚板或特厚板，又能生产薄板或极薄板。

4.2.1.4　万能式钢板轧机

万能式轧机是在板带一侧或两侧具有一对或两对立辊的可逆式轧机。由于立辊的存在，可以生产齐边钢板，不再剪边，降低了金属消耗，提高了成材率。但理论和实践证明，立辊轧边只是对于轧件宽厚比（*B/H*）值小于60~70，例如热连轧粗轧阶段的轧制才能产生作用；对于*B/H*值大于60~70，立辊轧边时钢板很容易产生横向弯曲，不仅起不到轧边作用，反而使操作复杂，易造成事故。而且，立辊和水平辊还难以实现同步运行，要同步又必然会增加辅助电器设备的复杂性和操作上的困难，许多学者认为“投资大、效果小、麻烦多”。

近年来为了进一步提高成材率，对于厚板的V-H轧制（立辊加水平辊轧制）又在进行积极开发研究，其目的是能够生产不用切边的齐边钢板和更有效地控制钢板宽度以减少切边量。它是在轧机上安装防弯辊和狗骨辊以达到防弯控宽的目的（图4-7）。

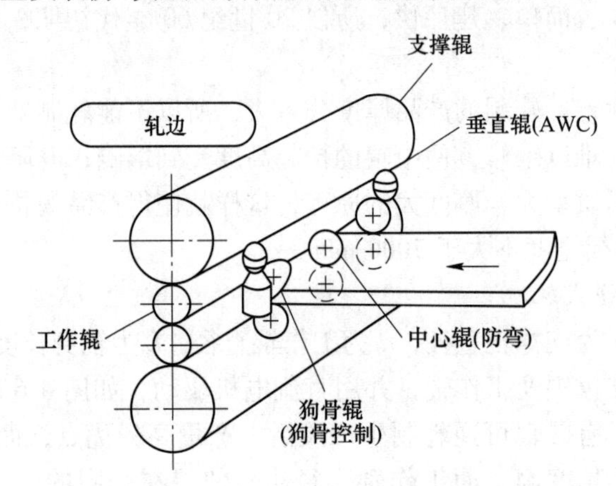

图4-7　厚板的V-H轧制（立辊加水平辊轧制）

4.2.2　中厚板轧机布置

中厚板轧机组成一般有单机架、双机架和连续式等型式。

4.2.2.1　单机架

一个机架既是粗轧机，又是精轧机，在一个机架上完成由原料到成品的轧制过程，称之为单机架轧机。单机座布置的轧机可以选用任何一种厚板轧机，由于粗精轧在一架上完成，产品质量较差，轧辊寿命短，但投资省、建厂快，适用于产量要求不高对产品尺寸精度要求较宽的中型钢铁企业。

4.2.2.2　双机架轧机

双机架轧机是把粗轧和精轧两个阶段不同任务和要求分别放到两个机架上完成，其布置形式有横列式和纵列式两种。由于横列式布置因钢板横移易划伤，换辊较困难，主电室分散及主轧区设备拥挤等原因，新建轧机已不采用，全部采用纵列式布置。与单机架形式相比，不仅产量高，表面质量、尺寸精度和板形都较好，并可延长轧辊寿命，缩减换辊次数等。双机架轧机组成形式有四辊—四辊、二辊—四辊和三辊—四辊式三种。20 世纪 60 年代以来，新建轧机绝大多数为四辊—四辊式，以欧洲和日本最多。这种形式轧机粗精轧道次分配合理，产量高，可使进入精轧机轧件断面较均匀，质量好；粗精轧可分别独立生产，较灵活。缺点是粗轧机工作辊直径大，轧机结构笨重复杂，投资增大。应指出，美国、加拿大和我国仍保留着相当数量的二辊—四辊式轧机。

4.2.2.3　连续式、半连续式、3/4 连续式布置

连续式、半连续式、3/4 连续式布置是一种多机架生产带钢的高效率轧机，目前成卷生产的带钢厚度已达 25 mm 或以上，因此许多中厚钢板可在连轧机上生产。但由于用热带连轧机轧制中厚板时板不能翻转，板宽又受轧机限制，致使板卷纵向和横向性能差异很大。同时又需大型开卷机，钢板残余应力大，故不适用于大吨位船舶上作为船体板，也难满足 UOE 大直径直缝焊管用。因此，用热带连轧机生产中厚板是有一定局限性的。但由于其经济效益显著，仍有 1/5 左右中厚板用热带连轧机生产，以生产普通用途中厚板为主。另外，炉卷轧机和薄板坯连铸连轧都可用来生产部分中厚板产品。专门生产中厚板连续式轧机只有美国钢铁公司日内瓦厂 1945 年建成的 3350 mm 半连续式轧机一套，用于生产薄而宽、品种规格单一的中厚板，不适合于多品种生产。因此，这类轧机未能得到大范围推广。

4.2.3　双机座布置的中厚板车间

双机布置的中厚板车间是把粗轧和精轧分到两个机架上去完成，它不仅产量高（一台四辊轧机可达 100×10^4 t/a，一台二辊和一台四辊轧机可达 150×10^4 t/a，二台四辊轧机约为 200×10^4 t/a，而且产品表面质量、尺寸精度和板形都比较好，还延长了轧辊使用寿命。双机布置中精轧机一律采用四辊轧机以保证产品质量，而粗轧机可分别采用二辊可逆轧机或四辊可逆轧机。二辊轧机具有投资少、辊径大、利于咬入的优点，虽然它刚性差，但作为粗轧机影响还不大，尤其在用钢锭直接轧制时。因为钢锭厚度大，压下量的增加往往受咬入角限制，而轧制力又不高，适合用二辊可逆轧机。采用四辊可逆轧机作粗轧机不仅产量更高，而且粗、精轧道次分配合理，送入精轧机的轧件断面尺寸比较均匀，为在精轧机上生产高精度钢板提供了好条件。在需要时粗轧机还可以独立生产，较灵活。但采用四辊可逆轧机作粗轧机为保证咬入和传递力矩，需加大工作辊直径，因而轧机比较笨重，厂房高度相应地要增加，投资增大。美国、加拿大多采用二辊加四辊型式，欧洲和日本多采用四辊加四辊型式。目前，由于对厚板尺寸精度和质量要求越来越高；因而两架四辊轧机的型式日益受到重视。此外我国还有部分双机座布置的中厚板车间仍采用三辊劳特式轧机作为粗轧机，这是对原有单机座三辊劳特式轧机车间改造后的结果，进一步的改造将用二辊轧机或四辊轧机取代三辊劳特式轧机。

通常双机布置的两架轧机的辊身长度是相同的，但有的双机架布置的粗轧机轧辊辊身长度大于精轧机的轧辊辊身长度，这样可用粗轧机轧制压下量比较少的宽钢板，再经旁边的作业线作轧后处理，使设备费减少，而且重点可作为长板坯的宽展轧制用。

模块 4.3　轧制区其他设备

4.3.1　除鳞设备

用于去除一次氧化铁皮的除鳞设备通常装在离加热炉出炉辊道较近的地方，其结构，如图 4-8 所示。在辊道的上下各设有两排或三排喷射集管，喷嘴装在喷头端部，喷嘴轴线与铅垂线成 5°~15°迎着板坯前进方向布置，便于吹掉氧化铁皮。从喷嘴喷射出来的水流覆盖着板坯的整个宽度，并使各水流之间互不干扰。上集管根据板坯厚度的变化设计成可以升降的形式。为加强清除氧化铁皮的效果，采用的高压水压力不断提高，最近广泛采用的压力从过去的 10 MPa 提高到 15~20 MPa。

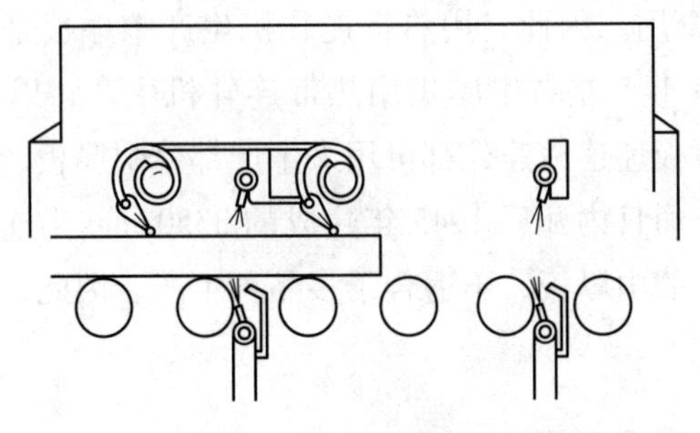

图 4-8　高压水除鳞装置

去除二次氧化铁皮的高压水集管设置在轧机前后。宽厚钢板轧机的高压水集管采用分段配置，以便轧制不同宽度钢板时灵活使用。去除一次氧化铁皮的除鳞箱与去除二次氧化铁皮的除鳞箱多数共用一个高压水水源。在系统中设有储压罐，用于在除鳞的间歇期间储存水泵送来的高压水，使除鳞时高压水具有较强的冲击力。这样不但可以增强除鳞效果，而且还可以减少水泵的容量。

4.3.2　轧辊冷却装置

为了减少轧辊的磨损、提高轧辊的使用寿命，必须对中厚板轧机轧辊进行冷却。如果能够对轧辊辊身中间部分和两个端部独立地变化冷却水量，将会对调整轧辊辊形起到一定的效果。用于冷却轧辊的水量，随着轧制钢板的厚薄而变化。轧制较薄钢板时，为了防止钢板降温过快通常采用较小的冷却水量。轧辊冷却水使用工业用水，其压力为 0.2~0.8 MPa。

4.3.3　旋转辊道、侧导板

设在轧机前后的辊道辊除了可与轧机轧辊协调一致地转动之外，在展宽轧制时还可以起到使板坯转向的作用。其原理，如图 4-9 所示。辊道辊为阶梯形或圆锥形形状，相邻两个辊交替布置且转动方向相反，这样使板坯产生旋转力矩而旋转。当不需旋转钢坯时，就使所有的辊道辊向同一方向转动，作为一般辊道辊使用。旋转辊道设置在轧机的前后，双机架布置时，通常在粗轧机上进行展宽轧制，所以只在粗轧机前后设置旋转辊道。

侧导板是用来将轧件准确地导向至轧机中心线上进行轧制而设置在轧机前后的一种装

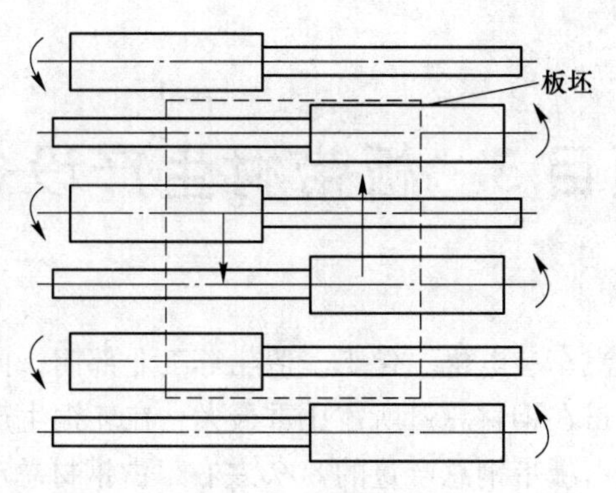

图 4-9　旋转辊道

置。通常采用齿轮齿条装置，使左、右侧导板对称同步动作，在旋转钢坯时侧导板也起到重要的辅助作用。考虑到轧件的弯曲、滑动等因素，设定的侧导板宽度要稍宽于钢板宽度。为了避免板坯撞击侧导板损坏机械主体，侧导板通常设有安全装置。此外，由于可以利用侧导板夹住钢板读出钢板宽度，因此，也可以起到测宽仪的作用。

习　题

4-1　高压水除鳞与其他方式除鳞相比的优点是什么?

4-2　高压水除鳞一般分几个阶段，各阶段除鳞目的是什么?

4-3　粗轧阶段主要任务是什么?

4-4　粗轧阶段的各过程是如何实现的?

4-5　简述中厚板生产的轧制方法有哪些。

4-6　简述中厚板生产的轧制设备有哪些。

4-7　简述中厚板轧制生产的轧机布置形式有哪些。

项目 5　板带材生产设备

热轧板带钢广泛用于汽车、电机、化工、造船等工业部门，同时作为冷轧、焊管、冷弯型钢等生产原料，其产量在钢材总量所占比重最大，在轧钢生产中占统治地位。在工业发达国家，热连轧板带钢占板带钢总产量的80%左右，占钢材总产量的50%以上。我国已建成及正在建设的宽带钢热连轧机约达 16 套，年生产能力达到 4000 万吨以上。

自 1924 年第一套带钢热连轧机（1470 mm）问世以来，其发展已经历了三代。20 世纪 50 年代以前是热连轧带钢生产初级阶段，称为第一代轧机，主要特征是轧制速度低、产量低、坯重轻、自动化程度低；20 世纪 60 年代，美国首创快速轧制技术，使带钢热连轧进入第二代，其轧制速度达 15~20 m/s，计算机、测压仪、X 射线测厚仪等应用于轧制过程，同时开始使用弯辊等板形控制手段，使轧机产量、产品质量及自动化程度得到进一步提高；20 世纪 70 年代，带钢热连轧发展进入第三代，特点是计算机全程控制轧制过程，轧制速度可达 30 m/s，轧机产量和产品质量达到新的发展水平。特别是近十年来，随着连铸连轧紧凑型、短流程生产线的发展，以及正在试验中的无头轧制，极大地改进了热轧生产工艺。为与新发展的热轧带钢生产工艺相区别，将过去长期以来所采用的带钢热连轧生产工艺称为传统带钢热连轧。

模块 5.1　热连轧板带材生产设备

5.1.1　热连轧板带材生产工艺

一般工艺流程：原料准备→板坯加热→粗轧→精轧→冷却→卷取→精整（图 5-1）。

（1）原料准备应根据板坯技术条件进行，缺陷清理后局部深度在 8 mm 以内，常用原料有初轧板坯和连铸板坯。

（2）板坯加热应以保证良好塑性并易于加工为目的，随着对板带材质量性能要求的提高，加热温度现多取下限加热温度进行，可使原始奥氏体晶粒较小，轧后板带组织性能良好，精度高，同时还能节约能源。加热炉一般为 3~5 座连续式或步进式。

（3）板坯粗轧有两个成形过程：一是压下，二是轧边。粗轧压下量受精轧前端飞剪剪切板料尺寸限制，一般要轧制 40 mm 以下，延伸系数可达 8~12。轧边也称侧压，通过立辊轧制完成，轧边不仅仅是为了齐边，同时还用于除鳞，所以要有足够侧压量，一般大立辊轧机在较厚板坯上能一次侧压 50~100 mm，轧边压下量一般为 12.7 mm 左右；飞剪是为便于精轧机咬入，把轧件头部剪成 V 形或弧形。

进入精轧机轧件已充满整个机组，使带钢同时在一组轧机上进行连轧，其中任何一架轧机工艺参数及设备参数发生波动都会对连轧过程发生影响，因此精轧机组自动化和控制水平很高；从精轧末架轧出的带钢，在由精轧机输送辊道输送到卷取机过程中进行水冷，

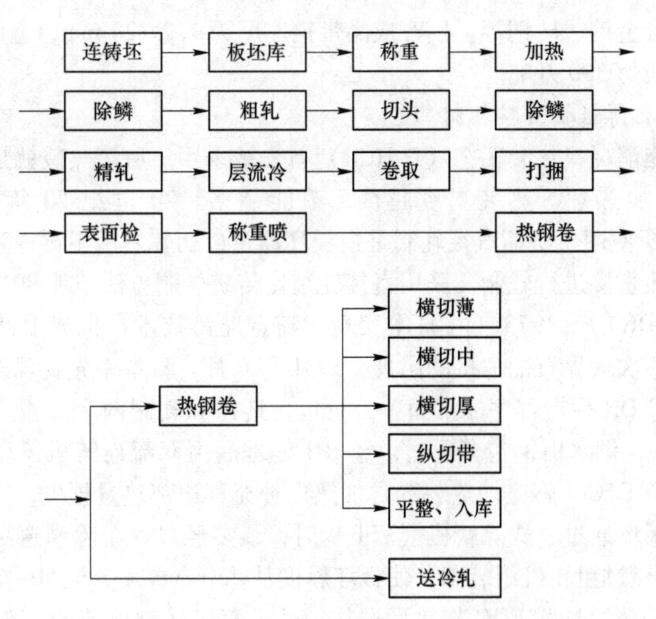

图 5-1　某厂热连轧板带材生产工艺流程

以控制输送过程中的组织转变。实验证明，采用低压力大水量冷却系统使水紧贴于带钢表面形成层流可获得较好冷却效果；冷却到一定温度后进入卷取机进行卷取，卷取时钢卷在缓冷条件下发生组织变化，可得到要求的性能；卷取后钢卷经卸卷小车、翻钢机和运输链运送到钢卷仓库，作为冷轧原料或热轧成品卷出厂，或继续进行精整加工。精整加工机组有纵切机组、横切机组、平整机组、热处理炉等。精整加工后的钢板和窄带等经包装后出厂。

5.1.2　车间平面布置

热连轧薄板带钢车间平面布置主要因粗轧机组而不同，某公司 1700 热连轧带钢车间，如图 5-2 所示。该车间具有 3 个与热轧跨间平行的板坯仓库跨间，三座六段连续式加热炉，轧机为 3/4 连续式，精轧机 7 架。该车间所用原料为初轧坯或连铸板坯，板坯尺寸为（150~250）mm×（800~1600）mm×（3800~9000）mm，最大坯重为 24 t，以生产碳素钢为

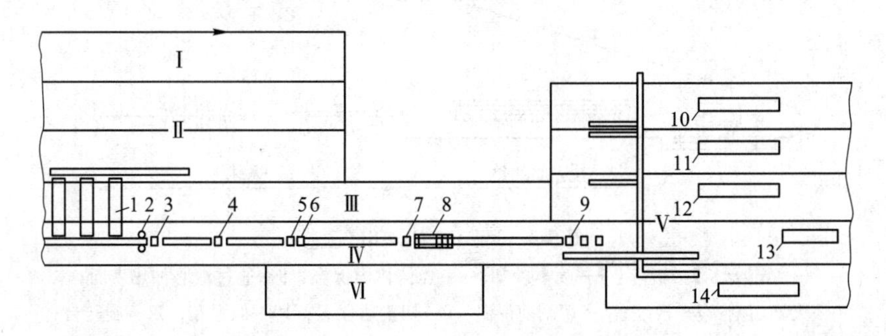

图 5-2　1700 热连轧带钢车间布置

Ⅰ—板坯修磨间；Ⅱ—板坯存放场；Ⅲ—主电室；Ⅳ—轧钢跨；Ⅴ—精整跨；Ⅵ—轧辊磨床
1—加热炉；2—大立辊轧机；3—二辊不可逆轧机；4—四辊可逆轧机；5—四辊轧机（交流）；
6—四辊轧机（直流）；7—四辊轧机；8—精轧 7 机架连轧；9—冷却；10~14—卷取机

主，并能生产低合金钢、硅钢等。生产成品带钢厚度为 1.2~20 mm，宽度 750~1550 mm，轧机设计年生产能力 300 万吨。

5.1.2.1　热轧薄板带直接轧制工艺

为了节约热能消耗，热装工艺（D-HCR）首先被采用。所谓热装就是将连铸坯或初轧坯在热状态装入加热炉，热装温度越高，节能越多。20 世纪 70 年代，直接轧制技术（HDR）被广泛使用。所谓直接轧制是指板坯连铸或初轧之后不再进入加热炉加热，只略经边部补偿加热直接进行轧制。采用直接轧制比传统轧制方法节能 90%以上，初轧坯直接轧制工艺（IH-DR）于 1973 年在日本实现。随着连铸技术在世界上许多钢铁生产国迅速普及，以及第一次世界石油危机的出现，1981 年 6 月，日本率先实现连铸坯直接轧制工艺（CC-DR）。CC-DR 生产程序非常简单，只包含连铸和轧制两个过程。连铸设备距离氧气顶吹转炉 600 m，钢水由钢包车运输，经 RH 处理后由双流连铸机铸坯。切割后坯料由边部温度控制设备 ETC（感应加热装置）加热以补充其边部热量损失，然后通过回转机构输送至轧制线。板坯通过立式除鳞机（VSB）时，最多经过 5 个除鳞道次，最大可减少板坯宽度 150 mm。经过粗轧机组轧制，使板坯厚度从 250 mm 减少至 50~60 mm。板坯边部由使用煤气烧嘴局部加热器 EQC 加热后送往精轧。直接轧制可节能 85%；由于减少烧损和切损，可提高成材率 0.5%~2%；简化生产工艺过程，减少设备和厂房面积，节约基建投资和生产费用；由于不经加热而使表面质量得到提高。

1984 年日本实现了宽带钢的 CC-DR 工艺。由于钢铁企业的连铸机一般与轧钢机相距较远，远距离 CC-DR 工艺近年来已被成功地开发应用。图 5-3 所示为八幡厂的远距离 CC-DR 工艺流程。该厂连铸机距热连轧机 620 m，采用高速保温车输送铸坯，火焰式边部加热器控制铸坯边部温度，实现了远距离 CC-DR 工艺。

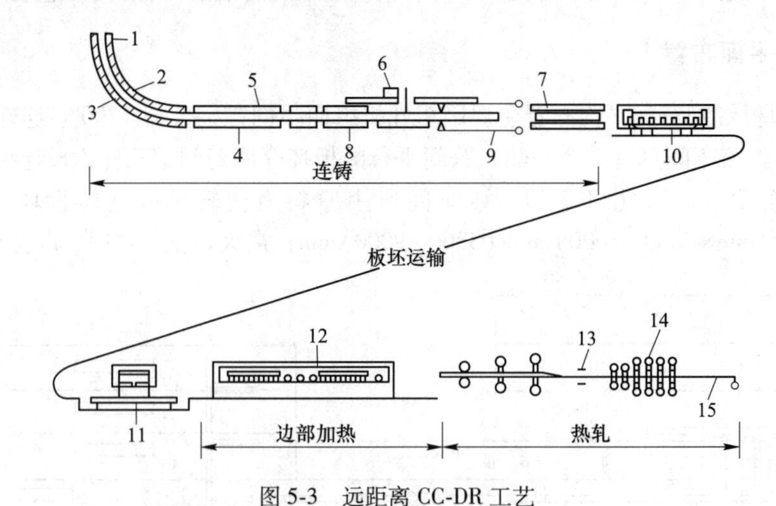

图 5-3　远距离 CC-DR 工艺

1—结晶器；2—板坯：3—喷雾冷却；4—连铸机内保温；5—通过液心加热表面；
6—火焰切割；7—板坯；8—切割前保温；9—切割后保温；10—保温车；11—旋转台；
12—边部加热系统；13—辊道保温装置；14—热轧机；15—层流冷却及卷取

5.1.2.2　薄板连铸连轧工艺

所谓薄板坯指普通连铸机难以生产的，厚度在 60 mm（或 80 mm）以下，且可以直接进入热连轧机精轧机组轧制的板坯。1987 年 7 月，美国纽柯（Nucor）公司率先完成以废钢、电炉、薄板坯连铸连轧生产热带钢的工艺过程，也称为短流程轧制工艺（CSP）（Compact Stripe Production），如图 5-4 所示。该工艺由电炉炼钢，采用钢包冶金和保护浇铸，以 4~6 m/min 速度铸出厚 50 mm 宽 1371 mm 的薄板坯，经过切断后，通过一座长达 64 m 的直通式补偿加热炉，直接进入 4 架四辊式连轧机轧制成厚为 2.5~9.5 mm 的钢带。

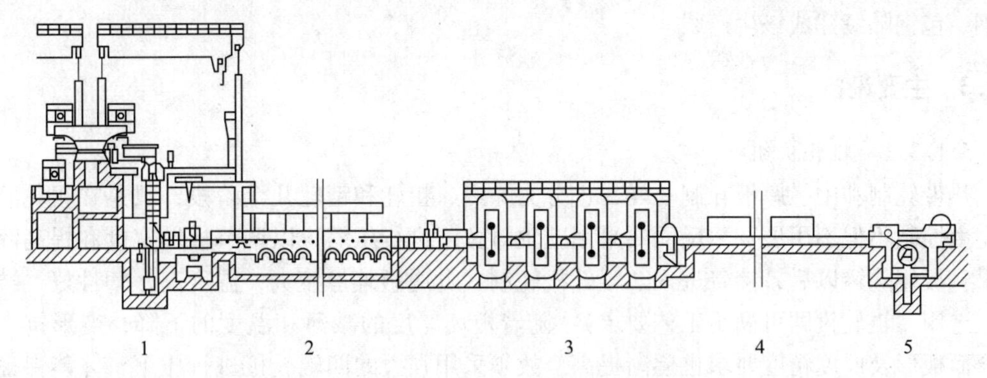

图 5-4 CSP 生产工艺流程

1—薄板坯连铸机；2—隧道式加热线；3—热带钢精轧机；4—层流冷却线；5—地下卷取机

由于该工艺用废钢代替生铁，50 mm 厚薄连铸坯取消了轧机粗轧机，精轧机架数也减少至 4 个机架，使薄板坯连铸连轧建设投资减少约 3/4。由于连铸坯全部直接轧制，可节约能源 60%，提高生产率 6 倍，被称为钢铁工业的一次革命。

曼内斯曼-德马克冶金技术公司（MDH）发展了薄板坯连续铸轧工艺（ISP）（In Line Stripe Production），该工艺可生产连铸薄板坯厚度为 120~500 mm，最大宽度达 2800 mm。MDS 公司与意大利丹涅利（Finarvadi）公司于 1991 年在意大利建立了该生产线，如图 5-5 所示。该厂设计年产量为 50×10^4 t 优质碳钢和不锈钢，单流结晶器规格为（650~1330）mm×(60~80) mm，出连续铸轧机组的产品尺寸为（650~1330）mm×(15~25) mm，最大铸速为 6 m/min，板卷最大质量 26.6 t。精轧后带钢尺寸为 1.7~12 mm。与一般厚板坯相比，薄板坯晶粒非常细。该工艺设有新型浸入式水口的连铸结晶器；连铸时可以带液心压下和软心（半）凝固压缩，板坯足够薄，或直接进行热卷取；设有新型热卷取箱，利用热板卷进行输送保温，节能、节材、效益显著。

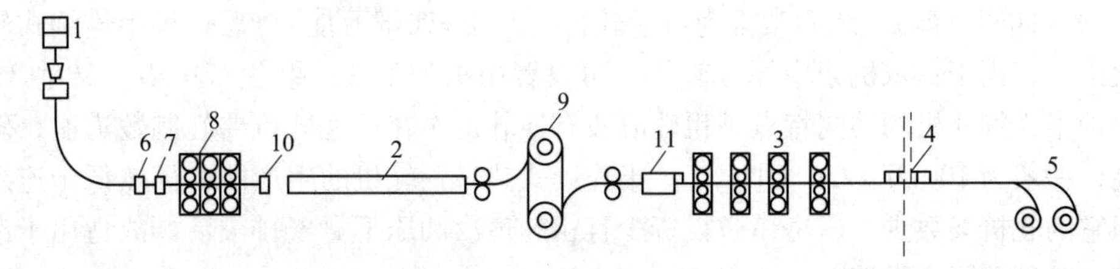

图 5-5 ISP 生产工艺流程

1—连铸；2—感应均热炉；3—精轧机；4—层流冷却；5—卷取机；6—矫直；
7—边部加热；8—轧机；9—热卷取机；10—切断机；11—除鳞

至今全世界已建成和在建中薄板坯连铸连轧轧机约 38 套，其工艺发展已进入第三代。

特征是与传统流程嫁接，实现长流程连续生产，用高炉—转炉更纯净的钢水作原料，以小于等于 1 mm 薄规格产品为目标，终轧产品越来越薄，将继续进一步代替冷轧产品。同时不断开发新工艺，大大降低生产超薄带成本，使薄板坯连铸连轧技术更具有市场竞争力。该生产工艺发展趋势是用薄板坯连铸连轧技术生产超薄带钢，进一步取代冷轧产品，大大降低生产成本。我国珠江钢厂 1700 mm 薄板坯连铸连轧生产线于 1999 年 8 月投产，其后邯钢、包钢陆续建成该生产线。

5.1.3　主要设备

5.1.3.1　粗轧机组

热带轧制和中、厚板轧制一样，也分为除鳞、粗轧和精轧几个阶段，只是在粗轧阶段的宽度控制不但不用展宽，反而要采用立辊对宽度进行压缩，以调节板坯宽度和提高除鳞效果。板坯除鳞以后，接着进入二辊轧机轧制（此时板坯厚度大，温度高，塑性好，抗力小，选用二辊轧机即可满足工艺要求）。随着板坯厚度的减薄和温度的下降，变形抗力增大，而板形及厚度精度要求也逐渐提高，故须采用强大的四辊轧机进行压下，才能保证足够的压下量和较好的板形。为了使钢板的侧边平整和控制宽度精确，在以后的每架四辊粗轧机前面，一般皆设置有小立辊进行轧边。

现代热带连轧机的精轧机组大都是由 6~8 架组成，并没有什么区别，但其粗轧机组的组成和布置却不相同，这正是各种形式热连轧机主要特征之所在。热带连轧机主要分为全连续式、半连续式和 3/4 连续式三大类，不管是哪一类，实际上，其粗轧机组都不是同时在几个机架上对板坯进行连续轧制的，因为粗轧阶段轧件较短，厚度较大，温度降较慢，难以实现连轧，也不必进行连轧。

A　全连轧

粗轧机组有 4~6 架轧机，串列式排列，每架轧机轧制一道，无逆轧道次，一般前几架不进行连轧，后面两架，为缩短轧机间的距离而采用近距离布置，构成连轧。这种带钢热连轧机流程合理，产量高，年产量可达 300 万~600 万吨，但轧机架数多，投资大，生产线及厂房较长。故它适合于单一品种，大规模生产热轧带钢采用。

B　半连轧

粗轧机只有两架轧机，其中一架为不可逆式轧机（一般为二辊），另一架为可逆式轧机（一般为四辊万能），或两架都为可逆轧机（二辊+四辊万能）。后一种半连续式轧机的粗轧机组，相当于一双机架中厚板轧机，可设置中板加工线。既生产中板，又生产板卷。上述两种半连续轧机的共同特点是粗轧阶段有逆轧道次在可逆轧机要轧制数道次，轧机产量不高，一般为 100 万~250 万吨/年。半连续式热带钢轧机的生产能力虽然低于连续式轧机，但它的轧机架数少，厂房短，投资少且粗轧道次和压下量安排灵活。故适用于产量要求不高，品种范围宽的情况。

C　3/4 连轧

它的粗轧机组有四架轧机，其中第一架为不可逆式轧机（二辊），第二架为可逆式轧机（四辊万能），第三、第四架为近距离布置构成连轧关系的不可逆式轧机（四辊万能）。这种热带连轧机比全连轧的轧机架数少，厂房短，投资少 5%~6%，而产量与之相近，可达 400 万吨/年，并具有半连轧生产灵活，产品范围宽的特点，故得到广泛采用。它主要适合于多品种，生产规模较大的热轧带钢厂（车间）采用。

D　紧凑式（两架可逆连轧）

缩短生产线长度、减小占地面积、节约设备投资等方面考虑，选择常用的半连续式粗轧机。由于在粗轧机组上轧制时，轧件温度高、塑性好、厚度较大，故应该尽量利用此有利条件采用大压下量轧制。考虑粗轧机组和精轧机组之间在轧制节奏和负荷上的平衡，粗轧机组变形量一般要占总变形量（坯料至产品）的 70%~80%。

5.1.3.2　精轧机

目前，新型热带轧机主要有以下几种形式：带液压弯辊技术（WRB）的轧机，CVC 轧机、PC 轧机、HC 轧机以及 WRS 轧机等。

A　液压变辊技术

第一种：弯工作辊的方法（图 5-6）。这又可以分为两种方式：（1）反弯力加在两工作辊瓦座之间。即除工作辊平衡油缸以外，尚配有专门提供弯辊力的液压缸，使上下工作辊轴承座受到与轧制压力方向相同的弯辊力 N_1，结果是减小了轧制时工作辊的挠度，这称为正弯辊。（2）反弯力加在两工作辊与支撑辊的瓦座之间，使工作辊轴承座受到一个与轧制压力方向相反的作用力 N_1，结果是增大了轧制时工作辊的挠度，这称为负弯辊。热轧薄板轧机多采用弯工作辊的方法。

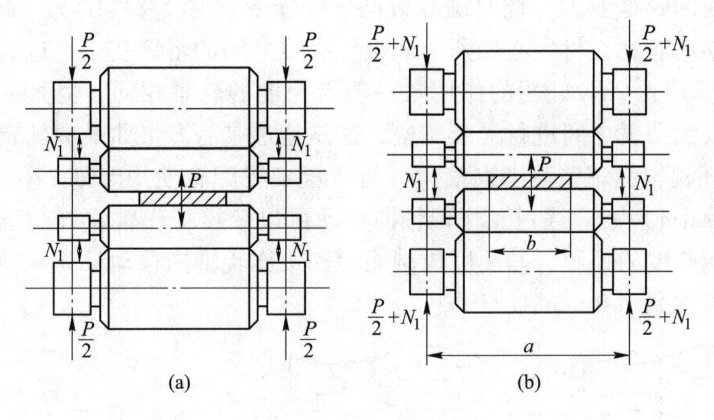

图 5-6　弯工作辊

（a）减小工作辊的挠度；（b）增加工作辊的挠度

第二种：弯曲支撑辊的方法。这种方法是反弯力加在两支撑辊之间。为此，必须延长支撑辊的辊头，在延长辊端上装有液压缸，使上下支撑辊两端承受一个弯辊力 N_2。此力使支撑辊挠度减小，即起正弯辊的作用。弯曲支撑辊的方法多用于厚板轧机，它比弯工作辊能提供较大挠度补偿范围，且由于弯支撑辊时的弯辊挠度曲线与轧辊受轧制压力产生的挠度曲线基本相符合，故比弯工作辊更有效，对于工作辊辊身较长（$L/D>4$）的宽板轧机，一般以弯支撑辊为宜。弯曲支撑辊的方法如图 5-7 所示。

B　CVC 轧机

CVC 轧机是 SMS 公司在 HCW 轧机的基础上于 1982 年研制成功的。CVC 轧机与 HCW 轧机的不同之处在于 CVC 轧机的工作辊原始辊型为 S 形，而 HCW 轧机的工作辊原始辊型为平辊，其相同点都是采用工作辊轴向串动技术来控制板形。CVC 工作辊的轴向移动量为±100 mm，其效果相当于常规磨辊凸度在 100～500 μm 之间变化的效果。S 形辊的半径差仅为 273 μm，上下轧辊线速度之差最大仅为 0.076%，相当于带钢前滑值的 1%。CVC 系统的工作辊辊身比支撑辊辊身长出可移动的距离，以确保支撑辊不会压到工作辊边缘。由于工作辊具有 S 形曲线，工作辊与支撑辊是非均匀接触，实践表明，这种非均匀接触对轧辊磨损和接触应力不会产生太大的影响。

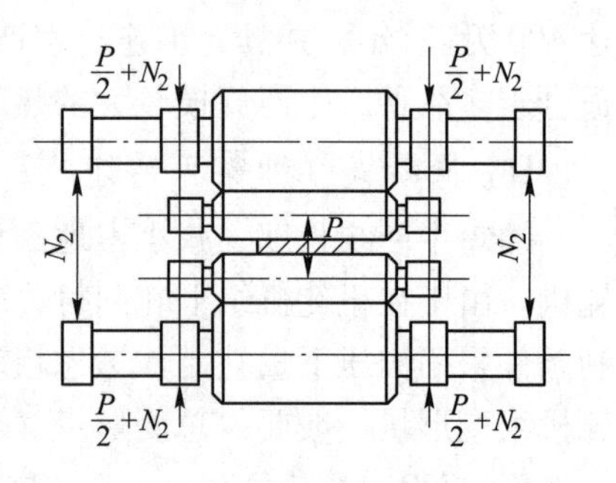

图 5-7　弯曲支撑辊

CVC 轧机和弯辊装置配合使用可调辊缝达 600 μm。CVC 在精轧机组的配置一般是前几个机架采用 CVC 辊主要控制凸度，后几个机架采用 CVC 辊要控制平直度。我国宝钢 2050 mm 热带钢轧机 7 个精轧机架均采用 CVC 轧机，可调凸度 400 μm，F1～F5 弯辊装置可调凸度 150 μm，合计 550 μm。宝钢采用 CVC 的作用是 F1～F4 改善凸度，F5～F7 改善平直度。到目前为止，全世界已投产近 70 台 CVC 热轧机。

CVC 轧制原理图：在轧辊末产生轴向移动时，轧辊构成具有相同高度的辊缝，其有效凸度等于零（图 5-8（a））。如果上辊向左移动，下辊向右移动时，板材中心处两个轧辊轮廓线之间的辊缝变大，此时的有效凸度小于零（图 5-8（b））。如果上辊向右移动，下辊向左移动时，板材中心处两个轧辊轮廓线之间的辊缝变小，这时的有效凸度大于零（图 5-8（c））。CVC 轧辊的作用与一般带凸度的轧辊相同，但其主要优点是凸度可以在最小和最大凸度之间进行无级调整，这是通过具有 S 形曲线的轧辊作轴向移动来实现的。CVC 轧辊辊缝调整范围也较大，与弯辊装置配合使用时如 1700 热轧机的辊缝调整量可达 600 μm 左右。通过工作辊轴向移动可以获得工作辊辊缝的正负凸度的变化从而实现对带钢凸度的控制。其凸度控制能力和工作辊轴向移动量为线性变化关系，凸度控制能力可以达到 1.0 mm。

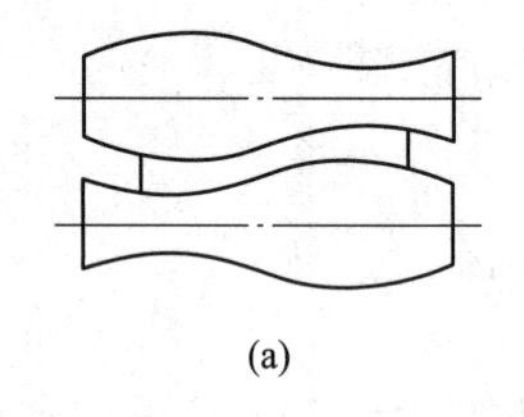
(a)

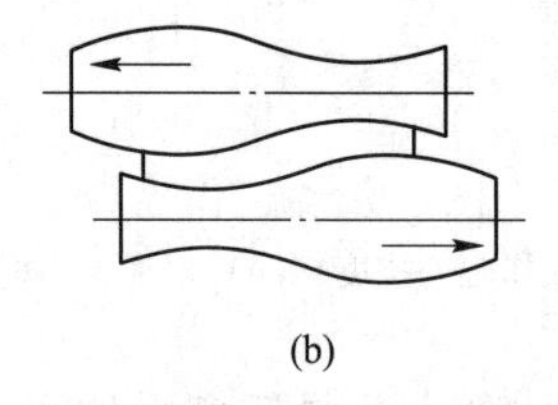
(b)

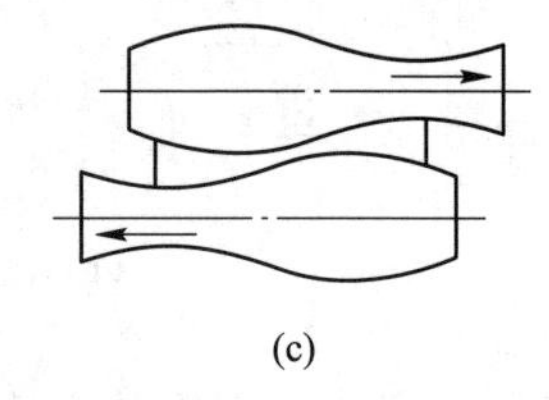
(c)

图 5-8　CVC 轧机轧辊辊缝形状变化
（a）平辊缝；（b）中凹辊缝；（c）中凸辊缝

CVC 轧机的优点是：板凸度控制能力强；轧机结构简单，易改造；能实现自由轧制；操作方便，投资较少。CVC 轧机的缺点是：轧辊形状复杂、特殊，磨削要求精度高而且困难，必须配备专门的磨床；无边部减薄功能；带钢易出现蛇形现象。

C　HC 轧机

HC 轧机为高性能板型控制轧机的简称。HC 轧机的主要特点有：

（1）具有大的刚度稳定性。即当轧制力增大时，引起的钢板横向厚度差很小，因为它也可以通过调整中间辊的移动量来改变轧机的横向刚度，以控制工作辊的凸度，此移动量以中间辊端部与带钢边部的距离 δ 表示，当 δ 大小合适，即当中间辊的位置适当，即在所谓 NCP 点（Non Control Point）时，工作辊的挠度即可不受轧制力变化的影响，此时的轧机的横向刚度可调至无限大。

（2）具有很好的控制性。即在较小的弯辊力作用下，就能使钢板的横向厚度差发生显著的变化。HC 轧机还没有液压弯辊装置，由于中间辊可轴向移动，致使在同一轧机上能控制的板宽范围增大了。

（3）HC 轧机由于上述特点从而可以显著提高带钢的平宜度，可以减少板、带钢边部变薄及裂边部分的宽度，减少切边损失。

（4）压下量由于不受板形限制而可适当提高。

D　PC 轧机

对辊交叉（PC）轧制技术（Pair Crossroll）。在日本新日铁公司广烟厂于 1984 年投产的 1840 mm 热带连轧机的精轧机组上首次采用了工作辊交叉的轧制技术。PC 轧机的工作原理是，通过交叉上下成对的工作辊和支撑辊的轴线形成上下工作辊间辊缝的抛物线，并与工作辊的辊凸度等效。

因此，如图 5-9 所示，调整轧辊交叉角度即可对凸度进行控制 PC 轧机具有很好的技术性能：

（1）可获得很宽的板形和凸度的控制范围，因其调整辊缝时不仅不会产生工作辊的强制挠度，而且也不会在工作辊和支撑辊间由于边部挠度而产生过量的接触应力。与 HC 轧机、CVC、SSM 及 VC 辊等轧机相比，PC 轧机具有最大的凸度控制范围和控制能力。

（2）不需要工作辊磨出原始辊型曲线。

（3）配合液压弯辊可进行大压下量轧制，不受板形限制。

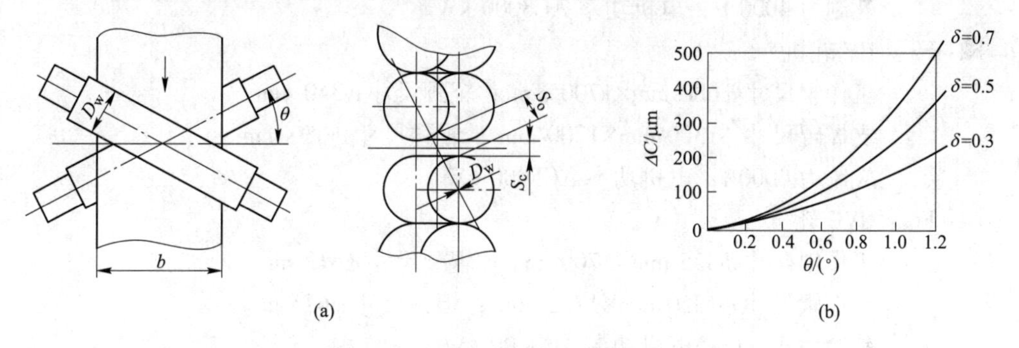

图 5-9　PC 轧辊交叉角与等效辊凸度

（a）轧辊交叉角示意图；（b）交叉角与等效辊凸度换算

D_w—工作辊直径；S_o—原始辊；S_c—调整后辊缝

E　WRS 轧机

WRS 轧机实际就是工作辊横移式四辊轧机，其板凸度控制有两种方法，即工作辊不带锥度和带锥度。WRS 轧机在适应带钢宽度变化、控制板凸度上，尤其在减小边部减薄及局部高点上很有效果。

精轧机是成品轧机，是热轧带钢生产的核心部分，轧制产品的质量水平主要取于精轧机组的技术装备水平和控制水平。因此，为了获得高质量的优良产品，在精轧机组大量地采用了许多新技术、新设备、新工艺。精轧机组是决定产品质量的主要工序。例如：带钢的厚度精度取决于精轧机压下系统和 AGC 系统的设备形式。板形质量取决于该轧机是否有板形控制手段和板形控制手段的能力。新轧机是通过控制板形的机构，在轧制过程中适时控制板形变化，获得好的板形。带钢的宽度精度主要取决于粗轧机，但最终还要通过精轧机前立辊的 AWC 和精轧机间低惯量活套装置予以保持。

六架四辊精轧机纵向排列，间距为 6000 mm。F2~F4 为 HC 轧机，它可以通过调整中间辊的移动量来改变轧机的横向刚度，以控制工作辊的凸度，压下量由于不受板形限制而可适当提高；F5~F6 采用 CVC 轧机，用于板型及凸度控制。F4~F6 均有弯辊系统。F1 为普通四辊轧机。所有的机架均设有液压伺服阀控制的 AGC 系统。工作辊轴承为四列圆锥滚动，平衡块中安装工作辊平衡缸（正弯辊缸）。支撑辊采用油膜轴承并配有静压系统。轧机工作辊轴承座上部（下部）装有调整垫片进行补偿，以保证轧制线水平。F5~F6 安装 ORG 系统用于工作辊表面的在线磨削。轧机进出口安装上下倒卫及倒板，轧机出口安装有倒辊，保证带钢平稳输送。轧机进出口均安装冷却水管。

在进入精轧机前，轧件由于还具有一个较高的温度，并且带钢还较厚，所以 F1 轧机所要起到的作用是在高温有利条件下，在能保证咬入的条件下进行稍大的压下，此时由于轧辊的弹跳与带钢的厚度及变形量相比是很小的，所以 F1 使用普通的四辊轧机。F2~F4 精轧过程中，为了增加对凸度的调节能力，并可以适当加大压下率，选择 HC 轧机。最后两道次主要调节板形和凸度选择了 CVC 轧机。各架轧机的参数见表 5-1。某厂生产 5 mm 带钢，选用的轧辊的直径是：

F1：　工作辊尺寸 ϕ900 mm×1700 mm；辊颈尺寸 ϕ400 mm
支撑辊尺寸 ϕ1450 mm×1700 mm；辊颈尺寸 ϕ725 mm
轧制力 4000 t ；电机功率 AC8000 kW

F2~F3：HC 轧机
工作辊尺寸 ϕ680 mm×1700 mm ；辊颈尺寸 ϕ340 mm
支撑辊尺寸 ϕ1300 mm×1700 mm ；辊颈尺寸 ϕ650 mm
轧制力 4000 t；电机功率 AC5000 kW

F4~F6 ：CVC 轧机
工作辊尺寸 ϕ825 mm×1700 mm ；辊颈尺寸 ϕ412 mm
支撑辊尺寸 ϕ1350 mm×1700 mm ；辊颈尺寸 ϕ675 mm
轧制力 4000 t；电机功率 AC8000 kW

表 5-1　精轧机的各种性能参数

数量及类型	6 架四辊不可逆轧机
工作辊尺寸	F1　ϕ900/ϕ750 mm×1700 mm
	F2~F3　ϕ825/ϕ735 mm×1700 mm
	F4~F6　ϕ680/ϕ580 mm×1700 mm
支撑辊尺寸	ϕ1450/ϕ1300 mm×1700 mm
轧制力（最大）	4000 t
开口度	50 mm（最大辊颈时）

续表 5-1

数量及类型	6 架四辊不可逆轧机
机架	铸钢，封闭式
机架柱面积	约 7400 cm^2（交叉部分面积 6500 cm^2）
辊缝调整缸面积	最大 3.0 mm/s（当轧制力为 3000 t 时）
轧制线调整	由几叠衬板调整，5 mm 的调整量，衬板与轴承座的连接在轧辊间进行
轧机驱动	F1~F3 工作辊由调速电机驱动齿轮及一对接轴驱动
	F4~F6 轧机工作辊由齿轮机座和一对接轴驱动

模块 5.2 冷连轧板带材生产设备

当薄板带材厚度小到一定程度时，由于保温和均温的困难，很难实现热轧，并且随着钢板宽厚比值增大，在无张力热轧条件下，要保证良好板形也非常困难。采用冷轧方法可以很好地解决这些问题。冷轧板带材因其产品尺寸精确，性能优良，产品规格丰富，生产效率高，金属收得率高等特点，从 20 世纪 60 年代起得到突飞猛进的发展。冷轧板带材主要产品有：碳素结构钢板、合金和低合金钢板、不锈钢板、电工钢板及其他专业钢板等，已被广泛应用于汽车制造、航空、装饰、家庭日用品等各行业领域。由于各行业对薄板带质量和产量要求的不断提高，冷轧薄板带材发展步伐较热轧更快。

5.2.1 冷轧板带材主要工艺流程

具有代表性的有色金属冷轧板带产品主要有铝、铜及其合金板带材和箔材。铝箔生产技术难度较大，工艺流程较为复杂，例如厚度为 0.007 mm 纯铝箔材生产工艺流程：坯料带卷→重卷或剪切→坯料退火→粗轧→合卷并切边→中间退火→清洗→双合轧制→分卷→成品退火→剪切→检查→包装。由于铝及其合金塑性好，加工率大，轧制铝箔材时总加工率可达 99%，变形抗力也低，故轧制时一般多采用二辊或四辊轧机。箔材轧制时对辊形要求极为精确，轧制不同厚度坯料，需要采用不同辊形，否则将产生各种缺陷，甚至拉断。除了粗轧厚 0.8~0.04 mm 坯料外，在一台轧机上一般只轧一道。但也有的粗轧、精轧各道次都在一台轧机上进行，或粗轧一台，精轧分别在几台或一台上进行。对于厚 0.007 mm 以上的产品可不用中间退火，薄铝系轧材中纯铝箔材中间退火在 150~180 ℃范围内进行，达到温度后即出炉，不用保温，强度降低不大，有利于张力轧制。为使轧材表面不留下润滑剂残余物，成品退火保温要长一些，一般 4~8 h。当采用低闪点润滑剂时，在双合前可不进行清洗。冷轧板带材主要工艺流程如图 5-10 所示。

一般可认为冷轧薄板带钢有以下典型产品：镀锡板、镀锌板、汽车板与电工硅钢板等，生产工艺流程：（1） 酸-轧联合机组原料卷→开卷→横剪→焊接→入口活套→拉矫→酸洗→出口活套→剪边→横剪→五机架连轧→卷取。（2） 退火机组罩式退火机组配料→装炉→扣保护罩→（热或冷） 清洗→扣加热罩→点加热炉→退火（加热、保温、冷却）→出炉→最终冷却。（3） 平整机组开卷→入口张力辊组→平整→出口张力辊组→卷取。（4） 重卷机组上卷→开卷→剪边（→废边卷取）→去毛刺→头尾剪切（→堆垛）→焊接→拉矫→打

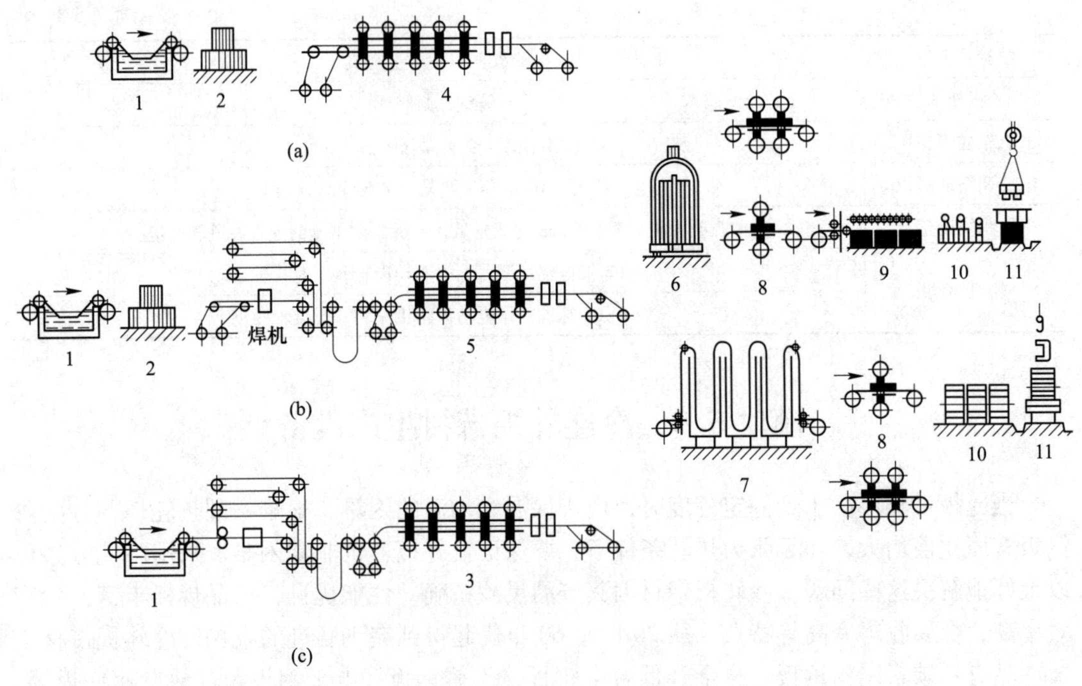

图5-10 冷轧板带材主要工艺流程

（a）常规的冷连轧；（b）单一全连续轧机；（c）酸洗联合式全连续轧机

1—酸洗；2—酸洗板卷；3—酸洗轧制联合机组；4—双卷双拆冷连轧机；5—全连续冷轧机；6—罩式退火炉；7—连续退火炉；8—平整机；9—自动分选横切机组；10—包装；11—入库

印→涂油→分卷→卷取→捆扎。（5）剪切机组：1）横切机组上卷→开卷→圆盘剪（剪边）→打印→活套→测厚（→发出分选信号）→矫直→飞剪→精矫→质量检查（→发出分选信号）→涂油→分选→发出自动分选信号→优质品堆垛或次品堆垛→辊道输出。2）纵切机组开卷→裁条→引带→剪切→卷取。（6）热镀锌机组上卷→开卷→圆盘剪（剪边）→横剪→焊接→活套→退火→热镀锌→冷却→钝化→活套→光整、拉矫→剪切→卷取。（7）电镀锌机组上卷→开卷→圆盘剪（剪边）→横剪→焊接→清洗→电镀锌→化学处理→冷却→活套→剪切→卷取。

由流程可知，冷轧板带从原料到成品主要工艺过程较热轧板复杂些，通常包括坯料除鳞、冷轧、轧后板带表面处理及热处理等基本工序，并且表面处理及热处理工序占有重要地位。产品不同，工艺流程有差别。

5.2.2 冷轧轧机设备

5.2.2.1 二辊轧机

辊轧机为一种较老的结构形式。它与其他形式相比有很大的优点，因此决不能看作是落后的型式。相反，在轧制品种很多时，每个冷轧工作者往往采用万能二辊式轧机轧制所有规格的产品。此外，二辊式轧机作为平整机用有很大优点，从起压缩作用的轧辊来看，二辊式轧机与多辊式轧机相比较，其主要优点为，由于二辊式轧机的辊径比较大，因而有大的咬入能力和拉力。因此当压下量相同时，随着轧辊直径的增大，所需的轧制力矩比与轧辊直径成比例地增加的还多，所以采用二辊式轧机必然有困难。可是只要比值 D/h 不太大（D 是轧辊直径、h 是带钢厚度），在二辊式轧机上基本可以轧制带钢，其厚度公差还能符合目前采用的标准。如果必要时在采用相应凸度的情况下，可以增加轧制道次，以提高带钢的尺寸精度。

二辊轧机的机架刚性较小，能很好满足各种板形，用来平整较适合。二辊轧机在操作时，可以通过机械液压弯辊装置或热的影响来校正轧辊凸度。但是在冷轧时，由于二辊轧机的辊径比较大，并由此而引起轧制范围受到限制，所以一般不采用它，而采用四辊轧机。

5.2.2.2 四辊式冷轧机

采用四辊式冷轧机的主要原因是减少轧制压力，由此能增大整个机架的刚度和提高变形效率。工作辊直径与支撑辊直径的比值一般为 1∶3。工作辊和支撑辊的轴线在同一个平面上。工作辊一般直接通过接轴进行传动。

工作辊辊径减小的程度，取决于工作辊辊径和万向接轴所能传递的传动力矩。为了创造良好的变形条件，强度较高的带钢要求采用较小的工作辊直径。与此相反，减少工作辊辊径受到下列条件限制：一方面，所能传递的变形力矩受到工作辊辊径断面积的限制；另一方面，辊身长度与轧辊直径的比值（一般称为细长比）不允许超过规定值，否则工作辊会弯曲。

在四辊轧机上，要保证能消除细工作辊可能产生的弯曲，必须在水平方向上支撑工作辊。如果是单向轧制，则支撑方法比较简单，即将工作辊沿轧制方向从支撑辊中心线垂直面移出。在不可能采用这种方法或要更细的辊径时，必须采用特种结构。

5.2.2.3 MKW 型轧机

工作辊具有侧支撑的四辊式轧机一般称为 MKW 型轧机（偏八辊轧机），其结构形式与四辊轧机相类似。但这种轧机的传动力矩，都是通过两个大支撑辊传给工作辊的。为了减少工作辊的弯曲，工作辊从支撑辊中心线垂直面向外移一些，并各用一个中间辊和一列侧支撑辊来支撑每个工作辊，使在轧制方向改变和带钢张力变化时，所产生的压紧合力始终将工作辊压在支撑辊上。

MKW 型轧机具有以下特点：由于工作辊直径较小，所以对轧制条件有利。因为轧辊直径与可以轧制的最小带钢厚度的比值较大，从而可能轧制的最小带钢厚度还能减小。这样，经过淬火的铬钢轧辊之间在轧制时，由生产中所得到的比值 $D/h_{最小}$ 的上限为：轧制软钢和黄铜、抗拉强度极限达 80 kg/mm^2 时为 800~1600；轧制硬钢和硅钢、抗拉强度极限达 120180 kg/mm^2 时为 500~1000；轧制镍铬钢和高强度合金钢、抗拉强度极限达 180 kg/mm^2 时为 315~630。

因为 MKW 型轧机工作辊的体积很小，所以它们用较好的和较贵的材料制造，使用起来是经济的。当要满足带钢表面的特殊要求时，可采用真空重熔的铬钢或炭化钨制造工作辊，MKW 型轧机经常用来轧制不锈带钢、高碳带钢和硅钢带钢。

5.2.2.4 特种结构的轧机

特种结构的轧机包括六辊式轧机和十二辊式轧机，它们主要用来轧制窄的和中宽的碳素带钢。这种轧机所能轧制的带钢厚度公差、产量和产品种类，填补了四辊式轧机和二十辊轧机之间的空白。

Y形轧机也是一种特种结构的轧机，这种轧机也是为了轧制高强度合金钢而发展起来的，但只有在个别情况下才使用它，目前已不再制造这种轧机。

A　HC轧机

HC轧机是一种高性能的板形控制轧机，实际上是在四辊式轧机的工作辊和支撑辊之间加入一个辊端带锥度的中间辊并进行横向移动的六辊轧机，是1974年日本日立公司（HITACHI）试验研制的，全称日立中心高凸度控制轧机。我国投入生产的第一台HC宽带钢轧机是1250 mm HC六辊轧机，用于镀锡原板的轧制，装备技术具有20世纪80年代中期世界水平。

a　HC轧机的主要优点

（1）HC轧机具有很好的板形控制能力，能稳定地轧制出良好的板形。HC轧机通过中间辊轴向移动不同位置，可以大幅度减小轧制力引起的工作辊挠度，即防止工作辊弯曲。可大大改善辊型，提高成材率。例如使用该轧机轧制带钢，其边缘缺陷相对于四辊轧机减少一半左右，成材率提高20%。

（2）HC轧机的工作辊直径最小可达到板宽的20%，小直径工作辊可实现大压下轧制，增加道次压下率。

（3）降低能耗20%。小直径工作辊降低轧制压力，使轧机动力能耗降低20%，此外还影响前后工序的节能效果。

（4）具有很高的刚度稳定性。轧机工作时可以通过调节中间辊的横向移动量来改变轧辊的接触长度，即改变其压力分布规律，以此消除轧制力变化对横向厚度差的影响。

使HC轧机具有较大的横向刚性。当中间辊移动量为最佳时，即所谓的NCP点，这时工作辊挠度不再受到轧制力的影响，轧机理论上横向刚度为无限大。

（5）减小带钢边部减薄和边裂。中间辊一侧带有锥度，在横移时能消除带宽外侧辊面上有害的接触段。这种接触段会使工作辊产生附加弯曲，使带钢边部减薄，薄带钢容易裂边。

b　HC轧机控制装置

HC轧机只能改善带材横向厚度差和板形，而纵向厚度精度则与四辊轧机相同，它取决于AGC装备水平。

为了提高HC轧机分带材的纵向厚度精度，在轧机上设有前馈AGC装置和反馈AGC装置。在连轧机最后一架和单机架最后道次还采用张力AGC装置。为了提高板形，还设有板形自动控制（ASC）装置。实际使用表明，采用AGC装置，响应性高，寿命长，工作可靠，对提高带材精度十分有效。

AGC装置的应用已经相当普通，ASC装置没有普遍采用，主要原因是ASC装置投资费用高，使用效果亦不很明显。

B　CVC轧机

CVC轧机是1982年西德斯罗曼—西马克公司发明的一种控制板形新轧机。CVC轧机有以下的优点：

（1）灵活性大并且辊缝形状可进行无级调整以配合相应的轧制参数。

（2）由于使用了工艺最佳化工作辊而能够获得最大压下量。

（3）即使最终厚度约为 100 μm 的带钢，能获得良好的平整度和表面质量。

（4）沿整个带钢长度方向上的光整冷轧程度是一致的。

（5）由于最大限度地减少轧辊储备而降低了轧辊成本（CVC 轧机只需要一对有凸度的轧辊，即可满足所有产品的要求）。

（6）总的利用率高。

C　最新的 UPC 轧机

UPC 轧机出现是在日本的 HC 轧机和西德的 CVC 轧机稍后一些时间，由西 MDS（曼内斯曼—德马克—萨克）公司在 1987 年提出，全称万能板形控制（Universal Profile Control）。UPC 系统新工艺的特点是合理配置特定的工作辊辊廓、工作辊轴向移动距离的合理选择与动态尺寸控制系统协同的弯辊系统三方面协调配合，就达到板形调整的任意性即万能性。

5.2.3　冷轧辅助设备

5.2.3.1　开卷机

开卷机用来开启成卷带材，它是酸洗、冷轧以及精整等机组所必需的设备。开卷设备按其用途可分为开卷和预开卷两种形式。对开卷辅助时间没有特殊要求的机组，一般只装设一套开卷设备，对于后续工序有时间要求的冷连轧机组、恒速运转机组，常装设预开卷设备。有的装有拆除带卷捆带的设备。预开卷机有两种形式：一种是在机组头部设置两套相同的开卷设备，一套工作，一套备用；另一种只为开卷机作开卷准备，不单独装设开卷机。前者设备质量大、占地多，后者结构简单、设备紧凑。常用的开卷机有双锥头式、双柱头式和悬臂式三种。双锥头式和双柱头式开卷机开卷张力大，多用于热轧钢卷的开卷。悬臂式开卷机开卷张力小，多用于冷轧钢卷的开卷。

5.2.3.2　连续酸洗机组

目前带钢酸洗设备有 3 种形式，即半连续酸洗机组，连续卧式酸洗机组和连续塔式酸洗机组。

（1）半连续酸洗机组。酸洗设备简单，大大地缩短了机组的长度，减少了占地面积，提高了机组的生产率并简化了操作，同时生产的带钢品种也较多。它的主要缺点是不能并卷，因此对于小卷重板卷的冷轧厂不使用这种机组。

（2）连续卧式酸洗机组。操作较复杂，要求工人的素质比较高；可以实现完全自动化，提高酸洗质量和酸洗效率：所以新建的车间多半采用此机组。

（3）连续塔式酸洗机组。虽然酸洗效果比较好，但是它也有一系列的缺点：一是中部有一个高高的酸洗塔，吊车不好通过，使中部设备维修困难，这就增加了检修时间；二是带钢断带后，重新穿带比较困难。

酸洗机组形式的选择要根据具体的条件来确定。综合以上各机组的特点，再结合本次设计的具体情况，本次设计选取连续卧式酸洗机组。

5.2.3.3　卷取机

卷取机有辊式和卷筒式两种。辊式卷取机以三辊弯曲成形自由卷绕的方式进行卷取，这种卷取方式速度低、钢卷松弛、质量不好。特别是在下一道工序要求开卷张力时，易导致带钢表面的擦伤，影响产品质量。

胀缩式卷筒应用广泛，种类也比较多，可分为：

（1）弓形板式卷筒，弓形板式卷筒又可分为轴向缸斜楔胀缩式（开式）和径向缸直接胀缩式（闭式）两种。

（2）扇形板式卷筒，扇形板式卷筒又可分为：斜楔胀缩式（开式、闭式两种）和四棱锥胀缩式（开式和闭式两种）。

5.2.3.4　单机架平整机

平整的目的是改善带钢的平直度，使其表面达到一定的粗糙度；去除屈服平台，提高板带冲压性能。

5.2.3.5　飞剪

在带钢运行中进行横向剪切的剪切机称为飞剪机，简称飞剪。板带车间的飞剪按设在连续式轧制作业线上如热镀锌、电镀锡机组中，也由用于单独的横切机组。飞剪用于剪切带倒钢的头部、尾部或定尺剪切，也可用于分卷和切取试样。板带车间的飞剪按用途可分为切头飞剪和定尺飞剪两大类。按结构形式的不同，切头飞剪又有曲柄式和滚筒式两种；定尺飞剪又有滚筒式、滑座式、摆式和曲柄式等几种。

5.2.3.6　剪切机

斜刀片剪切机主要用来剪切板带材的头部、尾部和分切。传动方式分机械传动（曲轴、曲柄和肘节式）、液压传动和压缩空气传动三种。在实际生产中多采用前两种传动方式。在现代化连轧板带车间里，越来越多地采用液压传动的剪切机。液压传动的剪切机具有结构简单、质量轻等一系列优点。但是在应用上受条件的限制需设置专用液压站。一般固定刀架的刀片是水平的，活动刀架的刀片则是倾斜的。上切式剪切机常单独使用或用于独立的机组之中。下切式剪切机则常设在连续作业线的前面、后面或中间，进行切头、切尾或分切。

5.2.3.7　张力矫正机

连续张力矫正机用于矫正成卷的带材，它用两组张力辊组产生张力使带材发生塑性拉伸变形而矫正带材。连续张力矫正机最先用于矫正铝带，目前大多仍用于矫正铝带。它可以单独作为一个作业线，也可以和切头、带卷准备、涂（镀）层作业线结合起来。近年来，连续张力矫正机正逐步为连续拉弯矫正机取代。

连续拉弯矫正机综合了连续张力矫正机和辊式矫正机的特点，在拉伸和连续交替弯曲的联合作用下使带材产生塑性延伸而获得矫正。因此，带张力的带材至少得通过两个弯曲辊和一个矫正辊。连续拉弯矫正机能矫正厚度小于 10 mm、宽度为 1000～3000 mm 的带材，对厚度在 0.3～0.5 mm 的薄带材能获得良好的矫正效果。矫正速度范围很大、一般 0～240 m/min，最大矫正速度可达 1000 m/min。最初出现的连续拉弯矫正机就是连续张力矫正机和辊式矫正机的单纯组合，现已很少采用。现代新发展起来的结构形式为具有一组弯曲辊和一组矫正辊的矫正机。弯曲辊组常用屈于矫正服极限较低的带材，如 $\sigma_s = 30 \sim 35\ kg/mm^2$。当屈服极限较高，达到 $\sigma_s = 70\ kg/mm^2$ 时，常用 S 形弯曲辊组弯曲。

5.2.3.8　运输机

横向运输机用来向垂直于主轧线、精整线的侧面运输板材或板垛，常用的横向运输机有链式、步进式、车式、辊式和推料式等。

链式运输机是常用的带卷运输机械。可用于机组的进出料运输、车间的过跨运输和车间之间的长距离运输。运输距离可达 300 m；运输带卷的数量也较多；除水平运输外，还可进行斜度较小的倾斜运输。链式运输机按带卷放置状态可分为平板型、槽型和鞍型。平板型链式运输机用于运输立卷，常在热带卷输出线和冷却线上运输带卷，或往立卷仓库或退火炉运输带卷。槽型链式运输机用于运输卧卷，且带卷中心线与运输机中心线一致。鞍型链式运输机也用于运输卧卷，而带卷中心线与运输机中心线垂直。

步进梁运输机适用于机组前后的进、出料运输和车间的过路运输。步进梁运输机具有工作平稳可靠、结构简单、质量轻、运输距离较近和端部卸料等特点。步进梁运输机可分为三类：平板型步进梁运输机，槽型步进梁运输机和鞍型步进梁运输机。

钢卷运输车用于运输钢卷，并可把钢卷装上开卷机或从卷取机上卸下钢卷，亦可用于机组间的长距离运输和车间之间的过跨运输。

5.2.3.9　退火炉

连续退火机组，如图 5-11 所示，这种机组就是把冷轧后的电解清洗、罩式退火、钢卷冷却、调质轧制（平整）和精整检查等 5 个单独的生产工序联结成一条生产机组，用立式的连续炉代替间歇式的罩式炉，实现了生产的连续化。图 5-11 所示为一种冷轧连续退火机组示意图。其主要性能是：生产能力 83000 t/月；带厚 0.2～1.6 mm；带宽 600～1600 mm；作业线长度：入口段，540 m/min、中心段 400 m/min、传送段 560 m/min；作业线长度：合计 276 m、炉子 120 m；投产日期 1984 年 2 月。这种“五台一”的连续退火新工艺与分批退火（罩式炉退火），相比，具有如下优点：

（1）以带钢状态进行连续热处理可得到性能均匀、表面光洁的产品。

（2）控制炉内张力。可改善带钢板形，带钢平直度好。

（3）没有黏结和砂粒压入缺陷，钢材收得率高，且平整效率高、质量好。

（4）作业线将清洗、退火、平整、表面自动检查、涂油、重卷或剪切一次完成，减少了多次钢卷处理，减少许多因之产生的废品，提高了收得率。

（5）生产过程简单合理、管理方便。生产出成品的时间由成批退火的 10 d 缩短为 10 min。交货迅速，生产过程贮备料也可大大减少。

（6）车间布置紧凑、占地面积小，省掉许多辅助设备，建设费用降低，劳动定员大幅度减少，而且节省能源。

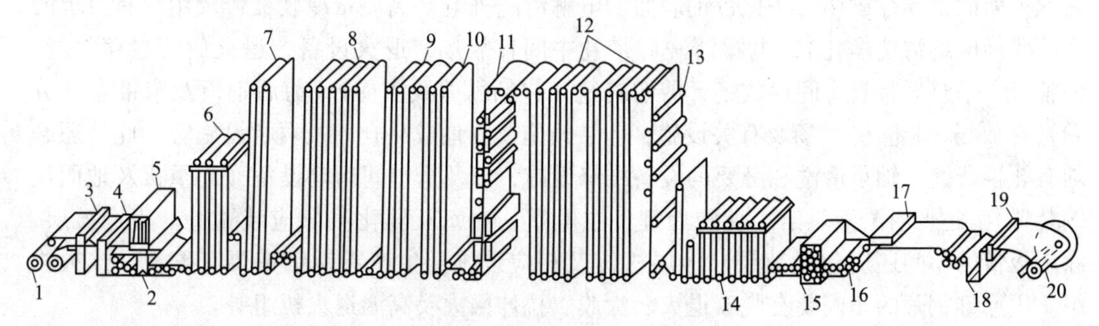

图 5-11　冷连轧连续退火机组

1—开卷机；2—张力平整机；3—剪切；4—焊接机；5—电解清洗；6—入口活塞；7—预热段；8—加热段；9—均热段；10—缓冷段；11—急冷段；12—冷却段；13—最终冷却段；14—出口活塞；15—平整机；16—剪边机；17—检查装置；18—涂油机；19—剪边；20—张力卷曲机

用连续退火炉即可以生产普通级别的冲压成形冷轧薄板，也可以生产深冲压和超深冲压成形的汽车用冷轧板和烤漆硬化钢板；既能生产硬质的镀锡原板，也能生产软质的镀锡原板；既能生产一般强度级别的冷轧板，又能生产微合金化合金钢、双相钢等高强和超高强度冷轧板。可以这样说，到现在为止凡是罩式退火炉能生产的产品，连续退火机组都可以生产。

5.2.3.10　水平式连续辊涂生产线

水平式连续辊涂生产线（图 5-12）。涂层预处理工序包括抛光、除油、浸蚀和预镀等工序，为了确保清洗干净，通常增加刷洗、漂洗等工序。涂层机是该作业线的关键设备，由涂料辊、浸漆辊、调节辊和漆盆组成。本设计采用三辊 V 形涂层机。涂层机是放在涂层小车上的，通过汽缸可以使它靠上或脱离带钢，以便焊缝通过时将其离开，从而避免将涂料辊割坏。涂层机和小车放在涂层室内与外界隔开。涂料辊是衬软橡胶的钢辊，浸漆辊和调节辊是镀铬钢辊。

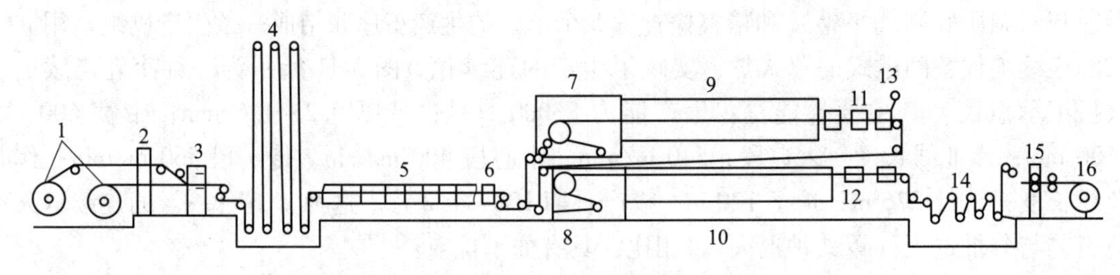

图 5-12　连续辊涂层作业线

1—开卷机；2—双切剪；3—焊接机；4—入口活套；5—预处理槽；6—干燥机；7—切涂室；8—精涂室；9—初烘烤炉；10—二次烘烤炉；11—水冷却；12—覆膜机；13—空气冷却；14—出口活套；15—分卷剪；16—卷取机

5.2.4　冷轧板带生产车间布置

冷轧板带生产车间必须包括一定的机组及设施完成规定的生产任务，生产出合格的产品。例如，对于一般用途的钢板，需要有热轧带卷的存放仓库，酸洗机组（有些厂还设有并卷机组，将质量小的带卷合并成大卷），酸洗后轧制前的带卷中间存放场，冷轧机，轧后退火前的带卷存放场，净化带钢表面的电解清洗机组（高质量冷轧板带及用户有要求的产品要经电解清洗净化），电解清洗后带卷中间存放场，退火设备，退火后带卷存放场，平整机，平整后带卷中间存放场，剪切机组（包括纵剪及横剪），剪后钢板及窄带卷（分卷）存放场，检查分类场及有关设施，包装设施及场地成品仓库及发货设施等。此外还必须有轧辊研磨、轴承清洗和必要的设备维修设施，以及全车间运输设备（起重机及地面运输装置）。还要有酸液供给、废酸处理、主电室、油库及乳化液供应装置等。生产镀层、涂层板带的车间还应包括镀层、涂层机组及相应设施。生产不锈钢带要有碱洗、淬火机组。生产硅钢片的车间要有脱碳退火、涂膜、拉伸回火及高温退火机组等。

按照我国习惯，在一个冷轧厂内上述设备及设施组成了以下几个主要的车间（或工段）：酸洗车间；冷轧车间；热处理车间；精整车间；成品库；镀层、涂层车间；电气车间；机修车间等。

（1）厂房平行布置、工艺流程为 Z 形的冷轧车间。

（2）厂房跨间互相垂直布置、工艺流程为“工”字型的冷轧车间。

（3）厂房跨间互相垂直、工艺流程为U形的冷轧车间。

5-1　简述热连轧生产的主要设备有哪些。

5-2　简述热连轧生产的轧机主要布置形成有哪些。

5-3　简述板材的矫直设备有哪些。

5-4　简述酸洗冷连轧生产的主要设备有哪些。

5-5　简述冷轧板带材生产的轧机发展的趋势。

5-6　简述冷轧板带材生产的质量检测设备有哪些。

项目 6　线材生产设备

棒、线材的用途非常广泛，除建筑螺纹钢筋和线材等可直接被应用的成品之外，一般都要经过深加工才能制成产品。深加工的方式有热锻、温银、冷锻、拉拔、挤压、回转成型和切削等，为了便于进行这些深加工，加工之前需要进行退火、酸洗等处理。加工后为保证使用时的力学性能，还要进行淬火、正火或渗碳等热处理。有些产品还要进行镀层、喷漆、涂层等表面处理。

棒、线材的断面形状简单，用量巨大，适于进行大规模的专业化生产。线材的断面尺寸是热轧材中最小的，所使用的轧机也应该是最小型的。从钢坯到成品，轧件的总延伸非常大，需要的轧制道次很多。线材的特点是断面小，长度大，要求尺寸精度和表面质量高。但增大盘重、减小线径、提高尺寸精度之间是有矛盾的。因为盘重和线径减小，会导致轧件长度增加，轧制时间延长，从而轧件终轧温度下降，头、尾差加大，结果造成轧件头、尾尺寸公差不一致，并且性能不均。

模块 6.1　棒、线材生产工艺

线材断面形状简单，长度长，要求尺寸精度和表面质量高，适合进行大规模专业化生产。线材生产发展的总趋势是提高轧速，增加盘重，提高尺寸精度及扩大规格范围，同时向实现改善产品最终力学性能，简化生产工艺，提高轧机作业率的方向发展。目前，线材坯料断面尺寸扩大到边长 150~200 mm。精轧出口速度一般为 100~120 m/s，随着飞剪剪切技术、吐丝技术和控冷技术的完善，还有继续提高的趋势，终轧速度达到 150 m/s 的研究已在进行中。

轧制技术的飞速发展及新式高速轧机的出现，终轧速度不断提高，为增加线材盘重创造了有利条件。线材盘重增大，不仅能减少二次加工工序，降低成本，提高产量和作业率，提高金属收得率，而且使轧件由于咬入不顺造成的事故减少，轧机自动化水平提高。目前 1~2 t 已经是小盘重，很多轧机生产的盘重达到 3~4 t。但是，增大盘重、减少线径同提高质量和精度之间存在一定矛盾。随着盘重加大，导致轧件长度和轧制时间增加，轧件终轧温度降低，头部和尾部温度差加大，从而引起头、尾尺寸公差加大，组织和性能不均。另外，线材断面最小，总延伸系数最大，轧制道次多，温降也大。因此，为节约能耗，提高产品质量，提高生产率，需要由钢坯-材-火成材。

线材生产一般工艺流程：原料准备→称重→加热→粗轧→(剪头)→中轧→剪头→精轧→水冷→卷取→空冷→(散卷冷却)→检验→收集→包装→收集（钩式运输)→称重→入库。

(1) 坯料准备。在供坯允许的条件下，坯料断面积尽可能小，以减少轧制道次。为保证盘重，坯料要求尽可能长；另外，轧机轧制速度越高，盘重越大，要求坯料尺寸越大。

所以，棒、线材坯料细而长。目前生产棒、线材坯料断面形状一般为方形，边长 120～150 mm，最长为 22 m，以连铸坯为主。

由于线材成卷供应，必须对表面缺陷进行清除，对内部缺陷进行探伤。采用常规冷装炉加热轧制工艺时，为保证坯料全长质量，一般钢材采用目视检查，手工清理的方法；对质量要求较严格的钢材，可采用超声波探伤、磁粉或磁力线探伤等进行检查和清理，必要时进行全面表面修磨；采用连铸坯热装炉或直接轧制时，必须保证无缺陷高温铸坯生产。对有缺陷的铸坯，可进行在线热检查和热清理，或通过检测形成落地冷坯，人工清理后，再进入常规轧制生产。

（2）加热。一般采用步进式加热炉加热。加热的通常要求是氧化脱碳少，钢坯不发生扭曲，不产生过热过烧等。对易脱碳的钢，要严格控制高温段的停留时间，采取低温、快热、快轧等措施。为减少轧制温降，加热炉应尽量靠近轧机。

现代化的高速线材轧机坯重大，坯料长，这就需求加热温度均匀，波动范围小，对高速线材轧机，最理想的加热温度是钢坯各点到达第一架轧机时其轧制温度始终一样，通常使将钢坯两端的温度比中部温度高 30～50 ℃。

（3）轧制。随着线材生产向着连续、高速、无扭、微张力或无张力轧制的方向发展，轧制方式也由横列式向连续式发展。现代化线材车间机架数一般多于 18 架，线材车间机架数一般为 21～28 架。生产实践中经常出现因终轧温度过高而导致产品质量下降或螺纹钢成品孔型不能顺利咬入等问题，线材连轧机可实现低温轧制。低温轧制不仅可以降低能耗，还可以提高产品质量，创造很高的经济效益。低温轧制规程有两种，一种是降低开轧温度，从 1050～1100 ℃降至 850～950 ℃，终轧温度与开轧温度相差不大，扣除因变形抗力增大导致电机功率增加的因素，节能可达 20%左右。另一种是不仅降低开轧温度，并将终轧温度降低至再结晶温度（700～800 ℃）以下，除节能外还明显提高产品的力学性能，效果优于任何传统的热处理方法。有时在精轧机组前设置水冷设备以控制线材终轧温度，在精轧机组各机架间进行在线冷却，控制线材温度升高、终轧温度及稳定性。

线材在轧制时，轧件高度上尺寸由孔型控制，但宽度上尺寸却是计算出来或根据经验确定的，孔型不能严格限制宽度方向尺寸。另外，机架间张力和轧件头、尾尺寸差也会对轧件尺寸产生明显影响。为确保轧件尺寸精度，可采用真圆孔型和三辊孔型严格控制轧件高向和宽向尺寸，或在成品孔型后设置专门定径机组以及采用自动控制 AGC 系统。目前，线材尺寸精度达到±0. 10 mm，发展目标是精度达到±0. 05 mm。

线材轧机分粗、中、精轧三个机组，孔型系统选择也不相同。一般各延伸孔型系统，如平箱-立箱、六角-方、菱-方、椭圆-方、椭圆-圆都可用为粗轧孔型，但应满足粗轧要求。中轧孔型普遍采用椭-方系统。精轧一般采用椭-方系统，但在轧制高碳钢和合金钢时，也有采用椭-圆、椭-立椭孔型系统。线材轧制的孔型总延伸系数较其他钢材都大，一般平均延伸系数为 1. 28～1. 32，硬质线材取下限，软质线材取上限。生产中粗轧、中轧、精轧机组的平均延伸可分别取 1. 34～1. 44、1. 30～1. 33、1. 20～1. 24。实行多道快速轧制时，平均延伸系数减小可有效减小轧件在中间道次出耳子和成品表面形成折叠。

（4）冷却和精整。目前线材的冷却有两种方式：自然冷却和控制冷却。自然冷却包括堆冷和钩式冷却，堆冷已被淘汰，钩式冷却适用于成品线材速度在 10～16 m/s，单重 100～200 kg 的盘条的冷却，现已不能满足生产和用户需要，往往与控制冷却结合使用。

控制冷却是线材生产发展的方向，线材精轧后控制冷却一般分三步完成：一是轧后穿水冷却，使线材快冷到700~900 ℃，减少高温停留时间，减少二次氧化，防止变形奥氏体晶粒长大或阻止碳化物析出，为相变作组织上的准备；二是吐丝成圈后进行散卷冷却，以控制奥氏体向铁素体和珠光体的转变速度，保证线材的组织性能要求；三是相变后和成卷后的盘卷冷却，要尽可能保证各部位冷却均匀，盘卷成形，组织和性能均匀。

线材的精整工艺流程如下：

精轧 → 吐丝机(线材) → 散卷控制冷却 → 集卷 → 检查 → 包装

模块 6.2　棒、线材轧机的布置形式

棒、线材适于进行大规模的专业化生产。在现代化的钢材生产体系中，棒、线材都是用连轧的方式生产的。我国棒、线材的生产已经转化成以连轧的方式为主。棒、线材车间的轧机数目较多，分成粗轧、中轧和精轧机组。

棒、线材的轧机布置形式可分为以下几种。

6.2.1　横列式轧机

最早的棒线材轧机都是横列式轧机。横列式轧机有单列式和多列式之分，如图 6-1 所示。单列横列式轧机是最传统的轧制方法，在大规模生产中已遭淘汰，其由一台电机驱动，轧制速度不能随轧件直径的减小而增加，这种轧机轧制速度低，线材盘重小，尺寸精度差，产量低。

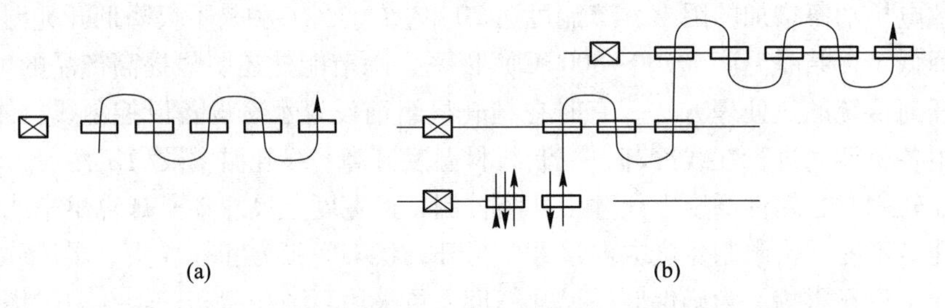

图 6-1　单列式和多列式棒、线材的轧机布置形式
（a）单列式；（b）多列式

为了克服单列式轧机速度不能调整的缺点，出现了多列式轧机，各列的若干架轧机分别由一台电机驱动，使精轧机列的轧制速度有所提高，盘重和产量相应增大，列数越多，情况越好。一般线材轧机多超过 3 列。即使是多列，终轧速度也不会超过 10 m/s，盘重不大于 100 kg。

6.2.2　半连续式轧机

半连续轧机是由横列式机组和连续式机组组成的。早期的形式如图 6-2 所示，其初轧机组为连续式，中、精轧机组为横列式轧机。其粗轧时采用较大的张力进行拉钢轧制，以维持各机架间的秒流量，导致轧出的中间坯头尾尺寸明显差异。

改进的半连续式线材轧机为复二重式轧机，其粗轧机组可以是横列式、连续式或跟踪

式轧机，中、精轧机组为复二重式轧机，如图 6-3 所示。它的特点是：在轧制过程中既有连轧关系，又有活套存在，各机架的速度靠分减速箱调整，取消了横列式轧机的反围盘，活套长度较小，因而温降也小，终轧速度可达 12.5～20 m/s。多线轧制提高了产量，一套轧机年产量可达 15 万～25 万吨，盘重为 80～200 kg。

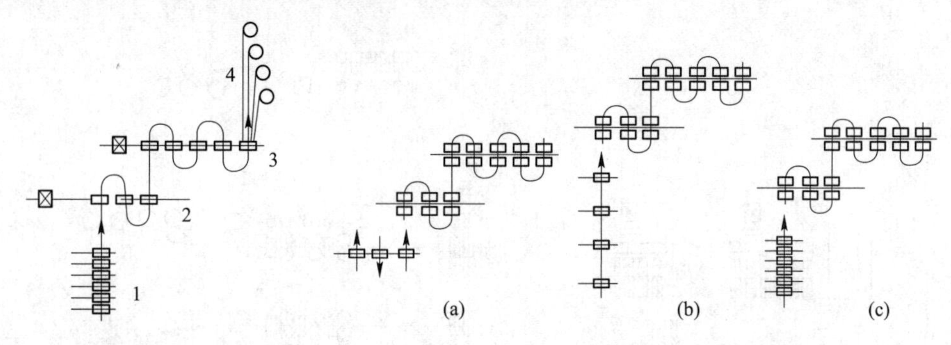

图 6-2　半连续式线材轧机
1—粗轧机组；2—中轧机组；
3—精轧机组；4—卷线机

图 6-3　复二重式线材粗轧机布置形式
（a）横列式；（b）跟踪式；（c）连续式

相对于横列式线材轧机，复二重式轧机基本上解决了轧件温降问题，并且由于取消了反围盘，轧制时工艺稳定，便于调整。但是与高速无扭线材轧机相比，其工艺稳定性和产品精度都较差，而且劳动强度大，盘重小。根据我国的技术政策规定，在 2003 年已取消横列式和复二重式轧机。

6.2.3　连续式轧机

与横列式轧机相比，其优点是：轧制速度高，轧件沿长度方向上的温差小，产品尺寸精度高，产量高，线材盘重大。连续式轧机一般分为粗、中、精轧机组，线材轧机常常有预精轧机组。

20 世纪 40 年代的连续式轧机主要是集体传动的水平辊机座，对线材进行多线连轧，其基本形式如图 6-4（a）所示。在中轧机组和精轧机组间设置两台单独传动的预精轧机。由于轧制过程中轧件有扭转翻钢，故轧制速度不高，一般是 20～30 m/s，年产量为 20 万～30 万吨。20 世纪 50 年代中期开始采用直流电机单独传动和平、立辊交替布置的连轧机进行多路轧制，如图 6-4（b）所示，采用平、立辊交替的精轧机组，轧制速度为 30～35 m/s，盘重可达 800 kg。由于机架间距大，咬入瞬间各架电机有动态速降，影响了其速度的进一步提高。因此，线材生产从 20 世纪 60 年代起逐渐被 45°高速无扭精轧机组和 Y 形精轧机所取代。

6.2.4　Y 形三辊式线材精轧机组

Y 形精轧机组是由 6.5 架轧机组成，每架由三个互成 120°的盘状轧辊组成，相邻机架相互倒置 180°。轧制时轧件无须扭转，轧制速度可达 60 m/s。Y 形轧机由于轧辊传动结构复杂，不用于一般钢材轧制，多用于难变形合金的轧制，Y 形三辊式线材精轧机组的孔型系统如图 6-5 所示。一般是三角形—弧边三角形—弧边三角形—圆形。对某些合金钢亦可采用弧边三角形—圆形孔型系统，轧件在孔型内承受三面加工，其应力状态对轧制低塑性钢材有利。进入 Y 形轧机的坯料一般是圆形，也有六角形坯。轧件的变形比较均匀，在孔型的断面

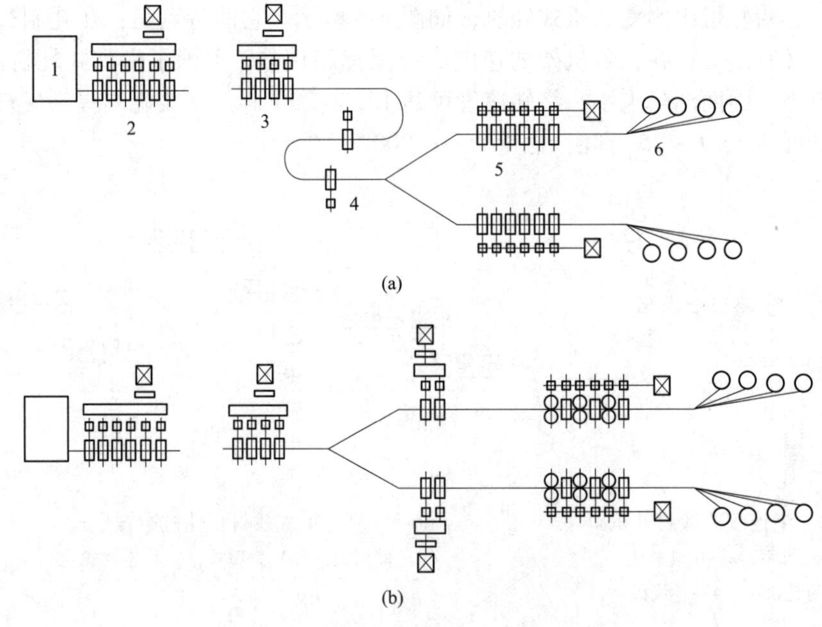

图 6-4　连续式轧机线材粗轧机布置形式

（a）连续式线材轧机；（b）精轧平、立的连续式线材轧机

1—加热炉；2—粗轧机组；3—中轧机组；4—预粗轧机组；5—精轧机组；6—卷线机

面积较为准确，因此各机架间的张力控制也较为准确。轧制中轧件角部位置经常变化，故各部分的温度比较均匀，易去除氧化铁皮，产品表面质量好，而且轧制精度也高。

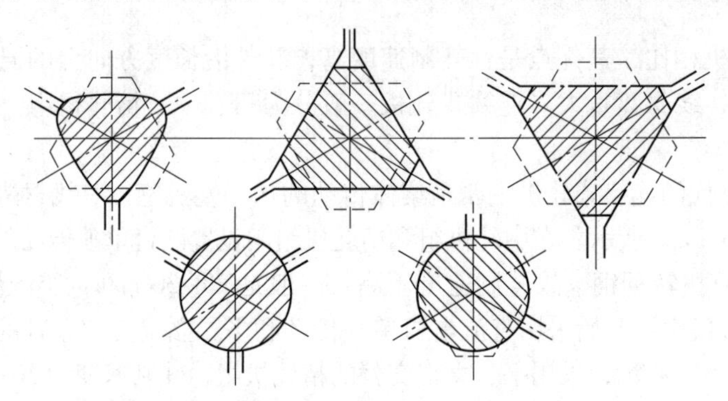

图 6-5　Y 形线材轧机组的孔型系统

模块 6.3　现代化棒、线材生产车间布置形式

近年来，国外新建的棒材轧机大都采用平、立交替布置的全线无扭轧机。同时在粗轧机组采用易于操作和换辊的机架，中轧机要采用短应力线的高刚度轧机，电气传动采用直流单独传动或交流变频传动。采用微张力和无张力控制，配合于合理的孔型设计，使轧制速度提高，产品的精度提高，表面质量改善。在设备上，进行机架整体更换和孔形导卫的预调整并配备快速换辊装置，使换辊时间缩短到 5~10 min，轧机的作业率大为提高。型、棒材短流

程节能型轧机是当今型、棒材一体化轧机发展的重要趋势。图 6-6 示出了我国某厂所建的型、棒材一体化轧机，它采用了直接热装（DHCR）的短流程节能型轮机的设备布置。

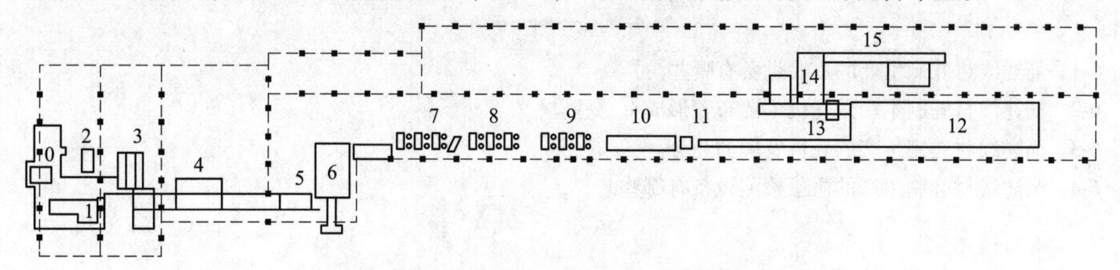

图 6-6　某厂所建的型、棒材一体化轧机车间平面

0—钢包炉；1—钢包回转台；2—连铸机；3—钢坯冷床；4—热存储装置；5—冷上料台架；6—步进式加热炉；7—粗轧机；8—中轧机；9—精轧机；10—水冷装置；11—分段剪；12—冷床；13—多条矫直机和连续定尺冷飞剪；14—非磁性全自动堆垛机；15—打捆机和称重装置

线材生产发展的总趋势是在提高轧速，增加盘重，提高尺寸精度及扩大规格范围的同时，向实现改善产品的最终力学性能，简化生产工艺，提高轧机作业率的方向发展。图 6-7 所示为一个年产 100 万吨以上的现代化线材车间。该车间轧机共有 25 架。粗轧七架紧接在步进式加热炉后。第一中间机组四架，其前面有回转式切头飞剪。第二中间机组为水平—立式轧机，采用单根轧制、侧出活套，以利于调整进入精轧机组的料型。精轧机组为四线轧制，每线由 45°高速无扭摩根式（悬臂式）轧机十架组成，轧制速度为 60 m/s。精轧后用“斯太尔摩”法控制冷却，精整全部自动化、连续化（图 6-8）。该车间采用断面 110^2 mm、长 16~21 m 的坯料，生产 45.5~130 mm 的线材，盘重为 2 t，月产量 8 万吨。

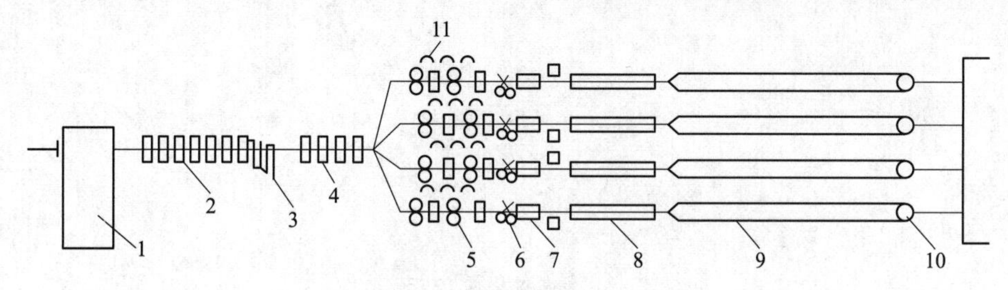

图 6-7　现代化线材车间

1—步进式加热炉；2—粗轧机组；3—切头剪；4—第一中间机组；5—第二中间机组；6—飞剪；7—精轧机组；8—控制水冷带；9—斯太尔摩线；10—集卷器；11—侧活套

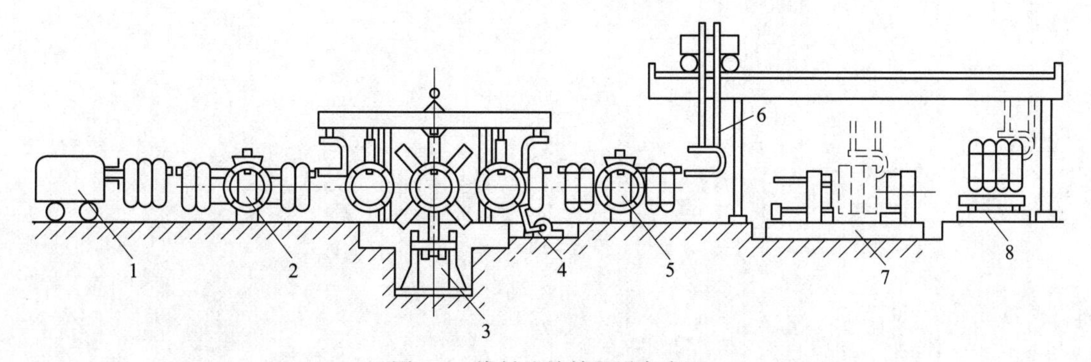

图 6-8　线材连续精整设备布置

1—叉车；2—回转送料台；3—打捆机；4—排标牌；5—卸载回转台；6—钩式吊车；7—集卷压紧装置；8—磅秤

习　题

6-1　简述线材轧制生产的主要设备有哪些。
6-2　简述线材轧制生产的轧机主要布置形成有哪些。
6-3　简述线材轧制生产的轧机发展的趋势。
6-4　简述线材轧制生产的质量检测设备有哪些。

项目 7 型材生产设备

经过塑性加工成形，具有一定断面形状和尺寸的实心金属材为型材。型材品种规格繁多，广泛用于国防、机械制造、铁路、桥梁、矿山、船舶制造、建筑、农业及民用等各个部门。在金属材生产中，型材占有非常重要的地位。中国型材工业化轧制经过近百年发展，已经有一些企业拥有了代表国际先进水平的设备和工艺，产品质量也达到了国际先进水平，型材产量和品种逐年增加。

模块 7.1 型钢轧制工艺

床后进行落垛、挂吊过程中产生严重弯曲，且有利于劳动条件改善；合金结构钢、碳素工具钢的型材用堆冷方法，堆冷时力求两端整齐，且不能受风吹水湿，拆堆时堆心温度不应大于 200 ℃；缓冷主要为防止白点与裂纹，如碳素工具钢、合金工具钢、高速钢钢材，其入坑温度≥650 ℃、出坑温度≤150 ℃为宜。

型钢精整较突出之处就是矫直，矫直难度大于板材和管材。主要原因：

（1）冷却过程中由于断面不对称和温度不均匀造成的弯曲大。

（2）型材断面系数大，需要矫直力大，因此矫直机辊距必须大，致使矫直盲区大，在有些条件下对钢材使用造成很大影响。例如：重轨矫直盲区明显降低了重轨全长平直度。减少矫直盲区，在设备上的措施是使用变节距矫直机，工艺上的措施是长尺矫直。

模块 7.2 型钢轧机的布置形式

型钢轧机一般是用轧机名义直径来命名，即指轧机传动轧辊的人字齿轮节圆直径。例如 650 型钢轧机即指轧机轧辊名义直径为 ϕ650 mm。一个轧钢车间，往往有若干列或若干架轧机，通常以最后一架精轧机的名义直径作为轧机的标称。型材轧机按其作用和轧辊名义直径不同分为轨梁轧机、大型、中型、小型型材轧机、线材轧机或棒、线材轧机等。

型钢轧机通常由一个或数个机列组成，每个机列都包括工作机构（工作辊），传动机构（传动装置）和驱动机构（主电机）3 个部分组成。当轧制过程中不要求调速时，主电机可采用交流电机，在轧制过程中要求调速时，主电机可采用直流或交流调速电机。传动装置是将主电机的动力传给轧辊的机构设备，其一般由电动机联轴节、飞轮、减速机、齿轮机座、主联轴节和连接轴等组成，如图 7-1 所示。工作机座由轧辊、轧轮轴承、轧辊调整装置、轧辊平衡装置、机架、导卫装量和轨座等组成。轧辊是工作机座中最重要的部件，用以直接完成金属的塑性变形。型材轧机的轧辊在辊身上刻有轧槽，上、下轧辊的轧槽组成孔型。坯料经过一系列孔型轧制而轧成型材，故孔型设计是型材生产技术工作中的核心。型材轧机一个机列中安装的机架数，要根据轧机的布置形式而定。综合性轧机是生产多品种规格的轧机，通常以三辊式轧机最为常见。

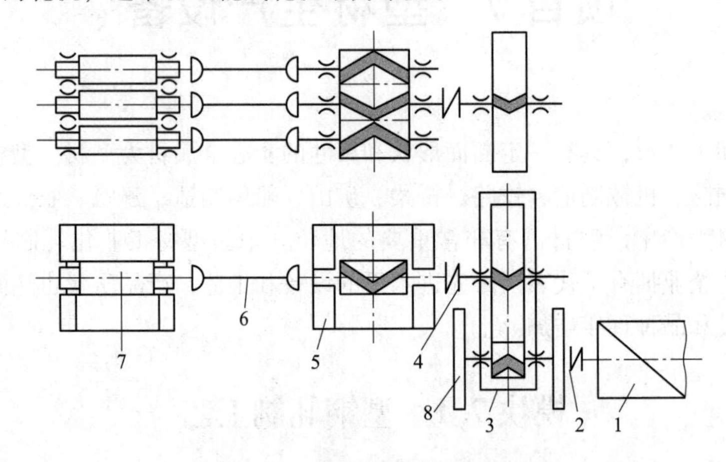

图 7-1　三辊式型材轧机主机列

1—主电机；2—电机联轴节；3—减速机；4—主联轴节；5—齿轮机座；6—万向接轴；7—轧辊；8—飞轮

型钢轧机可分为二辊式、三辊式及万能式轧机，其布置形式可按轧机的排列和组合方式分为横列式、顺列式（跟踪式）、棋盘式、连续式及半连续式等，如图 7-2 所示。

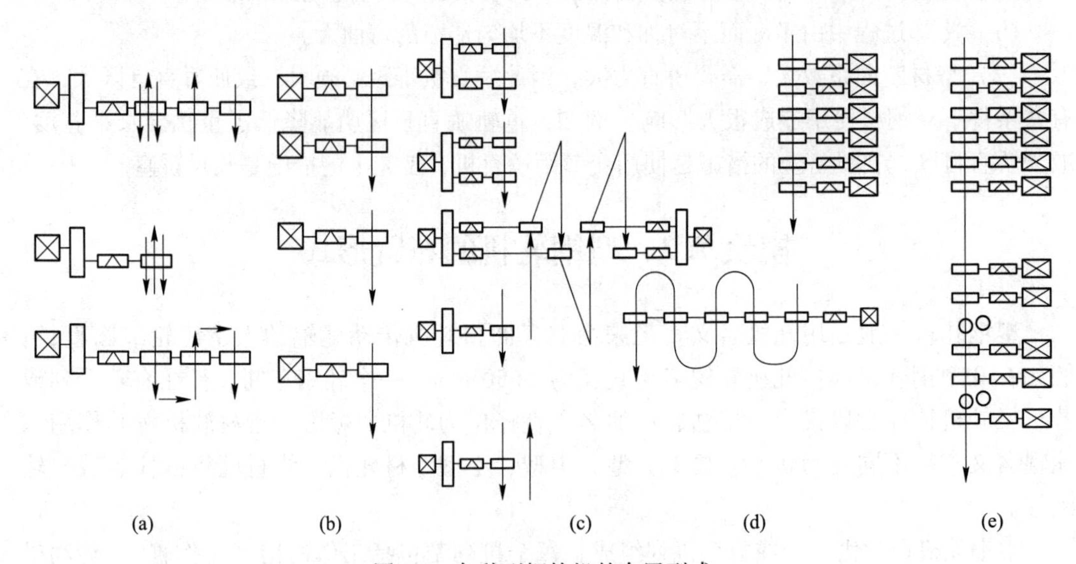

图 7-2　各种型钢轧机的布置型式

（a）横列式；（b）顺列式；（c）棋盘式；（d）半连续式；（e）连续式

7.2.1　横列式

横列式分为：一列式、二列式、三列式等。其中，一列式和二列式最多，如图 7-3 所示。

一列式大多数用一台交流电动机同时传动数架 2~3 辊水平轧机的方式，在一架轧机上进行多道次穿梭轧制。也可在一列式中有两台交流电动机带动 2~3 辊水平轧机的方式。最后为保证成品质量，成品机架用一台交流电动机带动。

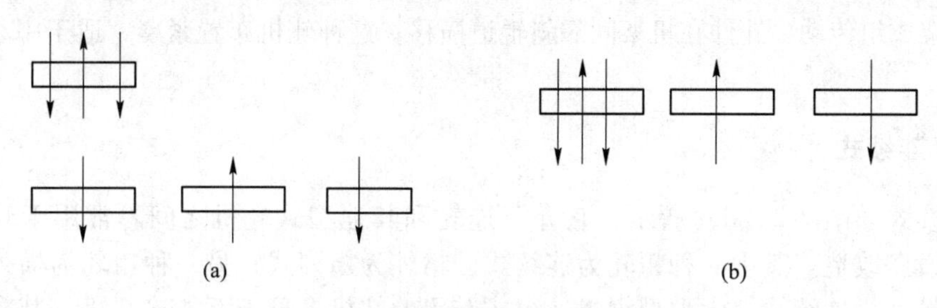

图 7-3　横列式型钢轧机的布置形式

（a）二列式；（b）一列式

（1）优点。设备简单、造价低、建厂快，产品品种灵活。由于无张力影响，便于生产断面较复杂的产品。其操作比较简单，适应性强。中小型轧机采用双层辊道，可实现上下轧制线交叉轧制，在电机和轧辊强度允许的条件下，同架或同列轧机可实现数道同时过钢或多根并列轧制，小型轧机还可采用围盘实现活套轧制。

（2）横列式缺点。

1）产品尺寸精度不高，品种规格受到限制。由于横列布置，换辊一般由机架上部进行，故多采用开口式或半闭式机架。由于每架排孔数目较多，辊身较长，*L/D* 值可达 3 左右，故整个轧机刚性不高，不但影响产品精度，而且难以轧制宽度很宽的产品。

2）时间间隙长，轧件温降大，轧件长度和壁厚均受限制。

3）不便于实现自动化。第一架受咬入条件限制，希望轧制速度低一些；末架轧机为保证终轧温度及轧件首尾温差，又希望速度高一些；而各架轧机辊径差又受解轴倾角限制不能过大，这种矛盾只有在速度分级之后才能解决，从而促使横列式轧机向二列式、多列式发展。产品规格越小，轧机列数就越多。

7.2.2　顺列式

顺列式轧机多为水平-立式或多辊式轧机，如图 7-2（b）所示，各架轧机顺序布置在 1~3 个平行纵列中，轧机单独传动，每架只轧一道，但不形成连轧。

（1）优点。每架速度单独调整，使轧机能力得以充分发挥。先进的大型型钢轧机采用这种布置，年产量可达 160 万吨以上；由于每架只轧一道，轧辊 *L/D* 值在 1.5~2.5 的范围之内，且机架多采用闭口式，故轧机刚度大，产品尺寸精度高；由于各架轧机互不干扰，故机械化、自动化程度较高，调整亦比较方便。

（2）缺点。

1）轧机温度仍然较大，不适于轧小型或更薄的产品。

2）机架数目多，投资大，建厂较慢。

7.2.3　棋盘式

棋盘式如图 7-2（c）所示，它介于横列式和顺列式之间，前几架轧件较短时顺列式，后机架精轧机布置成两列横列，各架轧机相互错开，两列轧辊转向相反，各架轧机可单独传动或两架成组传动，轧件在机架间靠斜辊道横移。这种轧机布置紧凑，适于中小型型钢生产。

7.2.4　半连续式

半连续式如图 7-2（d）所示，它介于连轧和其他型式轧机之间。常用于轧制合金钢或旧有设备改造。其中一种粗轧为连续式，精轧为横列式；另一种粗轧为横列式或其他型式，精轧为连续式。大型型钢半连续式布置的轧机多见于万能连轧机，其布置如图 7-4 所示。在万能连轧机组前有一台或两台二辊可逆开坯机（简称 BD 机），万能连轧机由 5~9 架万能轧机（U）和 2~3 架轧边端机（E）组成，万能轧机数目较多时，则分成两组。从设备条件上看，万能连轧机由于是连续布置，应该最适合于生产轻型薄壁的 H 型钢。

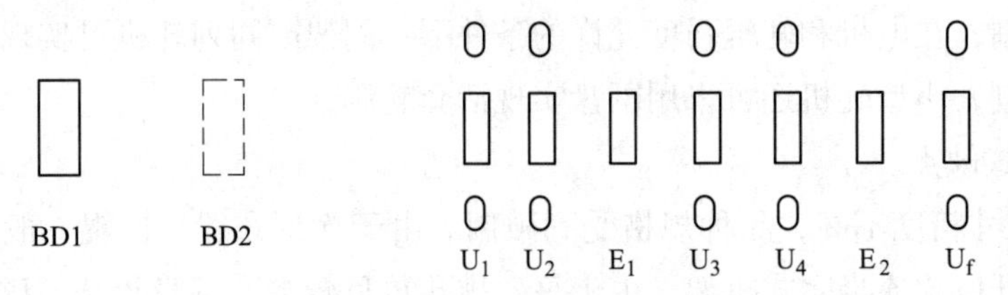

图 7-4　半连续式万能型钢轧机的典型布置形式

7.2.5　连续式

连续式如图 7-2（e）所示，轧机纵向紧密排列成为连轧机组。可用单独传动或集体传动，每架只轧一道次。一根轧件可在数架轧机内同时轧制，各机架间的轧件遵循秒流量相等原则。

（1）其优点是轧制速度快、产量高；轧机紧密排列，间隙时间短轧件温降小，对轧制小规格和轻型薄壁产品有利；由于轧件长度不受机架间距限制，故在保证轧件首尾温差不超过允许值的前提下，可尽量增大坯料质量，使轧机产量和金属收得率均可提高。

（2）其缺点是机械和电器设备比较复杂，投资大，并且所生产的品种受限制。连续式轧机一般采用微张力轧制，要求自动化程度和调整精度高，机械、电气设备较为复杂，投资较大，且品种比较单一。

目前有的厂已成功地实现了 H 型钢连轧或小型钢材的连轧，中型和小型型钢连轧机的年产量可分别达 150 万吨和 120 万吨。合金钢轧制也开始采用连轧，无疑型钢连轧将是今后型钢生产发展的方向之一。

各种布置形式都有明确的优、缺点。为了兼顾，在各种不同的条件下，可采用棋盘式、半连续式布置等形式。

模块 7.3　型钢轧制车间布置

（1）连轧 H 型钢车间，如图 7-5 所示。某连轧 H 型钢车间的主要设备性能见表 7-1。它采用 532 mm×399 mm、长 10 m、重 8.34 t 的初轧异型坯，可生产 100 mm×50 mm~500 mm×200 mm 的连轧 H 型钢，而且可用控制轧制生产低温用 H 型钢和高强度 H 型钢。这个车间的生产特点为：15 架轧机实行全连轧，每架均由直流电机传动，采用最小张力控制，轧制速度可达 10 m/s；成品轧件长 120 m；取消了热锯，代之以长尺冷却、长尺矫直、冷锯锯切，使后部工序全部实现了连续化；矫直速度 450 m/min，冷锯锯切速度 350 mm/s；车间采用尺寸为 176 mm×134.5 m×26 m 的自动化立体仓库，使每捆产品卸货速度达 8 秒/捆，为了缩短换辊时间，采用快速换辊机构，15 架轧机换辊仅用 50 min；由于采用全部计算机控制，轧机作业率达 95%以上，年产量 140 万~150 万吨。

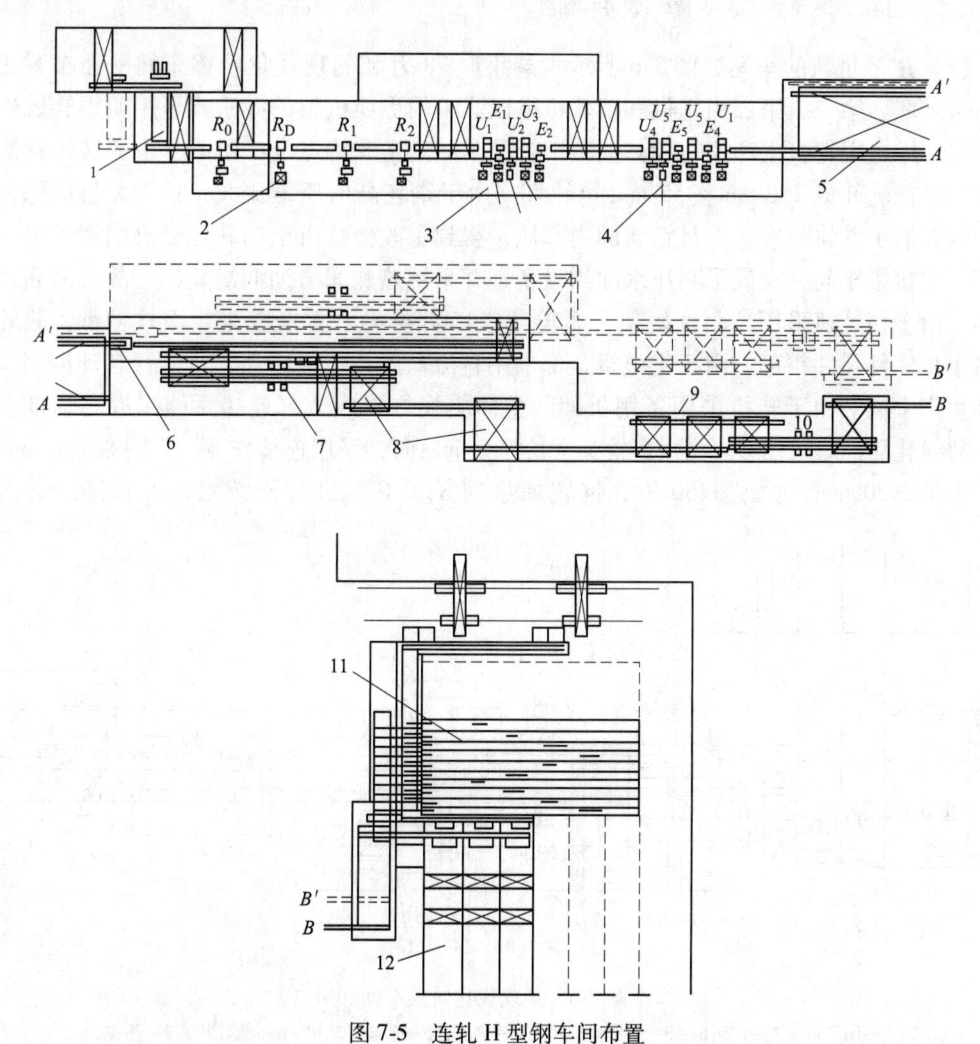

图 7-5　连轧 H 型钢车间布置

1—步进加热炉；2—粗轧机组；3—中轧机组；4—精轧机组；5—长尺冷床；6—辊式矫直机；7—冷锯；8—检查台；9—分类台；10—打捆机；11—自动立体仓库；12—普通仓库

表 7-1　连轧 H 型钢车间主要设备性能

数据 参数＼机组	粗轧机组				中间机组					精轧机组					
	R_0	R_D	R_1	R_3	u_1	u_2	u_3	E_1	E_2	u_4	u_5	u_6	u_7	E_3	E_4
轧辊尺寸/mm	ϕ850 L1200	ϕ1150 L2500	ϕ850 L1200	ϕ850 L1200	平 ϕ1200 立 ϕ900	同左	同左	ϕ750 L700	同左	同 u_1	同 u_1	同 u_1	同 u_1	同 E_1	同 E_1
电机容量/kW	1500	14000	2300	1750	1500	同左	同左	500	同左	2500	同左	同左	1500	500	同左
允许负荷/t	700	1000	700	700	平 1000 立 400	同左	同左	150	同左	同 u_1	同 u_1	同 u_1	同 u_1	同 E_1	同 E_1
转速/r · min^{-1}	500	0~100	500	500	200~500	同左	同左	同左	同左	140	165	420	495	200	300
速比	19.1	直流	12.7	9.55	16.04	11.21	8.32	8.02	4.253	4.49	3.69	3.03	3.19	2.613	2.028

注：R—二辊；R_D—可逆；u—四辊轧机；E—辅机。

（2）生产重轨的车间，图 7-6 所示为某年产 78 万吨的现代化轨梁车间平面布置。该车间由开坯、第一、第二粗轧机和精轧机组成。采用更换机架的办法，可用四辊轧机生产 H 型钢，用二辊轧机生产重轨和其他型钢。该车间的生产特点是：用 13 t 重的转炉镇静钢扁锭，经初轧轧成 250 mm×355 mm 重轨坯。由于钢坯高向压缩比大，且为无氢冶炼，因此不但取消了重轨缓冷，而且钢轨的内部质量得到了改善。由于初轧坯经火焰清理机四面清理，在轨梁车间又安设了高压水除鳞设备，并采用热轧润滑油润滑轧槽，故成品表面质量高。由于精轧机采用高刚性机架、短辊身（1600 mm）、并全部采用滚柱轴承，故轧机弹跳小，轧件尺寸精确。由于主电机全部采用直流马达、单独传动，且实行自动配制，故劳动生产率高。由于轧机采用备用机架、整体更换方式，全部连接系统采取自动耦合方式，故换轧品种时间很短。当生产轨头全长淬火钢轨时，采用连续作业，入炉速度 6 mm/s，淬火炉长 2930 mm，炉温 1150 ℃，钢轨加热到 820 ℃后进行连续水淬，紧接着进入长

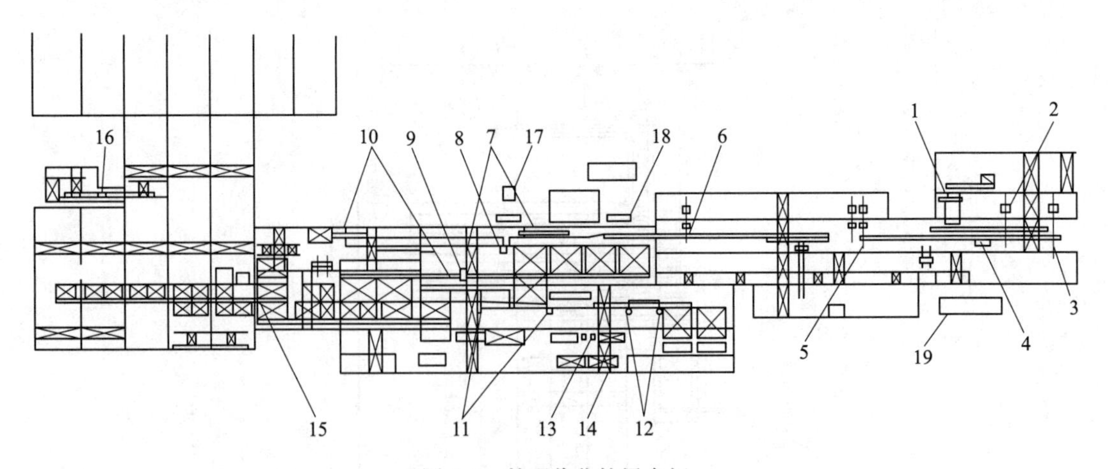

图 7-6　某现代化轨梁车间

1—加热炉；2—开坯机；3—1 号粗轧机；4—热锯；5—2 号粗轧机；6—精轧机；7—热锯；
8—打印机；9—辊式矫直机；10，11—压力矫直机；12—端面加工及钻孔机；13—轨头全长淬火加工线；
14—轨端淬火加工线；15—冷锯；16—喷丸机；17—落锤试验机；18—检验室

3400 mm 的回火炉，回火温度 570 ℃。当钢轨通过上述两个炉子时，轨头以下部分用水管冷却。炉内保持还原性气氛以防止脱碳。热处理后钢轨的弯曲度仅为 200 mm/25M，轨头踏面硬度达 HB380 以上。该车间采用可调节距矫直机，进出口均有主动立辊，可同时矫直钢轨的立弯和旁弯，其上设有压力传感器和冷金属探测器，测出重轨长度后控制配尺锯切。

习　题

7-1　简述型材轧制生产的主要设备有哪些。

7-2　简述型材轧制生产的轧机主要布置形式有哪些。

7-3　简述钢轨（大型型材）轧制生产的主要设备有哪些。

7-4　简述 H 型钢（经济型断面型材）轧制生产的主要设备有哪些。

7-5　简述型材轧制生产的轧机发展的趋势。

7-6　简述型材轧制材生产的质量检测设备有哪些。

项目8　管材生产设备

管材是指两端开口并具有中空封闭断面，其长度与横断面周长之比值相对较高的型材。由于钢管具有封闭的中空断面，最适宜于作液体和气体的输送管道，又由于它与相同横截面积圆钢或方钢相比具有较大的抗弯抗扭强度，也适于作各种机器构件和建筑结构钢材，被广泛用于国民经济各部门。各主要工业国家的钢管产量一般占钢材总产量的10%~15%，我国占7%~10%。

模块8.1　无缝管生产工艺

无缝管的生产方法很多，无缝钢管根据交货要求，可用热轧（占80%~90%）或冷轧、冷拔（占10%~20%）方法生产。热轧管用的坯料有圆形、方形或多边形的锭、轧坯或连铸管坯，管坯质量对管材质量有直接的影响。热轧管有三个基本工序：一是在穿孔机上将锭或坯穿成空心厚壁毛管；二是在延伸机上将毛管轧薄，延伸成为接近成壁厚的荒管；三是在精轧机上轧制成所要求的成品管，轧管机组系列以生产钢管的最大外径来表示。

8.1.1　自动轧管生产

生产无缝钢管的方式之一。生产设备由穿孔机、自动轧管机、均整机、定径机和减径机等组成。其生产工艺流程如图8-1所示。

8.1.2　连续轧管生产

生产设备由穿孔机、连续轧管机、张力减径机组成。圆坯穿成毛管后插入芯棒，通过7~9架轧辊轴线互呈90°配置的二辊式轧机连轧，轧后抽芯棒，经再加热后进行张力减径，可轧成长达165 m的钢管。140 mm连续轧管机组年产40万~60万吨，为自动轧管机组的2~4倍。这种机组的特点是适于生产外径168 mm以下钢管，设备投资大，装机容量大，芯棒长达30 m，加工制造复杂。20世纪70年代后期出现的限动芯棒连续轧管机（MPM），轧制时外力强制芯棒以小于钢管速度运动，可改善金属流动条件，用短芯棒轧制长管和大口径钢管。

8.1.3　周期轧管生产

以多边形和圆形钢锭或连铸坯作原料，加热后经水压穿孔成杯形毛坯，再经二辊斜轧延伸机轧成毛管，然后在带有变直径孔槽的周期轧管机上，轧辊转一圈轧出一段钢管。周期轧管机又称皮尔格尔（Pilger）轧管机。周期轧管生产是用钢锭作原料，宜于轧制大直径的厚壁钢管和变断面管。

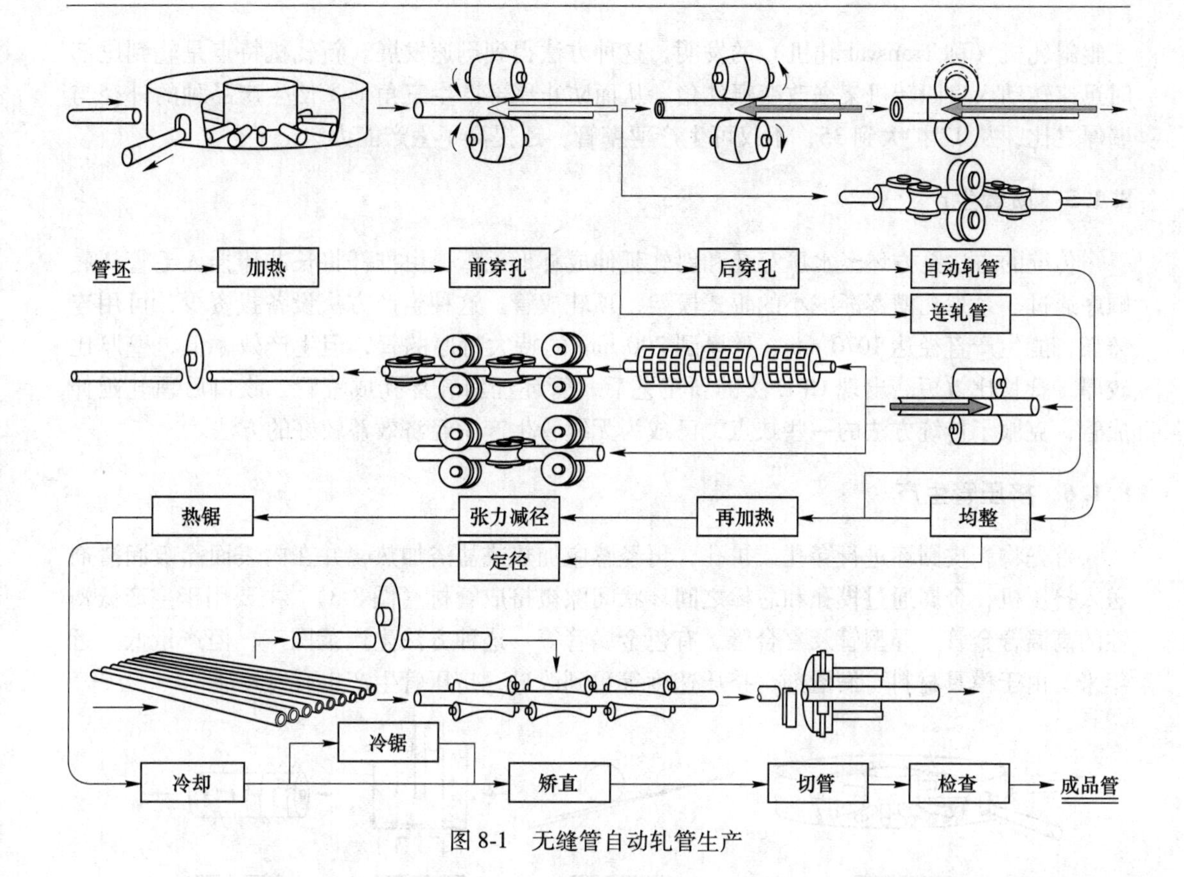

图 8-1　无缝管自动轧管生产

8.1.4　三辊轧管生产

主要用于生产尺寸精度高的厚壁管。这种方法生产的管材，壁厚精度达到±5%，比用其他方法生产的管材精度高一倍左右。工艺流程如图 8-2 所示。20 世纪 60 年代由于新型

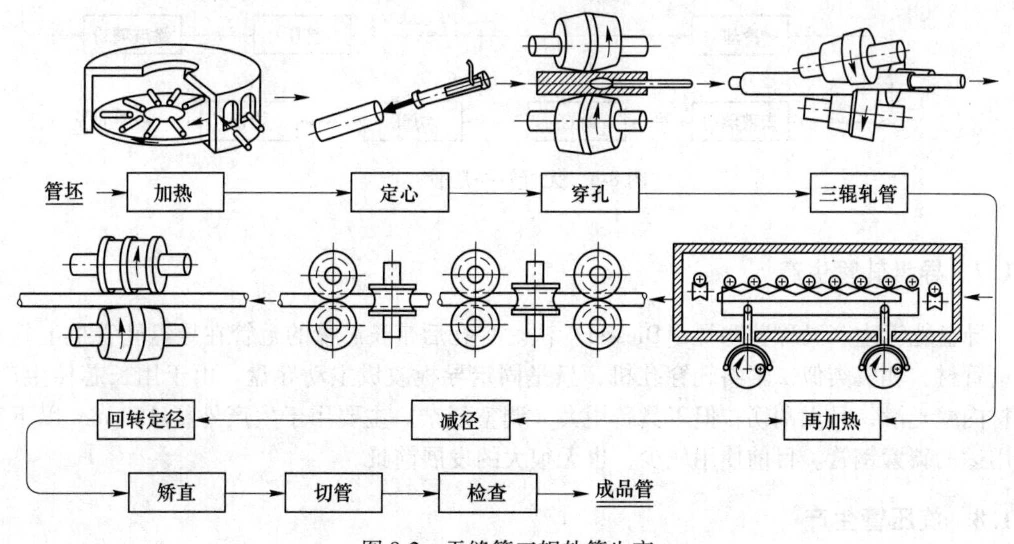

图 8-2　无缝管三辊轧管生产

三辊斜轧机（称 Transval 轧机）的发明，这种方法得到迅速发展。新轧机特点是轧到尾部时迅速转动入口回转机架来改变辗轧角，从而防止尾部产生三角形，使生产品种的外径与壁厚之比，从 12 扩大到 35，不仅可生产薄壁管，还提高了生产能力。

8.1.5　顶管生产

传统的方法是方坯经水压穿孔和斜轧延伸成杯形毛管，由推杆将长芯棒插入毛管杯底顺序通过一系列孔槽逐渐减小的辊式模架，顶轧成管。这种生产方法设备投资少，可用连铸坯，能生产直径达 1070 mm、壁厚到 200 mm 的特大特厚的管，但生产效率低，壁厚比较厚，管长比效短。出现 CPE 法的新工艺后，管坯经斜轧穿孔成荒管，收口后顶轧延伸成管，克服了传统方法的一些缺点，已成为无缝管生产中经济效益较好的方法。

8.1.6　挤压管生产

首先将剥皮圆坯进行穿孔或扩孔，再经感应加热或盐浴加热，并在内表面涂敷润滑剂送入挤压机，金属通过模孔和芯棒之间环状间隙被挤成管材（图 8-3）。主要用于生产低塑性的高温合金管、异型管及复合管、有色金属管等。这种方法生产范围广，但产量低。近年来，由于模具材料、润滑剂、挤压速度等得到改进，挤压管生产也有所发展。

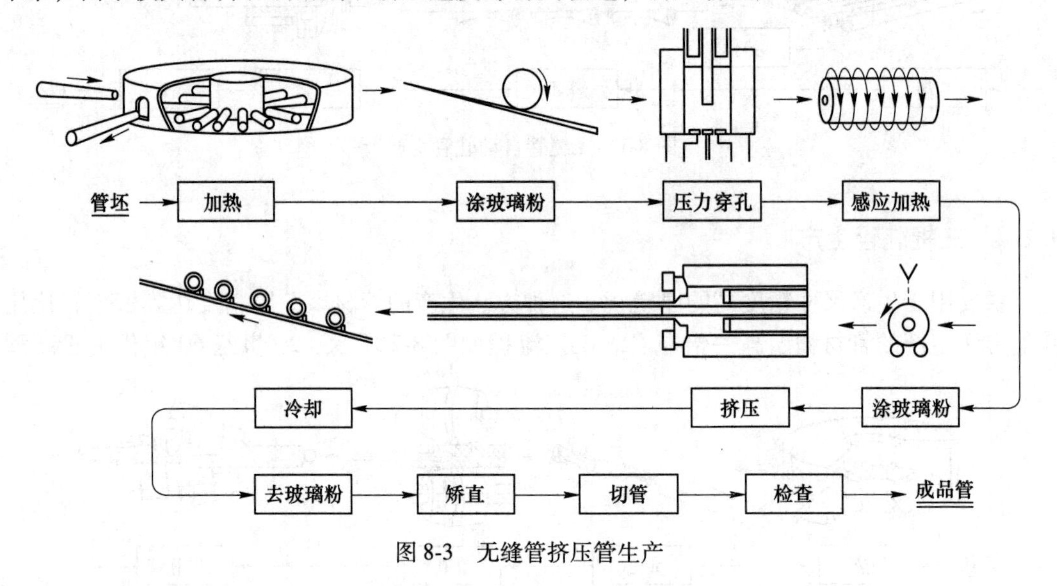

图 8-3　无缝管挤压管生产

8.1.7　导盘轧管生产

导盘轧管生产又称狄塞耳（Diessel）法。穿孔后带长芯棒的毛管在导盘轧管机上轧成薄壁管材。轧机类似二辊斜轧穿孔机，只是固定导板改成主动导盘。由于用长芯棒生产，管材内壁光滑，且无刮伤；但工具费用大，调整复杂。主要用于生产外径 150 mm 以下普通用途的碳素钢管。目前使用较少，也无很大的发展前景。

8.1.8　旋压管生产

将平板或空心毛坯在旋压机上经一次或多次旋压加工成薄壁管材。管子精度高，机械性能好，尺寸范围广，但生产效率低。主要用于生产有色金属管材，但也越来越多地用于生产钢管。旋压管材除用于生产生活器具、化工容器和机器零件外，多用于军事工业。

20 世纪 70 年代，采用强力旋压法已能生产管径达 6000 mm、直径与壁厚之比达 10000 以上的大直径极薄圆管和异形管件。

8.1.9　冷轧、冷拔管生产

用于生产小口径薄壁、精密和异形管材。生产特点是多工序循环工艺。用周期式冷轧管机冷轧，其伸长率可达 6~8（图 8-4）。20 世纪 60 年代开始向高速、多线、长行程、长管坯方向发展。此外，小辊式冷轧管机也得到发展。主要用于生产壁厚小于 1 mm 极薄精密管材，冷轧设备复杂，工具加工困难，品种规格变换不灵活；通常采用冷轧、冷拔联合工艺，即先以冷轧减壁，获得大变形量，然后以冷拔获得多种规格。

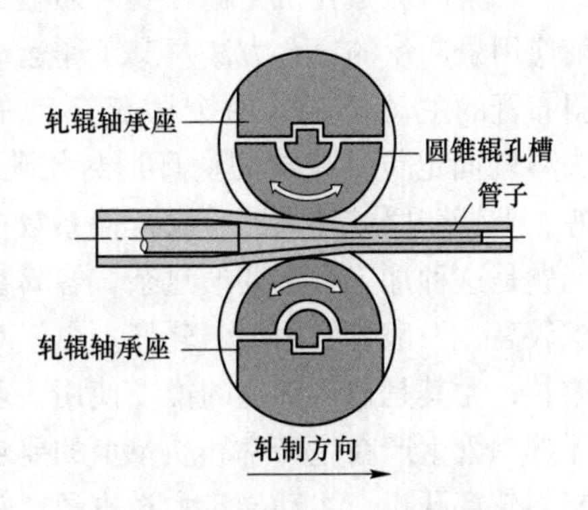

图 8-4　无缝管冷轧、冷拔管生产

模块 8.2　无缝钢管的生产设备

8.2.1　穿孔机

常用的二辊斜轧穿孔过程如图 8-5 所示。圆管坯穿轧成空心的厚壁管（毛管），两个轧辊的轴线与轧制线构成一个倾斜角。近年来倾斜角已由 6°~12°增至 13°~17°，使穿孔速度加快。生产直径 250 mm 以上钢管，采用二次穿孔，以减少毛管的壁厚。带主动旋转导盘穿孔、带后推力穿孔、轴向出料和循环顶焊等新工艺也取得一定的发展，从而强化了穿孔过程，改进了毛管质量。

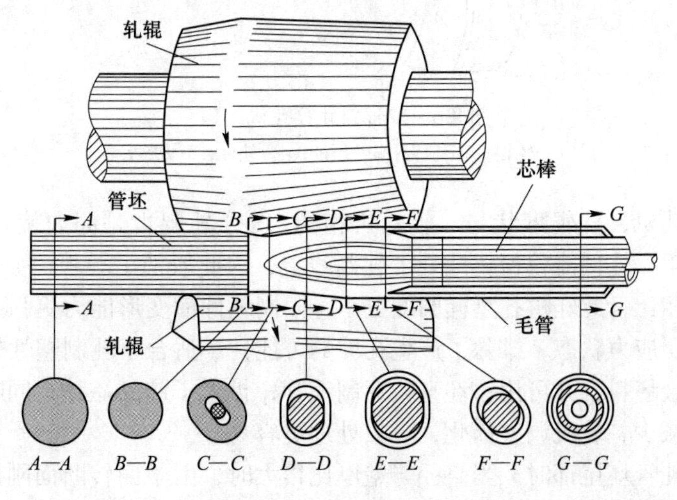

图 8-5　二辊斜轧穿孔过程

（1）斜轧穿孔。斜轧成形的特点是轧辊轴线交叉一个不大的角度且旋转方向相同，轧件在轧辊交叉中心线上作螺旋前进运动的轧制过程。被广泛应用于穿孔、毛管延伸、均整、定径、扩径等变形工序。斜轧穿孔方法有三种方式：菌式穿孔机穿孔、盘式穿孔机穿孔和辊式穿孔机穿孔。

二辊斜轧穿孔机是德国曼乃斯曼兄弟于 1885 年发明的，又称曼乃斯曼穿孔法，是目前应用最广泛的穿孔方法。其工作运动情况，如图 8-6 所示，其是在两个相对于轧制线倾斜布置的主动轧辊、两个固定不动的导板（或随动导辊）和一个位于中间的随动顶头（轴向定位）构成的“环形封闭孔型”中进行的轧制。这种穿孔方法的优点是对心性好，毛管壁厚较均匀；一次延伸系数在 1. 25~4. 5，可以直接从实心圆坯穿成较薄的毛管。问题是这种加工方法变形复杂，容易在毛管内外表面产生和扩大缺陷，所以对管坯质量要求较高，一般皆采用锻、轧坯。由于对钢管表面质量要求的不断提高，合金钢比重的不断增长，尤其是连铸圆坯的推广使用，现在这种送进角小于 13°的二辊斜轧机，已不能满足无缝钢管生产在生产率和质量上的要求。因而新结构的斜轧穿孔机相继出现，这其中有三辊斜轧穿孔机、主动导盘大送进角二辊斜轧穿孔机等。

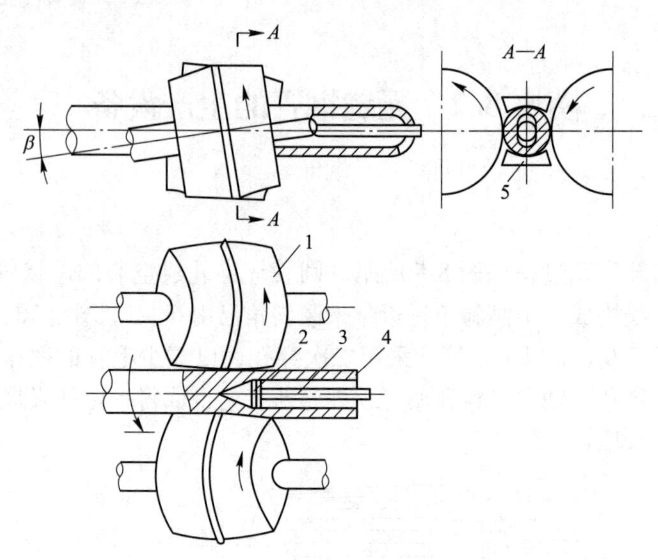

图 8-6　二辊斜轧穿孔机结构

1—轧辊；2—顶头；3—顶杆；4—轧件；5—导板

三辊斜轧穿孔机，轧辊形状与二辊轧机相同。3 个轧辊也是同向旋转，互成 120°安放，全部是驱动辊，轧件能较稳定地处于轧制线上，因此取消了导板，如图 8-7 所示。与二辊斜轧穿孔机相比，此轧机孔型椭圆度更小，限制轧件横变形能力更强，使轧件轴心在横变形方向处于压应力状态，排除了产生孔腔的可能性。适合于轧制塑性较差且较难变形的有色金属及合金坯料，并可用铸坯直接穿制毛管，扩大了产品品种；同时，由于取消了导板，表面划伤减少，轧机调整简化，事故处理更容易。

但是，在穿轧管坯尾部时，当直径与壁厚比很大时，由于回转断面刚性变小，又没有后刚端限制，易出现尾三角现象，将金属挤入辊缝中。所以，三辊穿孔不能穿轧过于薄壁的毛管；而且，穿孔时轴向推力比二辊大，增加了顶头顶杆系统负荷。所以只能穿制外径

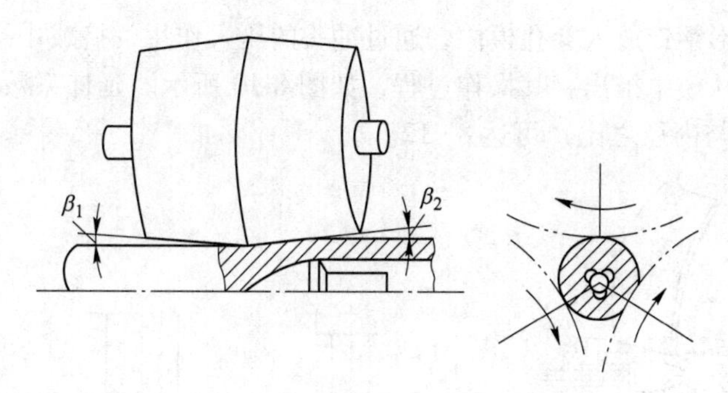

图 8-7 三辊斜轧穿孔机结构

与壁厚之比小于 10 的厚管，限制了自己的推广。

狄舍尔穿孔机是 1972 年德国发明的，该机是主动导盘大送进角二辊斜轧穿孔机。固定导板被两个主动旋转导盘代替，如图 8-8 所示。由于导盘工作表面不断变化，散热条件好，寿命比导板提高 5 倍以上。虽然导盘制作费用比导板高，但最终费用仍低。盘缘切线速度一般比孔喉处轧辊切线速度大 20%~25%，导盘对变形区金属施加轴向的拉力，可使穿孔效率提高 10%~20%；大送进角在 18°以上，可使穿孔速度提高。此轧机缺点主要是轧件咬入和抛出不稳定，穿出的毛管首尾外径差大。为保证产品精度，多于其后增设空心坯减径机，给以一定程度减径量，消除毛管首尾外径差；同时还可以减少穿孔毛管和相应管坯规格数，极大地便利了生产管理和穿孔机操作调整。

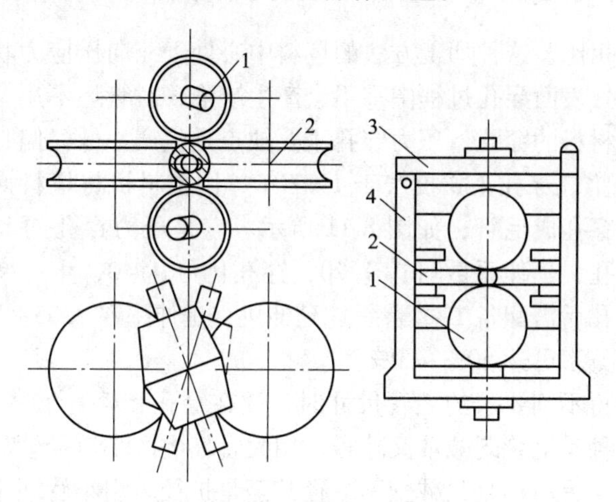

图 8-8 狄舍尔穿孔机结构

1—轧辊；2—导盘；3—机架上盖；4—焊接机座

双支座菌式穿孔出现于 20 世纪 80 年代，该机是主动回转导盘、大送进角菌式二辊斜轧穿孔机，这种穿孔机将传统的悬臂结构改进成轧辊由双支座支撑，成为实际上是一种带辗轧角的二辊式穿孔机，如图 8-9 所示。β 为 18°以上大送进角，γ 为 15°以上辗轧角，大大抑制了横锻效应，消除了切向剪切变形和表面扭转剪切变形，产品质量可与挤压媲美，可穿轧难变形金属。另外，由于轧辊直径由入口到出口不断增大，圆周速度不断增大，可使穿孔轴向滑移系数提高到 0.9。

（2）压力穿孔。顶管机组和皮尔格机组采用这种穿孔方法，实际是一种挤压冲孔法。

它是将方形或多边形钢锭放入穿孔模内，通过冲头的压入作用，挤成中空毛管，穿孔结束后，用推杆将毛管从模中推出，其操作过程，如图 8-10 所示。延伸系数一般为 1.0~1.1，穿孔比（毛管长度与内径之比）可达 8~12。

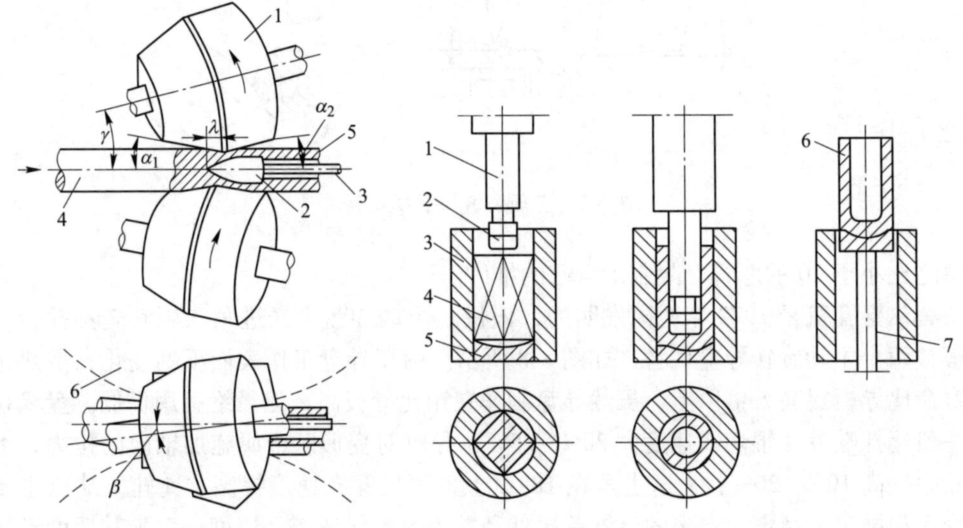

图 8-9　菌式二辊斜轧穿孔机

1—轧辊；2—顶头；3—顶杆；4—管坯；5—毛管；6—旋转导盘

图 8-10　压力穿孔过程

1—挤压杆；2—挤压头；3—挤压模；4—方锭；5—模具底部；6—穿孔坯；7—推出杆

与二辊斜轧穿孔相比，这种加工方法的坯料中心处于三向压应力状态，外表面也承受较大压应力，因而内外表面穿孔过程中都不会产生缺陷，对管坯不用苛刻要求，可用于钢锭、连铸坯和低塑性材料的穿孔。压力穿孔主要缺点是生产率低，偏心率大。

（3）推轧穿孔。推轧穿孔正式投产于 1977 年，用推料机将坯料推入由纵轧机孔型与顶头围成的变形区中穿孔成毛管，如图 8-11 所示。它是压力穿孔的改进形式，延伸率和穿孔比都大于压力穿孔，延伸系数可达 1.20，穿孔比可达 40，生产率较高，但穿偏仍很严重。因此，推轧穿孔后需配备 1~2 台斜轧延伸机，延伸率在 2.05~2.34，同时纠正偏心引起的壁厚不均，纠偏率可达 50%~70%。

当只靠穿孔工序得不到要求的毛管尺寸时，须在穿孔和轧管工序之间增设延伸工序，其包括两种方式。一种是毛管既减壁又减径。用大管坯生产小口径管和轧管机所需毛管较厚时即采用此种方式。另一种是只减壁不减径甚至是扩径。用小管坯生产大口径管或轧管机须采用较薄壁毛管时采用此种方式。

8.2.2　轧制设备

（1）自动式轧管。1903 年，R.C. 斯蒂菲尔发明，主要生产外径在 400 mm 以下的中小直径钢管。工作机架与普通纵轧机相比，主要特点是在工作辊后增设一对速度较高的与轧辊旋转方向相反的回送辊。其孔型为开口度较大的圆孔型，如图 8-12 所示，能将由前台送入后台轧出的钢管自动回送到前台。在孔型中完成轧制过程的毛管，由于横向壁厚不均严重，需轧制多道次以消除之。在自动轧管机组中，靠回送辊回送至前台，翻钢 90°再轧，同时更换芯头来实现。一般轧制两道次，第一道次完成主要变形，延伸系数为 1.3~

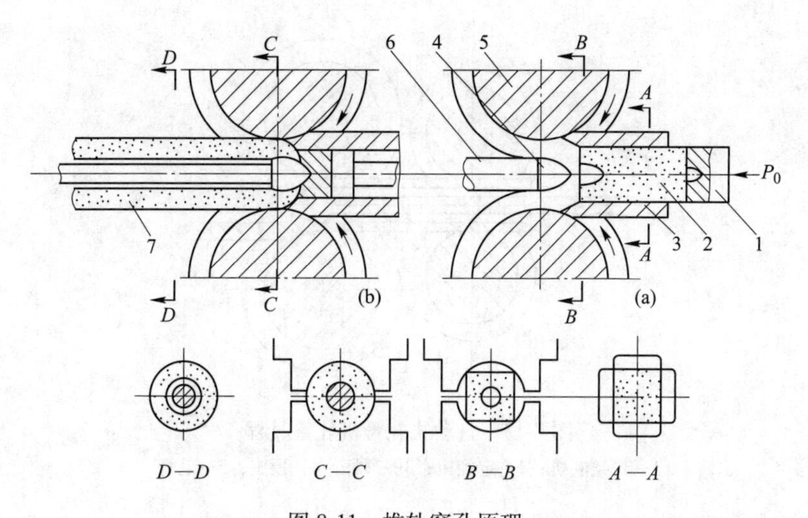

图 8-11　推轧穿孔原理

1—推杆；2—方坯；3—导入装置；4—顶头；5—轧辊孔型；6—顶杆；7—毛管

1.8，第二道次延伸系数为 1.05~1.25。两道次在同一孔型中完成。轧制时回送辊脱离毛管，回送时，上工作辊抬起，回送辊夹紧毛管完成回送。

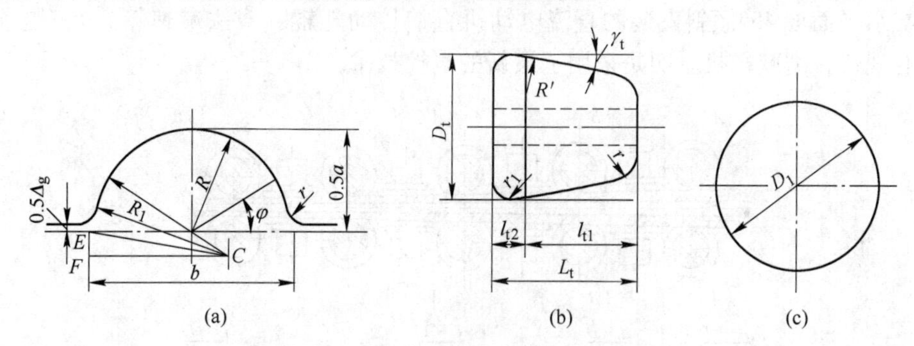

图 8-12　自动式轧管机的轧辊孔型和顶头

（a）轧辊孔型；（b）锥形顶头；（c）球顶头

图 8-13 给出了自动式轧管机轧管过程，其生产工艺流程为：由斜轧穿孔机穿出毛管，自动轧管机组延伸，斜轧均整机均匀壁厚，最后送往定径机。自动轧管机生产主要优点：短芯头轧制，更换规格时，安装调整方便；产品规格范围广。缺点：伸长率低，需配以大延伸量的穿孔机；横向壁厚不均严重，需配以斜轧均整机；轧制管长受顶杆长度及稳定性限制；回送、翻钢等辅助操作时间占整个轧制周期的60%以上，生产效率低。这类轧机现已停止生产。

为克服自动轧管机生产的缺点，1959 年出现了单孔型自动轧管机，即将辊身缩短，变多槽轧制为单槽轧制；1974 年，苏联出现了不需要回送毛管的双机架串列式布置自动轧管机；后来的双槽轧制、三机架轧制、自动更换顶头装置等的出现，都在相当程度上提高了自动轧管机自动化程度，改善了产品精度，扩大了产品规格。

（2）连续式轧管连轧管是将毛管套在长心棒上，经过多机架顺次布置且相邻机架辊缝互错 90°的连轧机轧成钢管。连轧管机有两种：一种是芯棒随同管子自由运动的长心棒连

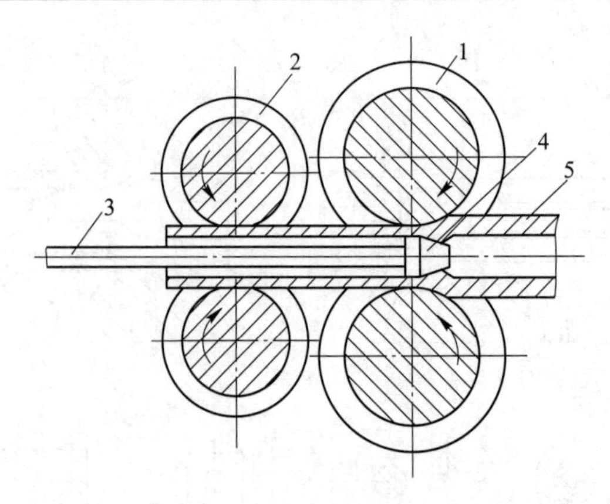

图 8-13　自动式轧管机轧管过程

1—精整轧机；2—定径机；3—顶杆；4—顶头；5—毛管

轧管机；另一种是轧管时芯棒是限动的、速度可控的限动心棒连轧管机。浮动芯棒连续式轧管机的轧管过程，如图 8-14 所示，其特点有四个：一是连轧机由 7~9 架二辊式轧机组成，机架与水平面成 45°布置，相邻机架互成 90°，轧机实行预应力调节（预应力轧机）。二是各机架由调节精度很高的直流电动机单独传动，传动布置在轧机两侧。最新的连轧管机是用与水平面成 45°倾斜安装的直流电动机直接传动轧辊（省去减速箱）。三是连轧管机后配有现代张力减径机。四是采用了最新的电控技术。

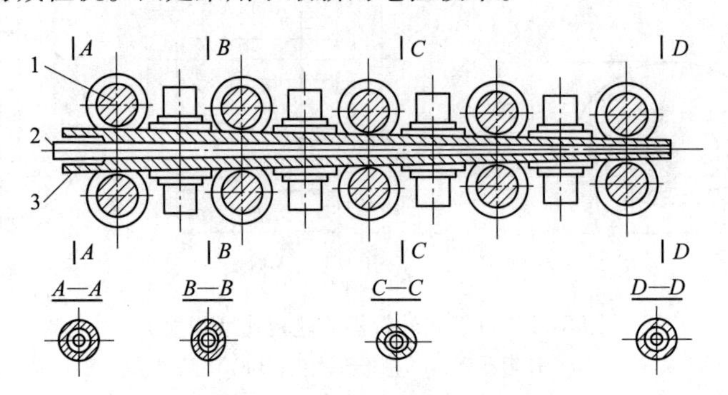

图 8-14　浮动芯棒连续式轧管机的轧管过程

1—轧辊；2—浮动芯棒；3—毛管

它的主要优点是：

1）高生产率，大多数机组年产量在 25 万~30 万吨，有的机组达 56. 2 万吨，新设计的某 42~146 机组设计能力达 75 万吨/a。

2）钢管质量较高，可以生产锅炉管、油井用管和中、低合金钢管。钢管表面质量和尺寸精度比自动轧管机的好。

3）可以轧长管，管长可达 33 m，经张力减径机后可达 160~165 m。

4）连轧管机可以承担较大的变形量，所需的毛管较厚，因而对管坯质量的要求可比自动轧管机低些。

5）高度机械化和自动化，操作人员少。

6）钢管成本较低。

（3）限动芯棒连续轧管机的轧制，如图 8-14 所示，限动芯捧就是轧制时芯棒自己以规定速度控制运行，它的操作过程如下：穿孔毛管送至连轧管机前台后，将涂好润滑剂的芯棒快速插入毛管，再穿过连轧机组直至芯棒前端达到成品前机架中心线。然后推入毛管轧制，芯棒按规定恒速运行。毛管轧出成品机架后，直接进入与它相连的三机架定径机脱管，当毛管尾端一离开成品机架，芯棒即快速返回前台，更换芯棒准备下一周期轧制。生产时只需四五根芯棒为一组循环使用。

与浮动芯棒连续式轧管机相比它具有以下优点：

1）缩短了芯棒长度和同时运转的芯棒根数，降低了工具的储备和消耗使得中等直径的钢管有可能在这种类型的轧机上生产。

2）连轧管机与脱管定径机直接相连、无须专设脱棒工序。

3）轧制时芯棒恒速运行，各机架轧制条件始终稳定，改善丁毛管壁厚外径的竹节性“鼓胀”。

4）无需松捧、脱捧，可将毛管内径与芯棒间的空隙减小，使孔型开口处不易出耳子，可提前使用椭圆度小的高严密性孔型，控制金属的横向流动提高轧制产品的尺寸精度；可实现较大变形使轧机延伸系数达到 6.0；可采用较厚的穿孔毛管，提高扎后毛管的温度和均匀性。

主要缺点是回退芯棒延误时间，降低生产率，只适于中型以上机组使用。

（4）三辊式轧管三辊式管机目前可以生产 ϕ240 mm 以下的钢管，管长达 8～10 m。三辊式连轧管机充分利用了限动芯棒轧制壁厚精度高的优点，同时考虑提高机组生产能力，其芯棒的操作方式是：在连轧管机轧制过程中，采用限动芯棒操作方式，整个轧制过程中芯棒速度是恒定的，从而确保管子壁厚的精度，轧制不同的管子时芯捧的速度可在一定范围内调节；轧制结束后，即荒管尾部出精轧机后，芯棒停止前进，荒管在脱管机内继续前进，由脱管机将荒管从芯捧中抽出，芯棒不是回送，而是向前运行，穿过脱管机后，拔出轧制线，再回送、冷却、润滑循环使用。为此机组需要配置具备辊缝快速打开/闭合功能的三辊可调辊缝脱管/定径机型的脱管机，以确保在轧制薄壁管时芯棒安全通过脱管机。其优势是保留了原有限动芯棒连续轧管壁厚精度高的特点，又提高了轧制节奏，提高了生产率。

三辊式管机的特点是：容易生产厚壁管，产品尺寸精度高，钢管表面质量好，轧机调整方便，容易改变产品规格，轧管工具少且工具消耗少，易于实现自动化等。其缺点是生产率较低，需采用优质管坯，生产薄壁管比较困难等，这种方法目前主要用来生产轴承管和枪炮等高精度厚壁管。

阿塞尔轧管机 1933 年由 W.J. 阿塞尔发明的最早三辊轧管机，轧制过程简示，如图 8-15 所示。特点是无导板长芯棒轧制，便于调整，生产换规格方便，适于生产高表面质量、高尺寸精度的厚壁管。最大轧出长度 12～14 m，最大管径 270 mm，壁厚公差可控制在±3%～5%，外径差为±0.5%。缺点是生产钢管的外径与壁厚比在 3.5～11.0，下限受脱捧的限制，上限受到轧制时尾部出现三角喇叭口易轧卡的限制。

8.2.3　毛管精轧

毛管精轧包括均整机、无张力定减径机和带张力减径机。钢管定径、减径和张力减径

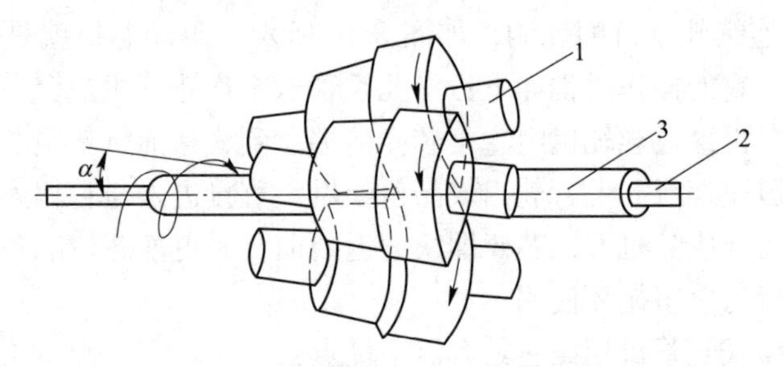

图 8-15　阿塞尔轧管机工作
1—轧辊；2—浮动芯棒；3—毛管

过程是空心体不带芯棒的连轧过程，如图 8-16 所示。定径的任务是在较小的总减径率和小的单机架减径率条件下将钢管轧成具有要求的尺寸精度和真圆度的成品管。其工作机架数目较少，一般为 3~12 架。减径的任务除了起定径作用之外，还要求有较大的减径率，以实现用大管料生产小口径钢管的目的，因而工作机架数目较多，一般为 9~24 架。张力减径则除有减径的任务以外，还要达到利用各机架间建立张力来实现减壁的目的，因此其工作机架数目更多，一般为 12~24 架，多至 28 架。

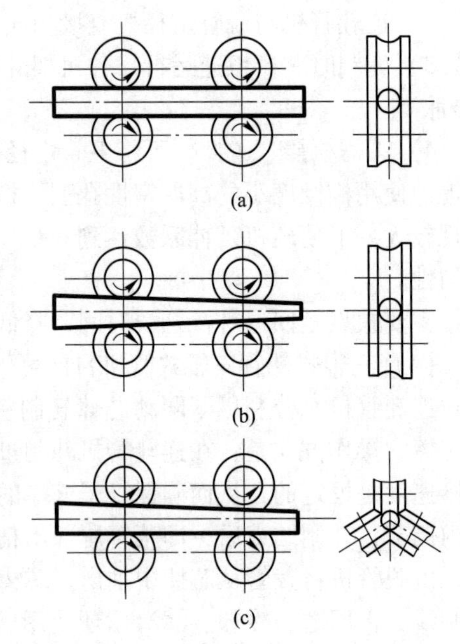

图 8-16　钢管定径、减径和张力减径过程
(a) 二辊定径；(b) 二辊减径；(c) 三辊张力减径

均整机，也是斜轧轧管机，不过均整机上轧管时的变形量很小，它的作用主要是进一步展宽管壁以消除自动轧管机轧出管子的壁厚不均以及研磨钢管内外表面。均整机是固定短顶头上轧管的。由于前进角一般固定不变以及工具更换次数少等轧机结构较简单。

一般为两辊斜轧机，近年来发展了三辊均整机。三辊均整机的优点是产量高，比二辊均整机产量提高 0.5~1 倍，而且轧出的管子精度也较高。

减径机就是二辊或三辊式纵轧连轧机，只是连轧的是空心管体。二辊式前后相邻机架轧辊轴线互垂 90°，三辊式轧辊轴线互错 60°。这样空心毛管在轧制过程中所有方向都受到径向压缩，直至达到成品要求的外径热尺寸和横断面形状。为了大幅度减径，减径机架数一般都在 15 架以上。减径不仅扩大机组生产的品种规格，增加轧制长度，而且减少前部工序要求的毛管规格数量，相应的管坯规格和工具备品等，简化生产管理。另外还会减少前部工序更换生产规格次数，节省轧机调整时间，提高机组的生产能力。正是因为这一点，新设计的定径机架数，很多也由原来的 5 架变为 7~14 架以上，这在一定程度上也起到减径作用，收到相应的效果。

减径机有两种基本形式，一是微张力减径机，减径过程中壁厚增加，横截面上的壁厚均匀性恶化，所以总减径率限制在 40%~50%；二是张力减径机，减径时机架间存在张力，使得缩径的同时减壁，进一步扩大生产产品的规格范围，横截面壁厚均匀性也比同样减径率下的微张力减径好。所以张力减径近年来发展迅速，基本趋势是：

（1）三辊式张力减径机采用日益广泛，二辊式只用于壁厚大于10~12 mm的厚壁管，因为这时轧制力和力矩的尖峰负荷较大，用二辊式易于保证强度。

（2）减径率有所提高，入口毛管管径日益增大，最大直径现在已达300 m。

（3）出口速度日益提高，现已到16~18 m/s。

（4）近年来投产的张力减径机架数不断增加，日前最多达到28~30架。

定径机和减径机构造形式一样，一般机架数5~14架，总减径率3%~7%。新设计车间定径机架数皆偏多。

三辊斜轧轧管机组，还设有斜轧旋转定径机，其构造与二辊或三辊斜轧穿孔机相似，只是辊型不同，在三辊斜轧轧管机组中与纵轧定径机连用，作为最后一道加工工序，控制毛管椭圆度，提高外径尺寸精度。

习　题

8-1　简述无缝管轧制生产的主要设备有哪些。

8-2　简述无缝管轧制生产的轧机主要布置形成有哪些。

8-3　简述无缝管轧制生产的穿孔设备主要有哪些。

8-4　简述无缝管轧制生产的轧机发展的趋势。

8-5　简述无缝管轧制生产的质量检测设备有哪些。

参考文献

[1] 刘宝珩，等．轧钢机械设备［M］．北京：冶金工业出版社，1986.
[2] 邹家祥，等．轧钢机械［M］．北京：冶金工业出版社，2000.
[3] 王廷溥，等．金属塑性加工学——轧制理论与工艺［M］. 3 版．北京：冶金工业出版社，2014.
[4] 王廷溥，等．轧钢工艺学［M］．北京：冶金工业出版社，1981.
[5] 日本钢铁协会．钢材生产［M］．上海宝钢总厂，译．上海：上海科技出版社，1981.
[6] 王国栋，等．中国中厚板轧制技术与装备［M］．北京：冶金工业出版社，2009.
[7] 王廷溥，等．板带材生产原理与工艺［M］．北京：冶金工业出版社，1995.
[8] 许石民，等．板带材生产工艺及设备［M］．北京：冶金工业出版社，2002.
[9] 陈应耀．我国宽带钢热轧工艺的实践和发展方向［J］．轧钢，2011，28（2）：1-7.
[10] W L Roberts. 冷轧带钢生产（上、下册）［M］．王廷溥，等译．北京：冶金工业出版社，1991.
[11] 陈守群，等．中国冷轧板带大全［M］．北京：冶金工业出版社，2005.
[12] 董志洪．世界 H 型钢与钢轨生产技术［M］．北京：冶金工业出版社，1999.
[13] 重庆钢铁设计院编写．线材轧钢车间工艺参数设计参考资料［M］．北京：冶金工业出版社，1979.
[14] 李长穆，等．现代钢管生产［M］．北京：冶金工业出版社，1982.
[15] 严泽生，等．现代热连轧无缝钢管生产［M］．北京：冶金工业出版社，2009.
[16] 首钢电焊钢管厂．高频直缝连焊管生产［M］．北京：冶金工业出版社，1982.